Raj Spielmann
Biomathematik
De Gruyter Studium

Weitere empfehlenswerte Titel

Wahrscheinlichkeitsrechnung und Statistik
Mathematische Anwendungen in Natur und Gesellschaft
Raj Spielmann, 2017
ISBN 978-3-11-054252-3, e-ISBN (PDF) 978-3-11-054254-7,
e-ISBN (EPUB) 978-3-11-054265-3

Mathematik für angewandte Wissenschaften
Ein Lehrbuch für Ingenieure und Naturwissenschaftler
Joachim Erven, Dietrich Schwägerl, 2018
ISBN 978-3-11-053694-2, e-ISBN (PDF) 978-3-11-053711-6,
e-ISBN (EPUB) 978-3-11-053723-9

Philosophie der Mathematik
Thomas Bedürftig, Roman Murawski, 2019
ISBN 978-3-11-054519-7, e-ISBN (PDF) 978-3-11-054698-9,
e-ISBN (EPUB) 978-3-11-054536-4

Electroencephalography and Magnetoencephalography
An Analytical-Numerical Approach
George Dassios, Athanassios S. Fokas, 2020
ISBN 978-3-11-054583-8, e-ISBN (PDF) 978-3-11-054753-5,
e-ISBN (EPUB) 978-3-11-054578-4

Mathematik. Wo Sie sie nicht erwarten
Norbert Herrmann, 2016
ISBN 978-3-11-044196-3, e-ISBN (PDF) 978-3-11-044197-0,
e-ISBN (EPUB) 978-3-11-043369-2

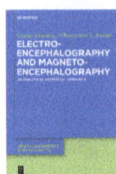

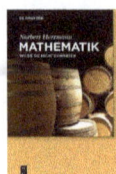

Raj Spielmann

Biomathematik

Deterministische Modelle aus Evolutionsbiologie,
Populationsgenetik und Epidemiologie

DE GRUYTER

Autor
Dr. Raj Spielmann
Muri bei Bern
Schweiz
raj.spielmann@bluewin.ch

ISBN 978-3-11-070629-1
e-ISBN (PDF) 978-3-11-070631-4
e-ISBN (EPUB) 978-3-11-070636-9

Library of Congress Control Number: 2020943600

Bibliografische Information der Deutschen Nationalbibliothek
Die Deutsche Nationalbibliothek verzeichnet diese Publikation in der Deutschen
Nationalbibliografie; detaillierte bibliografische Daten sind im Internet über
http://dnb.dnb.de abrufbar.

© 2020 Walter de Gruyter GmbH, Berlin/Boston
Coverabbildung: Raj Spielmann: Zyklus der Afrikanischen Schlafkrankheit
Satz: le-tex publishing services GmbH, Leipzig
Druck und Bindung: CPI books GmbH, Leck

www.degruyter.com

Vorwort

Mit diesem Buch beabsichtigt der Autor, eine Brücke zwischen der universitären Grundausbildung von Biologen und Mathematikern schlagen. Wenn erstere wie bisher auf eine weitgehend anwendungsfreie Nebenfachmathematik beschränkt bleiben und bestenfalls über statistische Auswertungen mit biologischen Daten in Kontakt kommen, wird der Erkenntniszugang auf mathematisierte Teile ihres Fachgebiet verwehrt. Ähnlich ergeht es Mathematikstudenten, deren praktische Einblicke zumeist auf physikalische Anwendungen beschränkt bleiben. Die Einarbeitung in biomathematische Modelle wird erschwert, wenn kaum Einführungsliteratur verfügbar ist.

Das Buch ist aus der Vertiefung des 2017 erschienenen Titels „Wahrscheinlichkeitsrechnung und Statistik, mathematische Anwendungen in Natur und Gesellschaft" entstanden. Die vorgestellten Themen bieten eine Auswahl mathematischer Modelle der Evolutionsbiologie, Populationsgenetik und Epidemiologie, die untereinander in Verbindung stehen. Sie gestatten anschauliche, oftmals aktuelle Schlussfolgerungen und illustrieren gleichzeitig, daß Natur und Gesellschaft grundsätzlich eine Einheit bilden oder das zumindest sollten, damit Zivilisation fortbestehen kann.

Formeln werden dank lückenloser Herleitung transparenter, sodaß ihr Anwendungsbereich besser abgegrenzt ist. Vom Schwierigkeitsgrad überschreiten sie nicht das Wissen der ersten beiden Studiensemester in der Nebenfachausbildung Mathematik. Zur Gewährleistung flüssiger Lektüre sind grundlegende Formeln und Definitionen in zwei Anhängen beigefügt. Darunter stellt ein Teil die häufig gebrauchten Kernaussagen und Konzepte der diskreten Wahrscheinlichkeitsrechnung zusammen.

Da endlose mathematische Herleitungen zuweilen die Struktur verwischen, habe ich einzelne Teilresultate als Probleme formuliert, die im Anschluss gelöst werden. Meist benötigen sie Formeln, die nicht im laufenden Text, sondern im Anhang gegeben werden. Damit unterscheiden sie sich von herkömmlichen Übungsaufgaben in Lehrbüchern. Dieselbe Strukturierungshilfe wird mit den Beispielen verfolgt. Das sind entweder Text- oder Zahlenbeispiele, die mit direkt angegebenen Formeln berechnet werden können.

Mehreren Personen bin ich zu besonderem Dank verpflichtet. Die gute Zusammenarbeit mit dem Verlag De Gruyter wurde von Frau Berber-Nerlinger gewährleistet. Die Herren Prof. Peter Bachmann und Doz. Dr. Manfred Mocker gaben hilfreiche Anmerkungen zum Manuskript. Herr Prof. Roland Garve versorgte mich mit Bildmaterial und außergewöhnlichem Insiderwissen zur Lebensweise der indigenen Völker auf Papua-Neuguinea. Herr Dr. Hans-Peter Müller, Honorarkonsul der Republik Kongo, ist ein exzellenter Kenner des Kongobeckens, der mir für Abschnitt 4.2 Informationen zur Region und der frühen Ausbreitung von AIDS lieferte. Schließlich bedanke ich mich bei meiner Familie, insbesondere meiner Frau Olga, die mir über die lange Arbeitsphase mit Ausgeglichenheit und Geduld zur Seite stand.

https://doi.org/10.1515/9783110706314-201

Inhalt

1 Die Mathematik des Stoffwechsels

Kleine Säugetiere wie Ratten oder Kaninchen besitzen hohe Herzfrequenzen. Merkwürdig erscheint, dass sie trotz Kurzlebigkeit über Kräfte verfügen, die ihre Verletzungen rascher heilen lassen. Hier liegt ein Prinzip zugrunde, das als einfache mathematische Formel ausgedrückt werden kann und im gemeinsamen Bauplan aller Lebewesen, vom Einzeller bis zum Blauwal begründet ist. Mit seiner Hilfe erklären sich zahlreiche Anpassungsformen und Nischen in der Natur.

Die meisten Gesetzmäßigkeiten dieses Kapitels lassen sich in der Form von Skalengesetzen $y \sim x^c$ (Anhang A.1) beschreiben, wobei der Parameter c über eine Regressionsanalyse aus statistischen Daten (Anhang A.2) ermittelt wird.

1.1 Stoffwechselraten-Gesetze

> Unter der (mittleren) *Stoffwechselrate E* eines Lebewesens versteht man seinen Energiegrundumsatz pro Zeit (in Joule pro Sekunde oder Kilokalorie pro Tag).

Alternativ kann man auch die Rate des Sauerstoffverbrauchs oder der Kohlendioxidproduktion (beide in Mol pro Sekunde oder Liter pro Stunde) verwenden, da diese Größen proportional zueinander sind.

Tab. 1.1: Massen und Stoffwechselraten nach K. Schmidt-Nielsen [19].

Tier	Masse m (kg)	Stoffwechselrate E als O_2-Verbrauch (l/h)	Rel. O_2-Verbrauch E/m (l/h kg)
Spitzmaus	0,0048	0,0355	7,396
Zwergmaus	0,009	0,0225	2,500
Kängurumaus	0,0152	0,0273	1,796
Maus	0,025	0,041	1,640
Erdhörnchen	0,096	0,09	0,938
Ratte	0,29	0,25	0,862
Katze	2,5	1,7	0,680
Hund	11,7	3,87	0,331
Schaf	42,7	9,59	0,225
Pferd	650	71,1	0,109
Elefant	3833	268	0,070

Der Energiegrundumsatz lässt sich ermitteln, indem man beispielsweise für eine Tagesration die Differenz des Brennwerts von Nahrung und Ausscheidungen bestimmt.

https://doi.org/10.1515/9783110706314-001

Für die Sauerstoffverbrauchs- bzw. Kohlendioxidproduktionsrate lässt man ein Versuchstier im Ruhezustand durch eine Vorrichtung atmen, welche die Gase misst.

Problem 1.1. *In Tabelle 1.1 sind Messwerte m und E für Säugetiere gegeben, wobei E den stündlichen Sauerstoff-Grundverbrauch (im Ruhezustand) bezeichnet. Ein Zusammenhang wird in Form eines Skalengesetzes $E = a \cdot m^b$ vermutet.*

Mittels Regressionsanalyse sind die Parameter a und b zu schätzen und anschließend der Wert E_M für den Menschen ($m_M = 70$ kg) zu berechnen.

Lösung. Die Formeln zur Bestimmung des Skalengesetzes $E = a \cdot m^b$ werden im Anhang A.2, Problem A.1, hergeleitet. Es ist $n = 11$. Wir logarithmieren die Messwerte m und E.

Tier	$X = \log_{10} m$	$Y = \log_{10} E$
Spitzmaus	−2,319	−1,450
Zwergmaus	−2,046	−1,648
Kängurumaus	−1,818	−1,564
Maus	−1,602	−1,387
Erdhörnchen	−1,018	−1,046
Ratte	−0,538	−0,602
Katze	0,398	0,230
Hund	1,068	0,588
Schaf	1,630	0,982
Pferd	2,813	1,852
Elefant	3,584	2,428

Aus der Tabelle berechnen wir die Mittelwerte $\overline{X} = 0,014$, $\overline{Y} = -0,147$ sowie

$$\sum_{k=1}^{n} Y_k X_k = 29,417 \; ; \quad \sum_{k=1}^{n} X_k^2 = 41,471$$

und daraus mithilfe von (A.7) die gesuchten Konstanten $a = 0,697$; $b = 0,710$. Damit lautet das gesuchte Skalengesetz

$$E = 0,697 \cdot m^{0,71} \tag{1.1}$$

Für den stündlichen Sauerstoff-Grundverbrauch eines Menschen erhalten wir

$$E_M = 0,697 \cdot 70^{0,71} = 14,2 \, \text{l/h}$$

Beim Vergleich mit dem Messwert $E_{SN} = 14,76 \, \text{l/h}$ (siehe K. Schmidt-Nielsen [19]) beträgt der prozentuale Fehler $\left| \frac{E_{SN} - E_M}{E_{SN}} \right| \cdot 100\,\% = 3,6\,\%$. □

Zur graphischen Darstellung der Messwerte empfiehlt sich die Logarithmierung von (1.1)

$$\log E = 0,711 \cdot \log m - 0,156$$

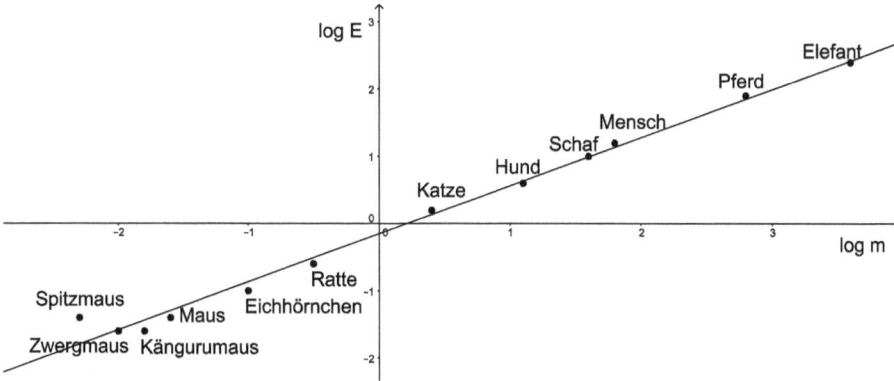

Abb. 1.1: Abhängigkeit der Stoffwechselrate von der Masse in logarithmischer Darstellung.

Je stärker die Tierarten miteinander verwandt sind und je ähnlicher ihre Lebensart ist, desto besser liegen sie auf der Kurve. Als der Schweizer Biologe Max Kleiber im Jahre 1947 eine Fülle entsprechender experimenteller Daten auswertete, erhielt er den als *Dreiviertelgesetz* bekannten Zusammenhang zwischen den Durchschnittswerten von Stoffwechselrate E und Masse m:

$$E = a \cdot m^{\frac{3}{4}} \qquad (1.2)$$

Die Konstante a hängt vom Stoffwechselsystem der Art ab und wird statistisch bestimmt. Für verwandte Arten wie in der obigen Grafik liegen die Werte meist nahe beieinander, während sie sich für entfernte Arten stärker unterscheiden. Gleichwarme Arten haben einen höheren Energiebedarf und folglich größere a als wechselwarme.[1] Für Pflanzenfresser ist a kleiner als für Fleischfresser. Da Blätter ballaststoffreich und energiearm sind, wird es mühselig, aus ihnen ausreichend Energie zu gewinnen. Pflanzenfresser haben sich darauf eingestellt, indem sie ihre Stoffwechselrate gesenkt haben. Folglich würden die Daten einer Schildkröte etwas unterhalb und die Werte eines Tigers näher auf unserer Geraden liegen.

Eine besondere Form von Stoffwechselraten sind *Abbauraten von Giftstoffen und Medikamenten*. So bestimmt die *Clearance* die Leistung der Nieren zur Entfernung bestimmter Schadstoffe aus dem Blut durch Messung des pro Zeiteinheit gereinigten Plasmavolumens. Grundsätzlich werden bei verlangsamtem Stoffwechsel auch Giftstoffe langsamer abgebaut, was ihre Konzentration im Körper erhöht. Wenn wir die Lethaldosis von Medikamenten und Giften als die höchstmögliche Grenze einer Stoffwechselumsatzrate betrachten, können wir sie prinzipiell entsprechend Gesetz (1.2) modellieren. Allerdings sind selbst zwischen verwandten Tierarten große Unterschie-

---

1 Außerdem wird der Stoffwechsel wechselwarmer Tiere wesentlich durch die Außentemperatur bestimmt, sodass gemessene Stoffwechselraten stärker um den Durchschnittswert schwanken.

de möglich, da sich durch die Ernährungsweise Resistenzen gegen spezifische Gifte entwickelt haben.

Mit dem Dreiviertelgesetz lassen sich schnelle Überschlagsrechnungen zur Medikamentendosierung durchführen.

Problem 1.2. *An der Universität von Oklahoma wurde 1962 die Wirkung von LSD²* *auf Tiere getestet. Dabei wurde einem 3000 kg schweren Elefanten die Menge von 297 mg verabreicht. Man hatte die Dosis, welche zuvor eine 4 kg schwere Katze zum Toben gebracht hatte, proportional nach Gewicht umgerechnet. Der Elefant kollabierte fast augenblicklich. Gesucht ist der Faktor der Überdosierung.*

Lösung. Bezeichnen wir die verträglichen Stoffwechselraten von Katze und Elefant mit E_K bzw. E_E und die verabreichte Überdosis mit $\tilde{E}_E = 297$. Fälschlicherweise wurde die Dosis proportional umgerechnet:

$$\tilde{E}_E = E_K \cdot \frac{m_E}{m_K}$$

Zur Vereinfachung setzen wir voraus, dass weder Katzen noch Elefanten besondere Mechanismen zum Abbau von LSD entwickelt haben, sodass wir im Dreiviertelgesetz dieselbe Konstante verwenden können. Für die Werte der Katze folgt aus (1.2)

$$a = \frac{E_K}{m_K^{0,75}}$$

und somit für den Elefanten

$$E_E = a \cdot m_E^{0,75} = E_K \cdot \left(\frac{m_E}{m_K} \right)^{0,75}$$

Dann erhalten wir

$$\frac{\tilde{E}_E}{E_E} = \left(\frac{m_E}{m_K} \right) : \left(\frac{m_E}{m_K} \right)^{0,75} = \left(\frac{m_E}{m_K} \right)^{0,25} \approx 5$$

Selbst wenn man bei den Versuchstieren dieselbe Verträglichkeit von LSD annimmt, wurde der Elefant etwa fünffach überdosiert. Die Experimentatoren, denen der Sachverhalt auch im nachhinein unklar blieb, vermuteten stattdessen eine erhöhte Sensibilität von Elefanten gegenüber LSD. □

Wir dividieren nun (1.2) durch die Masse und führen die Größe $r = \frac{E}{m}$ ein. Dann ist

$$r = a \cdot m^{-\frac{1}{4}} \tag{1.3}$$

---

2 Offiziell wollten die Experimentatoren herausfinden, ob die Verabreichung von LSD den Elefanten in den Zustand der Musth versetzen kann. So bezeichnet man die regelmäßig bei geschlechtsreifen Elefantenbullen auftretenden Phasen der Aggressivität, welche durch einen Testosteronschub ausgelöst werden. Der Versuch wurde von Louis Jolyon West durchgeführt, dem damaligen Leiter der Abteilung für Psychatrie. Nach Colin A. Ross [17] war Dr. West ebenfalls am CIA-Programm MKULTRA beteiligt, wofür er finanzielle Mittel erhielt. Zur Originalarbeit siehe L. J. West, C. M. Pierce, W. D. Thomas [22].

Die Größe r wird als *relative Stoffwechselrate* bezeichnet und gibt die Dosis pro Kilogramm Körpermasse an. Erstaunlicherweise hängt r von der Gesamtmasse eines Tieres ab. Eine Zelle des Nierengewebes einer Riesenschildkröte filtert Giftstoffe langsamer als eine ähnliche Zelle von einer kleinen Schildkrötenart! Die Leistungsfähigkeit der Zelle hängt nicht nur von ihrem Aufbau, sondern auch vom umgebenden System der Versorgung ab. Kleinere Tiere besitzen höhere relative Stoffwechselraten, weil die absolute Stoffwechselrate E mit (1.2) schwächer als die Masse wächst.

Die Fähigkeit eines Organismus, in kurzen Zeitabschnitten große Kräfte freizusetzen, sei es beim Sprint oder beim Start des Fluges, hängt aber von einer entsprechenden Versorgung ab. Leistung erfordert also eine hohe relative Stoffwechselrate für die Sauerstoffversorgung. Das ist einer der Gründe, warum größere Tiere zu derartigen Aktivitäten nicht fähig sind.

Warum gibt es keine größeren Insekten?

Der hauptsächliche Grund für ihre aktuellen Körpermaße besteht in der Atmung. Diese verläuft mittels natürlicher Diffusion in den Tracheen und ist im Gegensatz zur Kiemen- oder Lungenatmung völlig passiv.

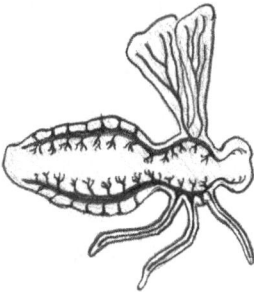

Abb. 1.2: Bei der Tracheenatmung wird der Sauerstoff durch die natürliche Molekularbewegung der Gase direkt zu den Muskelzellen geleitet.

Bei optimaler Körpergröße und günstigen Umweltbedingungen ist der Gastransport in den Tracheen etwa 1000-mal schneller als durch Bindung im Blut. Muskeln von Insekten können dann effektiver mit Sauerstoff versorgt werden und sind entsprechend leistungsfähiger als bei Lungenatmern. Dieser Vorteil geht jedoch bei maßstäblicher Vergrößerung zunehmend verloren, wie wir im folgenden sehen werden.

Untersuchen wir die Versorgung eines röhrenförmigen Körperteils, wobei der Sauerstoff über die obere Deckfläche S eindringt. Die pro Zeiteinheit zugeführte Sauerstoffmenge ist dann:

$$\text{zugeführte Sauerstoffmenge} = c \cdot S$$

wobei die Konstante c durch Sauerstoffkonzentration und Temperatur bestimmt ist. Ein höherer Sauerstoffanteil in der Atemluft und höhere Temperaturen begünstigen die Versorgung. Gemäß den Ähnlichkeitsbetrachtungen (A.1) aus Anhang A.1 würde sich die Deckfläche S bei maßstäblicher Vergrößerung der Röhre (zentrischer Streckung um den Längenfaktor x) mit $S \sim x^2$ verändern. Dasselbe gilt für die über S zugeführte Sauerstoffmenge:

$$\text{zugeführte Sauerstoffmenge} \sim x^2$$

Andererseits wächst die benötigte Sauerstoffmenge proportional zur Stoffwechselrate E. Nach dem Dreiviertelgesetz und den Beziehungen (A.1), (A.3) erhalten wir:

$$\text{benötigte Sauerstoffmenge} \sim m^{\frac{3}{4}} \sim V^{\frac{3}{4}} \sim (x^3)^{\frac{3}{4}} = x^{\frac{9}{4}}$$

$$\frac{\text{zugeführte Sauerstoffmenge}}{\text{benötigte Sauerstoffmenge}} \sim \frac{x^2}{x^{\frac{9}{4}}} = x^{-\frac{1}{4}} \tag{1.4}$$

> Bei einer maßstäblichen Vergrößerung, also wachsendem x, steigt der Sauerstoffbedarf stärker als seine Zufuhr. Wegen $\lim_{x \to \infty} x^{-\frac{1}{4}} = 0$ würde das Versorgungssystem über Tracheen ab einer gewissen Körpergröße zusammenbrechen. (Dasselbe trifft auf jedes System der Sauerstoffversorgung zu, auch auf unseren Blutkreislauf, wenn man die Körperlänge zu stark erhöht.)

Tatsächlich konnten amerikanische Forscher bei einigen Käferarten mithilfe von Röntgenaufnahmen nachweisen, dass die schmalen Durchgänge vom Rumpf zu den Beinen als Flaschenhals wirken, der bei größeren Körpermaßen keine ausreichende Sauerstoffzufuhr mehr gewährleisten würde.

Bei höheren Temperaturen bewegen sich die Luftmoleküle stärker. Es kann mehr Sauerstoff zugeführt werden und der Zähler im Bruch (1.4) erhöht sich insgesamt. Deshalb können Insekten in wärmeren Gebieten größer werden. Ihre beeindruckendsten Vertreter leben in feuchtwarmen Klimazonen. Tracheenatmer sind also in ihrer Größe beschränkt und reagieren empfindlich auf klimatische Veränderungen. Interessant ist, dass die Insekten lange Zeit keine bedeutende Rolle in der Erdgeschichte gespielt haben. Erst als sich im Zeitalter des Karbons der Sauerstoffanteil der Luft erhöhte (siehe Grafik 1.3), erlebten sie einen Aufschwung.

Als vor 356 Millionen bis vor 299 Millionen Jahren ausgedehnte tropische Sumpfwälder die Basis der heutigen Kohlelagerstätten bildeten, lag der Sauerstoffanteil bis zu 50 % höher als heute. Dadurch kam es förmlich zur Explosion in der Artenbildung bei Insekten. Vor rund 300 Millionen Jahren bevölkerten noch Vertreter mit fast 1 m Flügelspannbreite die Erde. Heute dagegen können sie einen Durchmesser von 50 mm kaum überschreiten.

Es mag paradox erscheinen, dass sich die globale Erwärmung verheerend auf die Insektenvielfalt der tropischen Regenwälder auswirkt. Das Insektensterben[3] grassiert sogar in Schutzgebieten, wo es weder durch Chemikalien noch durch Abholzung verursacht wird. Stattdessen erweist sich der komplexe Entwicklungszyklus (Metamor-

---

3 Siehe Carlos Garcia-Robledo [5] sowie Bradford C. Lister und Andres Garcia [12].

phose) als sensibel gegenüber Temperaturschwankungen. Artensterben beginnt mit der Beeinträchtigung der Fortpflanzungsfähigkeit.

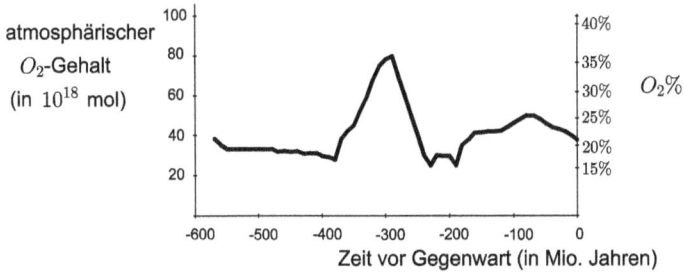

Abb. 1.3: Sauerstoffanteil in der Erdatmosphäre zu verschiedenen Erdzeitaltern nach Robert A. Berner [3].

Abb. 1.4: Europäischer Karbonwald.

1.2 Triebfedern der Evolution

Wie die Abbildung 1.5 zeigt, wurde die Erschließung neuer Lebensräume durch eine Steigerung der Stoffwechselrate ermöglicht. Der Schritt vom Wasser zum Land, wo die Fortbewegung durch den fehlenden Auftrieb energieaufwändiger ist, wurde zuerst von Wirbellosen mit einem relativ leichten Außenskelett bewältigt. Während des Karbons[4] vor 360 Millionen bis 290 Millionen Jahren folgten Amphibien. Zu fressen gab

---

4 Als Grund wird ein Massenaussterben vor ca. 360 Millionen Jahren, das sogenannte Kellwasser-Ereignis vermutet, dem etwa zwei Drittel aller Arten zum Opfer fielen. Damals verdunsteten große

es reichlich, falls man entsprechend kräftig und ausdauernd war. Deshalb wurden die Stoffwechselraten ständig erhöht. Um höheren Dauerbelastungen und der stetig größer werdenden Konkurrenz gewachsen zu sein, erfolgte der nächste Schritt zur Stabilisierung der Körpertemperatur. Diese Entwicklung setzte vermutlich erst gegen Ende des Perm vor etwa 50 Millionen Jahren ein. Der Preis der Warmblütigkeit war jedoch ein kostspieliger Energieaufwand. Selbst im Ruhezustand produzieren die Tiere etwa das Zehnfache der Energie und Wärme ihrer wechselwarmen Verwandten. Die Konkurrenzfähigkeit gleichwarmer Tiere beruht einzig darauf, dass ihr Tisch ausreichend gedeckt ist.

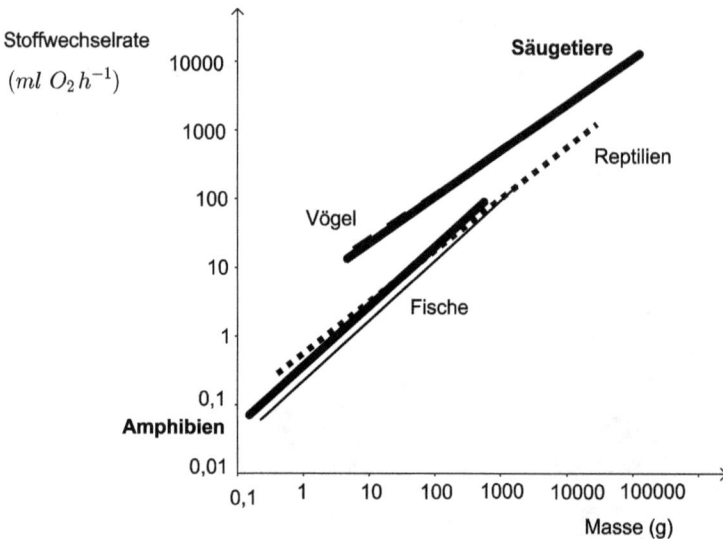

Abb. 1.5: Standardstoffwechselrate (SMR) in Abhängigkeit von der Masse. (logarithmische Skalierung)

Problem 1.3. *Zuweilen werden Tiere bei Stürmen auf Treibgut ins Meer gespült und gelangen auf entfernte Inseln, welche sie unter günstigen Umständen besiedeln können.*

Wie lässt sich mit der oben stehenden Grafik begründen, dass Echsen auf diese Weise größere Distanzen überwinden können als Nagetiere?

Lösung. Auf der langen Seereise sind die Nahrungsvorräte beschränkt. Aus der Grafik ist ersichtlich, dass Echsen (Reptilien) geringere Stoffwechselraten als Nagetiere (Säugetiere) haben. Somit benötigen sie weniger Nahrung und halten länger durch. □

Wassermassen der Flachmeere und bildeten eine Landschaft von Seen, welche in wechselnder Folge austrockneten und sich durch Regenfälle neu bildeten. Die Anpassung an ein gleichzeitiges Land- und Wasserleben wurde zu einem großen Überlebensvorteil.

Das Besiedlungsmuster ist auf den pazifischen Inseln gut erkennbar. Je weiter vom Festland entfernt, desto weniger Arten schafften den Sprung dorthin. Vor der Ankunft des Menschen fehlten weitgehend die Säugetiere, darunter einige der gefährlichsten Räuber. Das verschaffte den Neuankömmlingen die Möglichkeit, sich zur Anpassung an die neue Heimat stärker auf die Nahrungssuche und weniger auf den Schutz zu konzentrieren. Die Artenbildung wurde also durch eine neue Zusammensetzung umgebender Arten gefördert.[5] Die verstärkte Globalisierung setzt nun genau den entgegengesetzten Mechanismus in Gang, wobei durch das beabsichtigte oder ungewollte Einschleppen überlegener Räuber ganze Nahrungsketten zusammenbrechen können. In Abschnitt 3.1 wird dazu ein Beispiel von der westpazifische Insel Guam vorgestellt.

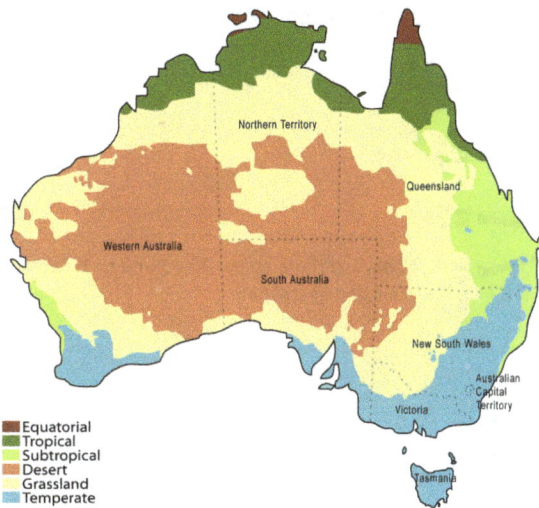

Abb. 1.6: Australien besteht aus etwa 70 % Wüsten und Halbwüsten.

Auch die ungewöhnliche Vielfalt der australischen Reptilienwelt gegenüber der Armut an großen Beutel-Raubtieren lässt sich über den Energieumsatz begründen (siehe A. V. Milewski [13]). Als vor 55 Millionen Jahren noch große Teile des australischen Kontinents von artenreichem Regenwald bewachsen waren, hatten Beuteltiere bessere Entwicklungschancen. Seitdem jedoch ein Hauptteil des Kontinents aus Trockengebieten mit extrem nährstoffarmen Böden besteht, sind die anspruchsloseren Reptilien dort im Vorteil.

Reptilien können sich in lebensfeindlichen Gebieten länger halten, solange es dort warm genug ist. Ein extremes Beispiel entdeckte man in Mauretanien [4]. Inmit-

---

5 Der Prozess wird eindrucksvoll in der BBC-Dokumentation „Die Südsee" [15] dargestellt.

ten der Sahara findet man vereinzelte Felsformationen (Gueltas), zwischen denen sich während der kurzen Regenzeit Wasser ansammelt. Einige davon sind Rückzugsgebiete von Krokodilen geworden. Deren Aktivität beschränkt sich auf eine kurze Zeitspanne, in der Nahrung verfügbar ist – oftmals nicht mehr als 10 Wochen pro Jahr. In der restlichen Zeit suchen sie ein verstecktes Plätzchen zwischen den Felsen oder vergraben sich im Schlamm, wobei sie ihren Energieverbrauch auf ein Minimum reduzieren.

1.3 Ein hierarchisches Versorgungssystem

Das Dreiviertelgesetz wurde rein auf der Grundlage von Messdaten aufgestellt. Eine Herleitung mit derselben Exaktheit wie in der Physik ist unrealistisch, weil hier zu viele Einflussfaktoren mitspielen, die bisher kaum erforscht bzw. schwer messbar sind.

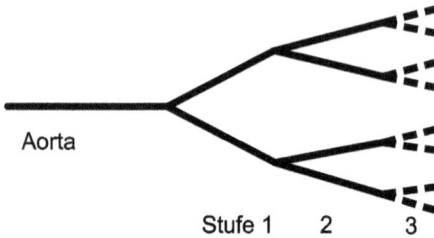

Aorta

Stufe 1   2   3

Abb. 1.7: Hierarchie mit N=3 und n=2. Kapillaren sind gestrichelt.

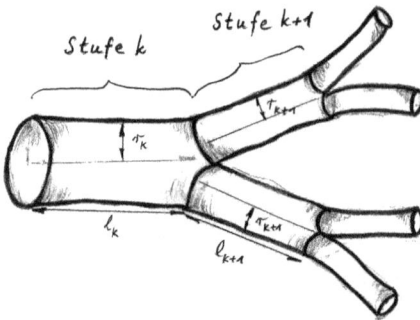

Stufe k Stufe $k+1$

r_k r_{k+1}

ℓ_k r_{k+1}

ℓ_{k+1}

Abb. 1.8: Ausschnitt aus einer Hierarchie mit $n = 2$.

Selbst wenn der Aufbau des Blutkreislaufs in seinen Verästelungen und die Beschaffenheit der Adern und Kapillaren in den nötigen Details bekannt wären, ließe sich die Datenfülle kaum in ein überschaubares, einfach lösbares Modell bringen. So lässt sich das Dreiviertelgesetz nur näherungsweise und auch nur in einem vereinfachten Modell der Nährstoffversorgung herleiten. Es erinnert in den Grundzügen an den Blutkreislauf, wurde 1997 von Geoffrey West, James Brown und Brian Enquist aufgestellt und wird deshalb als WBE-Modell bezeichnet.

Das Netzwerk des WBE-Modells ist *hierarchisch* aufgebaut. Es besteht aus einem Hauptstrang (Aorta), wo die Nährstoffe in das Netzwerk eingespeist werden. Dieser Hauptstrang verzweigt sich immer weiter in dünnere und kürzere, zylinderförmige Adern, bis er schließlich in Kapillaren endet. Diese geben schließlich die Nährstoffe an die Körperzellen ab. Adern in der gleichen Hierarchiestufe haben dieselbe Größe und Form. Wir werden zeigen, dass für das WBE-Modell näherungsweise das Dreiviertelgesetz gültig ist, falls die Anzahl der Stufen in der Hierarchie sehr groß ist.

Mit Ausnahme der Kapillaren besitzt das Netzwerk die Eigenschaft der *Selbstähnlichkeit*. Darunter versteht man, dass man einzelne Teilausschnitte bei entsprechender Vergrößerung nicht voneinander unterscheiden könnte. Mit n bezeichnen wir die *Anzahl der an jeder Ader abzweigenden Äderchen*. Im WBE-Modell vervielfacht sich die Anzahl der Adern in jeder Hierarchiestufe um den Faktor n, wie in Bild 1.7 sichtbar wird. Die k-te Hierarchiestufe enthält n^k Adern.

Kapillaren versorgen die Körperzellen mit Nährstoffen. Da diese Zulieferung durch physikalische Gesetze (Diffusion) gesteuert wird, ist die optimale Größe und Form der Kapillaren nur auf die roten Blutkörperchen abgestimmt. Wären sie kleiner, würden sie verstopft. Wären sie dagegen größer, so würde die Diffusion verlangsamt. Deshalb setzen wir voraus, dass die Kapillaren als kleinste Versorgungseinheiten für alle Lebewesen dieselbe Form und Größe besitzen. Man erhält den gesamten Stoffwechselumsatz eines Organismus als Summe der Umsätze seiner Kapillaren.

Bezeichnen wir die *Anzahl der Kapillaren* mit N_c und die *Anzahl der Stufen in der Hierarchie* mit N. Damit lautet die erste Voraussetzung unseres Modells:

WBE 1   *Die Stoffwechselrate eines Organismus* ist proportional zur Anzahl seiner Kapillaren. Für eine Konstante α gilt: $N_c = n^N = \alpha E$

Zwei weitere Annahmen betreffen Größenverhältnisse im Netzwerk, siehe Bild 1.8.

WBE 2   Die Längen der Adern in aufeinanderfolgender Ordnung verkürzen sich um den konstanten Faktor $\frac{l_{k+1}}{l_k} = \gamma = n^{-\frac{1}{3}}$

WBE 3   Die Radien der Adern in aufeinanderfolgender Ordnung verkürzen sich um den konstanten Faktor $\frac{r_{k+1}}{r_k} = \beta = n^{-\frac{1}{2}}$

Die letzte Voraussetzung betrifft das *Blutvolumen V*. Darunter versteht man die Menge des im Netzwerk zirkulierenden Blutes.

WBE 4   Das Blutvolumen ist für alle ausgewachsenen Tiere derselben Art proportional zur Körpermasse m. Für eine artspezifische Konstante μ gilt: $V = \mu \cdot m$

Bezeichnen wir mit l_k die Länge und mit r_k den Radius einer Ader in der k-ten Stufe unserer Hierarchie. Die Aorta hat dann die Länge l_0 und den Radius r_0, wohingegen eine Kapillare die Länge l_N und den Radius r_N besitzt. Eine Ader in der k-ten Stufe unserer Hierarchie ist ein Zylinder und enthält somit die Blutmenge $\pi r_k^2 l_k$.

Unser Ziel ist es, das Blutvolumen mithilfe der Anzahl der Kapillaren darzustellen, da letztere wegen *WBE 4* proportional zur Stoffwechselrate ist. Das Blutvolumen ist die Summe der in den Adern enthaltenen Blutmengen. Bei n^k Adern der k-ten Stufe ist das Blutvolumen

$$V = \sum_{k=0}^{N} n^k \pi r_k^2 l_k$$

Jetzt rechnen wird von der k-ten Stufe zurück zu den Kapillaren. Aus *WBE 2* folgt

$$l_k = \gamma^{-1} l_{k+1} = \gamma^{-2} l_{k+2} = \ldots = \gamma^{-s} l_{k+s}$$

Für $k + s = N$ bzw. $s = N - k$ folgt dann

$$l_k = \gamma^{-(N-k)} l_N$$

Aus Eigenschaft *WBE 3* erhalten wir analog $r_k = \beta^{-(N-k)} r_N$ bzw.

$$r_k^2 = \beta^{-2(N-k)} r_N^2$$

und somit

$$V = \sum_{k=0}^{N} n^k \pi \beta^{-2(N-k)} r_N^2 \gamma^{-(N-k)} l_N = \pi r_N^2 l_N \sum_{k=0}^{N} n^k (\beta^2 \gamma)^{-(N-k)}$$

Bezeichnen wir mit $V_c = \pi r_N^2 l_N$ das *Volumen einer Kapillare*. Es ist also

$$V = V_c \cdot \sum_{k=0}^{N} n^k (\beta^2 \gamma)^{-(N-k)}$$

$$= V_c \cdot \sum_{m=0}^{N} n^{N-m} (\beta^2 \gamma)^{-m} \qquad \text{für } m = N - k$$

$$= n^N V_c \cdot \sum_{m=0}^{N} (n \beta^2 \gamma)^{-m}$$

Mit den Werten für β und γ aus *WBE 2* und *WBE 3* vereinfacht sich

$$n \beta^2 \gamma = n \cdot n^{-1} \cdot n^{-\frac{1}{3}} = n^{-\frac{1}{3}}$$

und somit $(n \beta^2 \gamma)^{-m} = (n^{\frac{1}{3}})^m$. Schließlich erhalten wir für das Blutvolumen

$$V = n^N V_c \cdot \sum_{m=0}^{N} \left(n^{\frac{1}{3}}\right)^m = n^N V_c \cdot \frac{n^{\frac{N+1}{3}} - 1}{n^{\frac{1}{3}} - 1},$$

wobei wir im letzten Schritt die Formel (A.14), Anhang A.4, der endlichen geometrischen Reihe benutzt haben. Mit *WBE 1* folgt nun

$$V = E \cdot \alpha V_c \frac{n^{\frac{N+1}{3}} - 1}{n^{\frac{1}{3}} - 1}$$

$$= E \cdot \frac{\alpha V_c}{n^{\frac{1}{3}} - 1} \left[(n^N)^{\frac{1}{3}} n^{\frac{1}{3}} - 1 \right]$$

$$\approx E \cdot \frac{\alpha V_c}{n^{\frac{1}{3}} - 1} \left[(n^N)^{\frac{1}{3}} n^{\frac{1}{3}} \right] \qquad \text{für große } N$$

Nach Umformung in der eckigen Klammer mittels *WBE 1* und Umordnung ist

$$V \approx E \cdot \frac{\alpha V_c}{n^{\frac{1}{3}} - 1} \left[(\alpha E)^{\frac{1}{3}} n^{\frac{1}{3}} \right]$$

$$V \approx E^{\frac{4}{3}} \cdot \frac{(\alpha n)^{\frac{1}{3}} \alpha V_c}{n^{\frac{1}{3}} - 1}$$

Ersetzen wir das Blutvolumen V gemäß *WBE 4*, so folgt nun

$$\mu \cdot m \approx E^{\frac{4}{3}} \cdot \frac{(\alpha n)^{\frac{1}{3}} \alpha V_c}{n^{\frac{1}{3}} - 1}$$

$$\frac{\left(n^{\frac{1}{3}} - 1 \right) \mu}{(\alpha n)^{\frac{1}{3}} \alpha V_c} \cdot m \approx E^{\frac{4}{3}}$$

Nun setzen wir die letzte Gleichung in die Potenz $\frac{3}{4}$

$$\left[\frac{\left(n^{\frac{1}{3}} - 1 \right) \mu}{(\alpha n)^{\frac{1}{3}} \alpha V_c} \right]^{\frac{3}{4}} \cdot m^{\frac{3}{4}} \approx E$$

und haben näherungsweise das Dreiviertelgesetz mit $a = \left[\frac{(n^{\frac{1}{3}}-1)\mu}{(\alpha n)^{\frac{1}{3}} \alpha V_c} \right]^{\frac{3}{4}}$ erhalten.

Modell und Wirklichkeit

Der stufenförmige geometrische Aufbau ermöglicht dem zentral organisierten System eine hocheffektive Zirkulation. Es sind die Endverbraucher, welche das Design ihrer unmittelbaren Zuleitungen bestimmen. Diese Stränge sind schmal und entsprechend fragil. Bei einer direkten Anbindung wie im linken Bild 1.9 könnte das Herz nur mit einer schwachen Pumpleistung arbeiten. Damit wäre die Versorgung sehr langsam und nur über kurze Entfernungen möglich.

Im hierarchischen System (Bild 1.9 rechts) sind die näher am Zentrum gelegenen Kanäle breiter. Sie erlauben höhere Druckbelastungen und einen schnelleren Transport. Die optimale Lösung besteht in einer mehrfachen Staffelung, bei der die Größenverhältnisse zwischen Zulieferer und Abnehmer in jeder Stufe konstant bleiben. Dadurch werden die Stufen bei entsprechender Vergrößerung nicht mehr voneinander unterscheidbar. Derartige Strukturen werden als *selbstähnlich* bezeichnet und spielen in der Biologie eine wichtige Rolle.

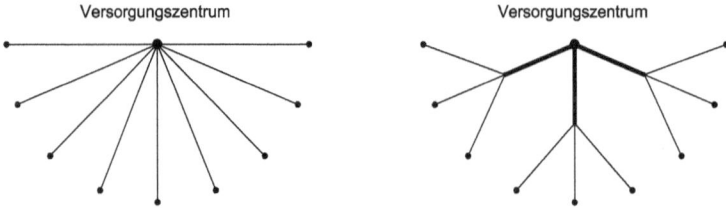

Abb. 1.9: links: direkte, aber langsame Versorgung. rechts: hierarchisches (zweistufiges) System.

Viele Annahmen des WBE-Modells sind in der Realität nur teilweise erfüllt, da die Selbstähnlichkeit zugunsten der Funktionalität zurückstehen muss. Offensichtlich wird die Länge der Hauptversorgungsadern in den Extremitäten durch deren Gestalt bestimmt. Auch N ist nicht konstant. Die Anzahl der Hierarchiestufen vom Herzen zu den Kapillaren der Koronararterie, welche direkt den Herzmuskel versorgen, ist geringer als die Anzahl der Hierarchiestufen vom Herzen zu den Kapillaren der Füße. Ebenso ist n, die Anzahl der abzweigenden Äderchen nicht konstant. Auch die Voraussetzungen WBE 2 und 3 sind nicht überall realistisch. Annahme WBE 2 geht von einem Verhältnis aufeinanderfolgender Aderlängen $\gamma = n^{-\frac{1}{3}}$ aus, was für herznahe Gefäße nicht zutrifft. Dagegen ist WBE 3 nur für größere Blutgefäße sinnvoll, bei kleineren wäre stattdessen $\beta = n^{-\frac{1}{3}}$ eine bessere Näherung.

Trotz aller Ungenauigkeiten bleibt das Modell gerade in seiner Einfachheit faszinierend. Es zeigt, dass das Dreiviertelgesetz in seinem Wesen die hierarchische Struktur eines jeden Organismus mit einer Zentrale und Kapillaren als kleinsten, unveränderlichen Versorgungseinheiten darstellt und dass die Stoffwechselsysteme aller Lebewesen einem gleichen Bauplan folgen.

Das Modell erlaubt eine Reihe von experimentell sehr gut bestätigten Vorhersagen und erklärt bemerkenswerte Parallelen zwischen der Tier- und Pflanzenwelt. Beispielsweise gilt

$$r_0 = c \cdot m^{\frac{3}{8}}$$

sowohl bei Tieren, wenn man für r_0 den Radius der Aorta und m die Gesamtmasse nimmt, aber auch bei Bäumen mit einem Stammradius r_0 und der Trockenmasse m. Vielfache des Exponenten in Vierteln bzw. Achteln scheinen insgesamt in der Natur eine Sonderstellung einzunehmen.

Der Anteil des Blutvolumens V am Körpergewicht kann bei verschiedenen Arten stark schwanken. Bei Reptilien, Vögeln und Säugetieren beträgt die Menge des zirkulierenden Blutes 5 bis 10 % des Körpergewichts, dabei halten Wale und Robben wegen ihren langen und sauerstoffaufwändigen Tauchgängen den Rekord. Eine 30 kg schwere Robbe zirkuliert etwa so viel Blut wie ein 70 kg schwerer Mensch. Außerdem kann ihr Blut pro Milliliter fast doppelt so viel Sauerstoff abspeichern wie das Blut des Menschen. Tauchen Wale und Robben, so werden Herzfrequenz und Pumpvolumen des Blutes verringert und dadurch die Stoffwechselrate gesenkt. Das meiste Blut

wird dann durch Gehirn, Rückenmark, Herz, Lungen, Augen und Nebennieren geleitet, deren Grundversorgung unerlässlich ist, während die Zufuhr zu den Muskeln eingeschränkt wird.

Abschließend wollen wir nochmals auf die Konstante im Dreiviertelgesetz zurück-
kommen. Nach (1.3) ist die relative Stoffwechselrate

$$r = a \cdot m^{-\frac{1}{4}}$$

wobei aus Messungen bekannt ist, dass der Wert a beispielsweise für wechselwarme
Tiere geringer als für gleichwarme ist. Das ist nicht verwunderlich, denn Stoffwechselprozesse sind biochemischer Natur und damit temperaturabhängig. Für höhere Temperaturen laufen sie intensiver ab. Mit dem Ansatz[6]

$$a = a_0 \cdot e^{-\frac{E}{kT}}$$

unter Verwendung einer temperatur- und massenunabhängigen Konstanten a_0, der
Boltzmann-Konstante $k = 8{,}62 \cdot 10^{-5} \frac{eV}{K}$ und $E = 0{,}65\,eV$ (mittlere Aktivierungs-
energie biochemischer Stoffwechselprozesse) erhält man eine Möglichkeit zur Modellierung von Stoffwechselraten von Pflanzen, Tieren und Mikroben, die sich auch zur
Schätzung von Mutationsraten eignet.

1.4 Anpassung und ökogeografische Regeln

Pinguine besiedeln ein riesiges Gebiet von der Antarktis bis zum Äquator, doch ihre
Größe nimmt in Richtung kälterer Regionen zu. Andere Beispiele findet man unter Bä-
ren, Wildschweinen, Füchsen oder Tigern. Verallgemeinernd formulierte der Anatom
Carl Bergmann die Regel:

> *Je näher den Polen, desto mehr steigt die durchschnittliche Körpergröße der Tiere verwandter Ar-*
> *ten.*

Auch beim Vergleich von Ohren und Schwanzlänge verwandter Arten kann man Ab-
hängigkeiten vom Klima feststellen. Der Elefant hat größere Ohren als sein ausgestor-
bener Vetter, das der Kälte trotzende Mammut. Bei den Füchsen besitzt der Polarfuchs
die kleinsten Ohren. Ähnliches findet man für Luchsarten (eurasischer bzw. Tundra
bewohnender Luchs) sowie Hasen (Feldhase, Schneehase). Dieses Prinzip wurde vom
Zoologen Joel Asaph Allen zusammengefasst:

> *Bei gleichwarmen Tieren ist die relative Länge von Extremitäten, Schwanz und Ohren in kalten Kli-*
> *mazonen geringer als bei verwandten Arten in wärmeren Gebieten.*

---

6 Siehe James F. Gillooly [7].

Tab. 1.2: Die Bergmannsche Regel für Pinguine, Quelle: Wikipedia.

Pinguinart	Länge (cm)	Masse (kg)	Federlänge (cm)	Vorkommen (südliche Breite)
Galápagos-Pinguin	50	2,2	2,1	Äquator
Humboldt-Pinguin	65	4,5	2,1	5 bis 35
Magellan-Pinguin	70	4,9	2,4	34 bis 56
Königspinguin	95	15	2,9	50 bis 60
Kaiserpinguin	120	40	4,2	65 bis 77

Die Extremitäten bewirken eine Vergrößerung der Körperoberfläche. In kälteren Gebieten ist eine möglichst geringe Körperoberfläche vorteilhaft, denn dadurch sind die Wärmeverluste geringer. In wärmeren Gebieten können große Körperanhänge jedoch zur Ableitung der überschüssigen Wärme beitragen. Elefanten benetzen ihre Oberfläche mit Wasser, woraufhin dem Körper durch die Verdunstung Wärme entzogen wird. Dabei spielen ihre großen, stark durchbluteten Ohren eine wesentliche Rolle.

Wir werden diese Gesetzmässigkeiten bei Körpergrössen ebenso wie bei Formen über die Energiebilanz erklären, die wir wiederum unter maßstäblicher Veränderung des Lebewesens untersuchen wollen. Energie wird im Körperinneren – zumeist in der Leber und den Muskeln – produziert, aber der gesamte Austausch mit der Umwelt läuft über die Körperoberfläche.

Es bezeichnen x die Länge, V das Volumen und S die Oberfläche eines Tieres der Masse m. Dann folgt mit Ähnlichkeitsbetrachtungen (A.2), (A.3) aus Anhang A.1

$$S \sim V^{\frac{2}{3}}, \qquad m \sim V$$

Gehen wir zunächst davon aus, dass die Außentemperatur geringer als die Körpertemperatur ist. Damit wird Wärme abgegeben. Für die *Wärmeverlustrate E_S*, d. h. die *Energiemenge, die das Tier pro Zeiteinheit an seine Umgebung verliert*, erhalten wir

$$E_S \sim S \sim V^{2/3} \sim m^{\frac{2}{3}}$$

Dagegen ist für die produzierte Energiemenge pro Zeiteinheit nach dem Dreiviertelgesetz $E \sim m^{\frac{3}{4}}$. Es gilt also

$$\frac{E_S}{E} \sim \frac{m^{\frac{2}{3}}}{m^{\frac{3}{4}}} \sim m^{-\frac{1}{12}}$$

Die Größe $\frac{E_S}{E}$ gibt den Anteil des Wärmeverlusts pro erzeugte Kilokalorie Wärme und Zeiteinheit an, d. h., es ist die relative Wärmeverlustrate. Ist sie hoch, so verbleibt dem Tier wenig Energie zur Aufrechterhaltung seiner Lebensfunktionen. Liegt sie dagegen nahe bei null, so gibt das Tier kaum Wärme ab, sodass es selbst nur wenig Energie produzieren sollte oder durch Überhitzung wegen Wärmestau bedroht ist.

Da bei hohen Wärmeverlusten der Tod droht, sollten kleine Tiere wie Insekten kalte Gegenden meiden. In heißen Gegenden drehen sich die Verhältnisse um. Dort sind größere Tiere stärker von Hitzestau bedroht als kleinere.

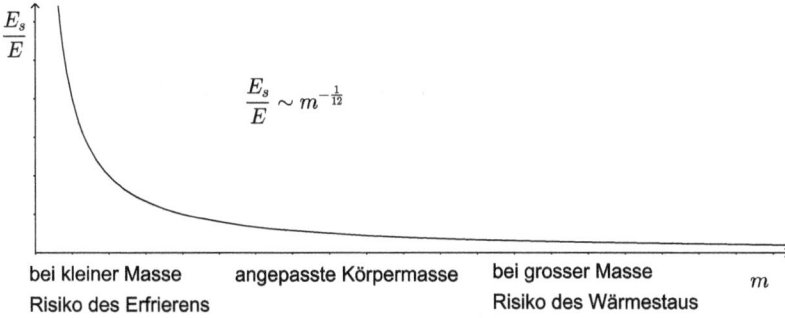

Abb. 1.10: Relative Wärmeverlustrate E_s/E in Abhängigkeit von der Masse.

Tab. 1.3: Die Hessesche Regel für den Haussperling, Quelle: [1].

	Herzgewicht in ‰ des Körpergewichts
St. Petersburg	15,7
Hamburg	14
Tübingen	13,1

In kälteren Gegenden benötigen kleine gleichwarme Tiere höhere Stoffwechselraten, um Wärmeverluste auszugleichen. Dadurch sind hohe Herzfrequenzen und leistungsfähige Herzmuskeln bedingt. Der Zoologe Richard Hesse erkannte für gleichwarme Tiere die nach ihm benannte *Herzgewichtsregel*:

In kälteren Klimazonen lebende gleichwarme Tiere haben ein größeres und schwereres Herz als nahe verwandte Arten in wärmeren Regionen.

Energiesparmodus gegen Spitzenbelastungen

Besonders haben Kolibris und Spitzmäuse unter Wärmeverlusten zu leiden, denn auch in warmen Gebieten kann es sich nachts stark abkühlen. Ihre Stoffwechselraten sind nicht mehr steigerungsfähig, die Kreislaufsysteme arbeiten bereits auf Höchstleistung. Um einem Kollaps zu entgehen, haben einige Tiere die Fähigkeit entwickelt, ihr gesamtes Umsatzsystem kurzfristig in einen Ruhe- und Energiesparmodus, den sogenannten Torpor herunterzufahren. Das ist ein Starrezustand, der bei Temperatur- und Trockenstress auftritt. Dabei werden die Stoffwechselintensität und die Körpertemperatur stark gesenkt, wodurch der Temperaturunterschied ΔT zur Umgebung und damit auch der Wärmeverlust E_s gesenkt werden können.

1.5 Biologische Uhren

Als *Zykluslängen L* bezeichnet man verschiedene Größen wie die *maximale oder durchschnittliche Lebensdauer*, die *Dauer bis zur Fortpflanzungsfähigkeit* oder die *Dauer eines Atemzuges* bzw. des *Herzschlags*. Auch sie lassen sich in Abhängigkeit von der Körpermasse durch Skalengesetze mit einem (nahezu) konstanten Exponenten darstellen:

$$L = c \cdot m^b \qquad \text{mit } b \approx \frac{1}{4} \tag{1.5}$$

Hierbei variiert c in Abhängigkeit von der gewählten Zykluslänge und Stellung im taxonomischen System. (Im letzteren erweist sich die *Ordnung* als geeignete Kategorie.) Diese Zusammenhänge wurden statistisch[7] bestätigt, wenngleich die Abweichungen für einige Arten – insbesondere Homo sapiens – beträchtlich sind.

Es ist also kein Zufall, dass Riesenschildkröten längere Lebenserwartungen haben als ihre kleinen Verwandten. Im Gegensatz zum Dreiviertelgesetz ist der Anstieg von $L = c \cdot m^{\frac{1}{4}}$ im Bereich mittlerer Massen jedoch geringer, sodass die Massenabhängigkeit meist nur im Vergleich von sehr kleinen zu sehr großen Tieren auffällt.

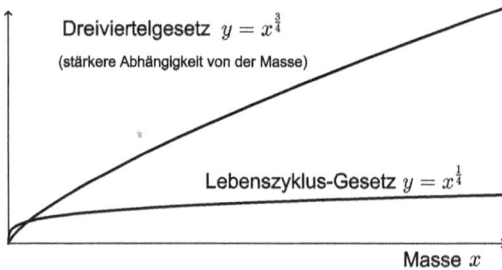

Abb. 1.11: Vergleich der Massenabhängigkeit beim Lebenszyklus- und Dreiviertelgesetz.

Problem 1.4. *Die Lebenserwartung eines Elefanten ist aus dessen Masse ($m_e = 5000$ kg) sowie aus Masse und Lebensdauer eines Kaninchens ($m_k = 1$ kg und $L_k = 9$ Jahre) zu schätzen.*

Lösung. Wir benutzen (1.5) mit demselben c für beide Tiere. Nach Division beider Gleichungen folgt

$$\frac{L_e}{L_k} = \frac{m_e^{\frac{1}{4}}}{m_k^{\frac{1}{4}}} = \left(\frac{m_e}{m_k}\right)^{\frac{1}{4}} \quad \Rightarrow \quad L_e = L_k \cdot \left(\frac{m_e}{m_k}\right)^{\frac{1}{4}} = 75,6 \text{ Jahre}$$

---

7 Siehe Roland Prinzinger [16], John R. Speakman [20] sowie Gus Q. Zhang, Weiguo Zhang [23].

Das passt gut zum Referenzwert von 70 Jahren (siehe Thayer Watkins [21]). Allerdings stimmt das Lebenszyklusgesetz längst nicht immer so gut mit der Realität überein. □

Problem 1.5. *Um welchen Faktor müssten sich die Massen zweier Tiere aus der gleichen Ordnung unterscheiden, damit sich die Lebenserwartung verdoppelt?*

Lösung. Seien m_k und L_k die Masse und Lebensdauer des kleineren Tieres bzw. m_g und L_g die Werte des größeren Tieres. Dann ist

$$2 = \frac{L_g}{L_k} = \left(\frac{m_g}{m_k}\right)^{\frac{1}{4}} \quad \Rightarrow \quad \frac{m_g}{m_k} = 2^4 = 16$$

Das größere Tier müsste 16-mal schwerer sein. □

Mit statistischen Methoden gewonnene Formeln vermitteln noch keine Einsichten in den Wirkungsmechanismus. Die wechselseitige Abhängigkeit von Lebenszyklen und Masse wird durch Umweltbedingungen und die verfügbaren Ressourcen hergestellt, wie in den folgenden Beispielen deutlich wird.

Abb. 1.12: Bei den Mek im Hochland von Papua. Foto: Rainer Garve, Roland Garve.

Beispiel 1.1 (Überleben im Regenwald). Bewohner der tropischen Regenwälder gehören eher zu den kleinwüchsigeren Völkern. Das beste Beispiel sind die zentralafrikanischen Pygmäen und die Mek aus Papua-Neuguinea mit einer durchschnittliche Körpergröße von nur 1,40 m, welche infolge einer jahrtausendelangen natürlichen Selektion erreicht wurde. Das Klima der tropischen Regenwälder ist warm, aber vor allem feucht. Bei einer Luftfeuchtigkeit von nahezu 100 % wird das Schwitzen, unser wichtigster Schutz vor Überhitzung, weniger effektiv. Auf der Haut klebender Schweiß entzieht dem Körper keine Verdunstungswärme. Da ein kleinerer Körper jedoch stets mehr Wärme abgeben kann, hat er seinen Wärmehaushalt besser unter Kontrolle. Weiterhin besitzt er den Vorteil, zur Bewegung seines Eigengewichts weniger Energie aufwenden zu müssen.

Die Hauptursache der Kleinwüchsigkeit liegt jedoch in der Lebenserwartung. Das harte Leben, gekennzeichnet durch Tropenkrankheiten und den geringen Proteinanteil der Nahrung verkürzte maßgeblich die Lebensdauer vorangegangener Generationen. Hungerperioden werden begünstigt, weil eine Vorratshaltung im feuchtwarmen Klima kaum möglich ist. Mangelernährung und Anfälligkeit für Krankhheiten verstärkten sich gegenseitig. Dabei war die Kindersterblichkeit außerordentlich hoch. Man musste sich also beeilen, um Kinder zu bekommen. Auch hier ist die benötigte Zeit zur Geschlechtsreife bei einem kürzeren Wachstum entsprechend geringer, sodass sich Kleinwüchsigere früher fortpflanzen können.[8]

Beispiel 1.2 (Selektionsdruck durch industrielle Fischerei). Makrelen werden heute meist nur noch 30 bis 50 cm lang. Zur Zeit des Römischen Reiches, als sie ebenfalls zu den geschätzten Delikatessen zählten, erreichten sie oft die doppelte Länge. Zuweilen findet man in römischen Museen noch Überreste ihrer beeindruckenden Wirbelknochen, welche uns wie von einer anderen Fischart erscheinen. Durch die Überfischung erhalten kleinwüchsige Makrelen einen wesentlichen Selektionsvorteil. Sie können durch Maschen der Netze entkommen, die ihren Artgenossen zum Verhängnis werden. Da sie eher ausgewachsen sind, pflanzen sie sich entsprechend schneller fort.

Lebensdauer und Intensität

Thetis, der Mutter des griechischen Helden Achilles, wurde prophezeit, dass ihr Sohn die Alternative zwischen einem kurzen und intensiven bzw. einem langen, aber lang-

---

8 Nach Auskunft des Ethnologen und Mediziners Prof. Roland Garve, der die Stämme auf Papua-Neuguinea mehrfach besuchte, wurden die kleinwüchsigen Mek (oder Kimyal) von anderen Gruppen immer weiter in die landwirtschaftlich schlecht zu bewirtschaftenden höheren Gebirgsgegenden verdrängt, wo sie aufgrund ihres vergleichsweise geringeren Nahrungsbedarfs gerade noch überleben konnten. Nahrungsknappheit führte bis in die jüngste Vergangenheit regelmäßig zu Kindstötungen durch die Aussetzung von Neugeborenen, insbesondere Mädchen.
Inzwischen haben sich die Lebensbedingungen der Mek verbessert, sodass sich ihre Lebenserwartung verlängert hat. Angehörige nachfolgender Generationen sind heute oft einen Kopf größer als ihre Eltern oder Großeltern. Weiter südlich im Flachland bei den Kombai oder anderen Sumpfnomaden, die auch heute noch isoliert im dichten feuchtheißen Regenwald leben, gibt es jedoch bis jetzt aufgrund der harten Lebensbedingungen kaum eine Generation von Großeltern. Eine detaillierte Schilderung der Lebensweise verschiedener Stämme auf Papua-Neuguinea, die bereits aus epidemiologischer Sicht lohnenswert zu lesen ist, findet man bei Roland und Miriam Garve [6].

weiligen Leben hätte.[9] Im übertragenen Sinne scheint dieses Prinzip in der gesamten belebten Welt zu wirken.

Problem 1.6. *Gesucht ist der Zusammenhang zwischen Herzfrequenz f_H und maximaler Lebensdauer L_L. Haben Tiere derselben Ordnung mit höheren Herzfrequenzen tendenziell ein kürzeres Leben?*

Lösung. Die Herzfrequenz f_H ist der Kehrwert der mittleren Dauer eines Herzschlags L_H, also $L_H \sim \frac{1}{f_H}$. Aus den Skalengesetzen (1.5) für L_H und L_L erhalten wir $L_H \sim L_L$ und damit

$$L_L \sim \frac{1}{f_H}$$

Diese Beziehung kann als Hyperbel dargestellt werden. Damit ist klar, dass Tiere mit höheren Herzfrequenzen ein kürzeres Leben haben müssen. ☐

Da Herz- und Atemfrequenz proportional sind, erhält man dieselbe Abhängigkeit zwischen Atemfrequenz f_A und Lebensdauer:

$$L_L \sim \frac{1}{f_A}$$

Den Rekord der Herzfrequenz hält sicherlich die Etruskerspitzmaus mit etwa 1200 Herzschlägen und bis zu 900 Atemzügen pro Minute. Sie lebt vom Mittelmeerraum bis Südostasien und ist auch im Schweizer Kanton Tessin heimisch. Die Lebenserwartung des nur 1,6 g schweren Tieres – das Gewicht entspricht einem Schweizer Fünfrappenstück – wird auf maximal 2,5 Jahre geschätzt.

Kombinieren wir die Lebensdauer L nach (1.5) mit der relativen Umsatzrate r aus (1.3), so folgt

$$r = \frac{E}{m} \sim \frac{m^{\frac{3}{4}}}{m} = m^{-\frac{1}{4}} \sim L^{-1}$$

Damit ist

$$L \sim \frac{1}{r}$$

Bei geringeren relativen Umsatzraten r steigen die Chancen, älter zu werden. Dagegen arbeitet das Immunsystem bei einer höheren relativen Stoffwechselrate effizienter. Deshalb haben Tiere mit kürzeren Lebensdauern, solange sie jung sind, paradoxerweise bessere Chancen zum Überstehen von Infekten als langlebige Tiere.

Die minimal mögliche Umsatzrate bestimmt die höchstmögliche Lebensdauer (Bild 1.13). Derartige Zusammenhänge lassen sich selbst bei einfachen Lebewesen nachweisen. Bei Einzellern betrachtet man als Lebenszeit den Zeitraum bis zur nächsten Zellteilung. Diese Zeitspanne halbiert sich, wenn man durch Temperaturerhöhung für eine Verdopplung der relativen Umsatzrate sorgt.

---

9 Sie entschied für ihren Sohn ohne Zögern zugunsten der zweiten Variante und versuchte seine Rekrutierung für den Trojanischen Krieg zu verhindern, indem sie ihn in Mädchenkleidern versteckte.

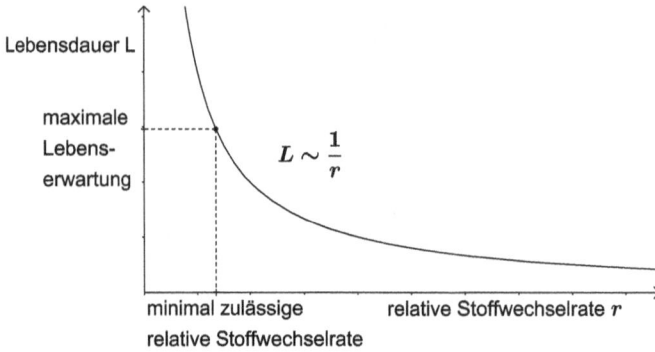

Abb. 1.13: Die relative Stoffwechselrate einer Art bestimmt ihre Lebenserwartung.

Wechselwarme Tiere haben einen geringeren Grundverbrauch als gleichwarme Tiere, da ihr Stoffwechsel an die Umgebungstemperatur gekoppelt ist und nicht künstlich hochgehalten werden muss. Unter günstigen klimatischen Bedingungen erleidet ein genügend großes wechselwarmes Tier nur geringe Wärmeverluste (meist nachts) und benötigt weniger Energie. Deshalb können Riesenschildkröten und Krokodile über lange Zeiträume mit wenig Nahrung auskommen und haben oft eine für uns unvorstellbar hohe Lebenserwartung.

Den Langlebigkeitsrekord unter den Tieren, bedingt durch seine Stoffwechselrate, hält der in antarkischen Gewässern beheimatete Schwamm Scolymastra joubini. Bei einem geschätzten Höchstalter von stattlichen 10.000 Jahren müssten einige noch lebende Veteranen die Meere schon zur Jungsteinzeit besiedelt haben.

Abb. 1.14: Scolymastra joubini lebt in einer Tiefe von 45 bis 440 m und kann bis zu 2 m groß werden. Der Schwamm benötigt wenig Sauerstoff und wächst extrem langsam. Damit hat er die geringste Stoffwechselrate aller bekannten Tierarten. Foto: Richard B. Aronson (Florida Institute of Technology) mit freundlicher Genehmigung.

Dagegen stellt die hohe Lebensdauer des Menschen, verglichen mit Tieren ähnlicher Masse oder Stoffwechselrate, eine Abweichung im statistischen Gesetz dar. Menschen mit hohen Lebenserwartungen werden medizinisch gut versorgt. Gemittelt über die Menschheitsgeschichte liegt die menschliche Lebenserwartung unter 30 Jahren.[10]

Die Reduktion der Stoffwechselrate verlängert das Leben. Einige Spitzmausarten können zeitweise in Torpor, eine energiesparende Starre fallen, was ihre Lebenserwartung gegenüber nicht torporfähigen Verwandten um zwei bis drei Jahre erhöht. Eine vernünftige Diät für Mäuse kann ihre Lebenserwartung fast verdoppeln. Bei Insekten verkürzt intensives Fliegen die Lebensdauer, da der Flug eine Erhöhung der Stoffwechselrate erfordert.[11] Selbst eine Kastration kann lebensverlängernd wirken, denn bei Verringerung der sexuellen Aktivität wird die relative Stoffwechselrate herabgesetzt. Bei Ratten steigt die Lebensdauer durchschnittlich um fünf bis acht Jahre, bei Menschen sogar um mehr als 14 Jahre.

1.6 Medikamente und ihre Wirkdauer

Nehmen wir an, einem Organismus würde eine bestimmte Dosis Gift verabreicht, die er ohne bleibende Schäden abbauen kann. Wie schnell verläuft dieser Abbauprozess? Die Frage spielt bei Medikamenten eine Rolle, die zur Abtötung von Krankheitserregern (Bakterien, Pilze, Parasiten) eingesetzt werden. Oftmals haben sie Nebenwirkungen und werden von unserer körpereigenen Immunabwehr eliminiert. Der Filterprozess vermindert ihre Wirksamkeit und muss bei der Dosierung berücksichtigt werden. In diesem Abschnitt sollen einige grundlegende Gesetzmäßigkeiten hergeleitet werden.

Abbau von Medikamenten bei einmaliger Verabreichung
Da der Abbauverlauf eines Gifts oder Medikaments nicht nur von seiner Art, sondern auch von der Verabreichung abhängt, wollen wir uns zunächst auf den einfachsten und zugleich wirkungsvollsten Fall einer intravenösen Injektion beschränken. Hier kommt die gesamte Dosis unmittelbar zum Einsatz. Der Abbau erfolgt hauptsächlich auf zwei Wegen:
1. durch Filtration über die Nieren und Ausscheidung mit dem Urin,
2. durch biochemische Umwandlungsprozesse unter Beteiligung von Leberenzymen. Diese Zersetzung findet im Blut bzw. der Leber statt, wobei die Zerfallsprodukte anschließend über die Nieren entsorgt werden.

In beiden Fällen und bei der Mehrzahl gebräuchlicher Medikamente, sofern sie nicht überdosiert werden, verringert sich die Giftkonzentration mit der Zeit exponentiell.

---

10 Siehe Gus Q. Zhang, Weiguo Zhang [23].
11 Siehe A. J. Hulbert u. a. [10].

Das lässt sich zumindest im zweiten Fall (biochemische Reaktionen) plausibel erklären: Wird der Giftstoff G mittels Enzymen E in ein Zerfallsprodukt Z umgewandelt, so ist

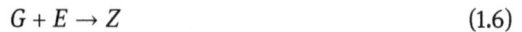

$$G + E \to Z \tag{1.6}$$

Die Funktion $c(t)$ beschreibt den zeitlichen Verlauf unserer Giftkonzentration im Blut. Solange sie nicht zu hoch ist, was hier vorausgesetzt wird, stehen überall ausreichend viele Enzymmoleküle zum Giftabbau zur Verfügung. Damit ist die Gesamtmenge der Giftmoleküle an einem bestimmten Ort proportional zu den pro Zeiteinheit dort neutralisierten Giftmolekülen. Die Abbaurate $\frac{dc(t)}{dt}$ ist also proportional zur Giftkonzentration und wir erhalten die Differentialgleichung

$$\frac{dc(t)}{dt} = -kc(t) , \tag{1.7}$$

wobei die Eliminationskonstante $k > 0$ die Effektivität des Abbaus bestimmt.[12] Die Gleichung lässt sich durch Trennung der Variablen lösen:

$$\frac{dc}{c} = -kdt$$

$$\int \frac{dc}{c} = -k \int dt$$

$$\ln c = -kt + K \quad \text{(mit der Integrationskonstanten K)}$$

$$c = e^{-kt} e^{K}$$

Durch Einsetzen des Anfangswerts $c_0 = c(t_0)$ lässt sich $e^{K} = c_0 e^{kt_0}$ bestimmen, sodass wir als zeitlichen Verlauf unserer Gift- bzw. Medikamentkonzentration die Funktion

$$c(t) = c_0 e^{-k(t-t_0)} , \qquad t \geq t_0 \tag{1.8}$$

erhalten. Es handelt sich um einen exponentiellen Zerfall, der trotz unserer Vereinfachungen für den Abbauverlauf vieler Medikamente experimentell gut bestätigt werden konnte.[13] Derartige Prozesse werden durch ihre *Halbwertszeit* τ charakterisiert.

---

[12] In Wirklichkeit unterliegt die körpereigene Produktion der entsprechenden Proteine im Tagesablauf gewissen Schwankungen, die als zirkadiane Rhythmik bezeichnet werden. Der Abbau von Giftstoffen und die Wirksamkeit von Medikamenten hängen also von der Tageszeit der Einnahme ab, siehe [8]. Damit ist k nicht konstant, sondern eine periodische Funktion.

[13] Gleichung (1.6) beschreibt die ablaufende Reaktion nur unvollständig. Selbst relativ einfache chemische Reaktionen zerfallen häufig in Ketten von Zwischenschritten sogenannter Elementarreaktionen, bei denen das Endprodukt Z erst zum Schluss entsteht. Die Geschwindigkeit der Gesamtreaktion (1.6) wird durch die langsamste Elementarreaktion vorgeschrieben, sodass $c(t)$ vom Konzentrationsverlauf der entsprechenden Zwischenprodukte bestimmt wird.

Die Filtration in den Nieren wird dagegen durch Diffusionsprozesse gesteuert, zeigt aber ein ähnliches Zeitverhalten. Siehe J. R. Pappenheimer, E. M. Renkin, L. M. Borrero [14].

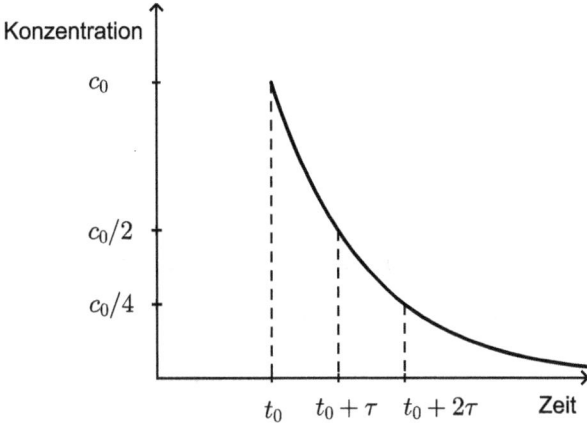

Abb. 1.15: Die Halbwertszeit τ bestimmt die konstante Zeitspanne, in welcher sich die Konzentration halbiert.

Problem 1.7. *Aus* (1.8) *ist ein Zusammenhang zwischen der Halbwertszeit τ und der Eliminationskonstanten k herzuleiten.*

Lösung. Aus $\frac{c_0}{2} = c_0 e^{-k\tau}$ folgt nach Logarithmierung

$$\tau = \frac{\ln 2}{k} \tag{1.9}$$

□

Die Halbwertszeiten vieler Medikamente liegen im Zeitraum weniger Stunden. Bei der Dosierung darf außerdem eine gewisse *Obergrenze* c_{max} nicht überschritten werden, da sonst gefährliche Nebenwirkungen zu befürchten sind. Damit wird die *minimal wirksame Konzentration* c_{min} durch den exponentiellen Abbau rasch erreicht. Sollten die Krankheitserreger bis dahin nicht abgetötet sein, so muss das Medikament wiederholt angewendet werden.

Modellierung bei Mehrfachdosierung

Die Differentialgleichung (1.7) ist linear, sodass für beliebige Lösungen $c_i(t), i = 1, \ldots, n$ und Konstanten $\alpha_i \in \mathbb{R}$ auch ihre Linearkombination $\sum_{i=1}^{n} \alpha_i c_i$ eine Lösung ist:

$$\frac{d}{dt}\left(\sum_{i=1}^{n} \alpha_i c_i\right) = \sum_{i=1}^{n} \alpha_i \frac{dc_i}{dt} = \sum_{i=1}^{n} \alpha_i k c_i = k\left(\sum_{i=1}^{n} \alpha_i c_i\right)$$

Damit gilt das

Additionsprinzip: Der Konzentrationsverlauf bei Mehrfachdosierung kann als Summe der Konzentrationen entsprechender Einzeldosen berechnet werden.

Problem 1.8. *Ein Medikament wird in n gleichen Dosen im Zeitabstand von jeweils δ Stunden verabreicht. Unter der Voraussetzung von (1.7) ist der Konzentrationsverlauf zu berechnen.*

Lösung. Die Verabreichungen erfolgen jeweils zu den Zeitpunkten

$$t_i = (i-1)\delta \,, \qquad i = 1, \ldots, n \,. \tag{1.10}$$

Zur rechnerischen Vereinfachung führen wir als Endzeitpunkt des Prozesses

$$t_{n+1} = \infty \tag{1.11}$$

ein. Die im Zeitintervall $[t_i, t_{i+1})$ wirksame Gesamtkonzentration wird mit Hilfe des Additionsprinzips aus den ersten i Dosen berechnet:

$$c(t) = \sum_{j=1}^{i} c_j(t) \qquad \text{für } t_i \leq t < t_{i+1}\,, \quad i = 1, \ldots, n \tag{1.12}$$

Wegen (1.8) ist der Konzentrationsverlauf der j-ten Einzeldosis gegeben als

$$c_j(t) = \begin{cases} 0 & \text{falls } t < t_j \\ c_0 e^{-k(t-t_j)} & \text{falls } t \geq t_j \end{cases} \tag{1.13}$$

Nach Einsetzen von (1.10) und (1.13) in (1.12) erhalten wir unter Benutzung der Summenformel (A.14)

$$c(t) = c_0 e^{-kt} \sum_{j=1}^{i} e^{(j-1)k\delta} = c_0 \frac{e^{ik\delta} - 1}{e^{k\delta} - 1} e^{-kt}$$

Somit ist die Konzentration bei mehrfacher Verabreichung

$$c(t) = c_0 \frac{e^{ik\delta} - 1}{e^{k\delta} - 1} e^{-kt} \qquad \text{für } t_i \leq t < t_{i+1}\,, \quad i = 1, \ldots, n \tag{1.14}$$

$\square$

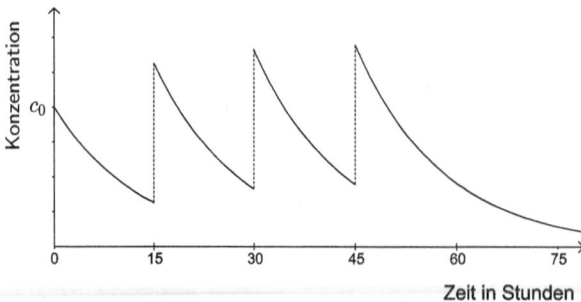

Abb. 1.16: Konzentrationsverlauf bei intravenöser Mehrfachdosierung und einer Halbwertszeit $\tau = 9$ Stunden. Es werden $n = 4$ Dosen im Zeitabstand von $\delta = 15$ Stunden verabreicht.

Zur Absicherung der Wirksamkeit und gleichzeitiger Vermeidung einer Überdosierung sollte man die Grenzen kennen, innerhalb welcher die Konzentration während der Behandlung schwankt.

Problem 1.9. *Es sind der Höchstwert c_{top} und Tiefstwert c_{down} im Funktionsverlauf (1.14) für $t_1 \le t \le t_n$ zu berechnen.*

Lösung. Die Funktion $c(t)$ ist durch Sprungstellen an den Intervallgrenzen t_i gekennzeichnet. Innerhalb der Intervalle $[t_i, t_{i+1})$ fällt sie exponentiell. Damit erreicht sie ihre Extrema an den Grenzen der Intervalle. Das geschieht für die Höchstwerte jeweils zum Zeitpunkt t_i

$$\max_{t\in[t_i,t_{i+1})} c(t) = c(t_i) = c_0 \frac{e^{ik\delta} - 1}{e^{k\delta} - 1} e^{-k(i-1)\delta} = c_0 \frac{1 - e^{-ik\delta}}{e^{k\delta} - 1} e^{k\delta} \tag{1.15}$$

Die Tiefstwerte hingegen werden nicht angenommen, sondern nur angenähert, sodass man von Infima[14] anstelle von Minima spricht.

Nach der letzten Dosis wird die Konzentration wegen $\lim_{t\to\infty} c(t) \to 0$ vollständig abgebaut. Untersuchen wir unseren Prozess noch zwischen den Verabreichungen, also auf den Zeitintervallen $[t_i, t_{i+1})$ mit $i = 1, \dots, n - 1$. Dort berechnen wir die jeweiligen Tiefstwerte (Infima) als linksseitige Grenzwerte[15]

$$\inf_{t\in[t_i,t_{i+1})} c(t) = \lim_{t\to t_{i+1}-0} c(t) = c_0 \frac{e^{ik\delta} - 1}{e^{k\delta} - 1} e^{-ik\delta} = c_0 \frac{1 - e^{-ik\delta}}{e^{k\delta} - 1} \tag{1.16}$$

Ein Vergleich der Formeln (1.15) und (1.16) liefert den Zusammenhang zwischen den Höchstwerten und ihren direkt nachfolgenden Tiefstwerten

$$\max_{t\in[t_i,t_{i+1})} c(t) = e^{k\delta} \cdot \inf_{t\in[t_i,t_{i+1})} c(t), \qquad i = 1, \dots, n - 1 \tag{1.17}$$

Der Ausdruck $e^{-ik\delta}$ fällt für wachsende i. Folglich nimmt die Folge der Maxima (1.15) ihren größten Wert für $i = n$ an. Wir erhalten als Höchstwert der Konzentration im gesamten Behandlungsverlauf

$$c_{\text{top}} = c(t_n) = c_0 \frac{1 - e^{-nk\delta}}{e^{k\delta} - 1} e^{k\delta} \tag{1.18}$$

Dagegen wird der kleinste Tiefstwert von (1.16) unmittelbar vor der zweiten Gabe erreicht.

$$c_{\text{down}} = \inf_{t\in[t_1,t_2)} c(t) = c_0 \frac{1 - e^{-k\delta}}{e^{k\delta} - 1} \tag{1.19}$$

Dieser Wert wird erst eine gewisse Zeit nach dem Abschluss der Behandlung wieder unterschritten. □

---

14 Als *Infimum* einer Funktion f auf einer Menge M bezeichnet man seine größte untere Schranke. Sie wird mit $\inf_{x\in M} f(x)$ bezeichnet.

15 Den *linksseitigen Grenzwert* einer Funktion definiert man als

$$\lim_{t\to x-0} f(t) := \lim_{\substack{\epsilon\to 0 \\ \epsilon>0}} f(x - \epsilon).$$

Verwenden wir das Medikament in Dauergabe, so wird $n \to \infty$. Die Höchst- und Tiefstwerte pegeln sich rasch in festen Grenzen $c_{\text{top}\infty}$ bzw. $c_{\text{down}\infty}$ ein. Als Grenzwert von (1.18) berechnen wir

$$c_{\text{top}\infty} = \lim_{n \to \infty} c_{\text{top}} = \frac{c_0 e^{k\delta}}{e^{k\delta} - 1} \tag{1.20}$$

Hieraus folgt mit (1.17)

$$c_{\text{down}\infty} = e^{-k\delta} c_{\text{top}\infty} = \frac{c_0}{e^{k\delta} - 1} \tag{1.21}$$

Zur Beurteilung der Wirksamkeit eines Medikaments werden noch weitergehende Informationen benötigt. Zur Bestimmung optimaler Anwendungsdauern ist zusätzlich zu berücksichtigen, dass Bakterien oder Parasiten schnell Resistenzen gegen die eingesetzten Medikamente entwickeln.

Beispiel 1.3. Zur Behandlung der *Afrikanischen Trypanosomiasis* bzw. *Schlafkrankheit* wird eine Pentamidin-Lösung im Laufe von 7–10 Tagen einmal täglich intramuskulär injiziert. Bei diesem Verfahren beträgt die Halbwertszeit $\tau = 9{,}4$ Stunden.

Unter Annahme von Modell (1.7) ist der Höchstwert im Konzentrationsverlauf bei 10 Injektionen zu berechnen. Weiterhin ist die vorhandene Restkonzentration nach 14 Tagen ab Behandlungsende zu bestimmen.

Lösung. Wegen (1.9) beträgt die Eliminationskonstante $k = \frac{\ln 2}{\tau} = 0{,}73739/\text{h}$. Weiter ist $n = 10$ sowie $\delta = 24$. Aus (1.18) berechnen wir den Höchstwert

$$c_{\text{top}} = 1{,}205 c_0$$

14 Tage ab Behandlungsende entspricht dem Zeitpunkt $t = (10 + 14) \cdot 24 = 576$. Aus (1.14) folgt mit $i = 10$ die gesuchte Restkonzentration

$$c(576) = 3{,}56 \cdot 10^{-12} c_0 \tag{1.22}$$

Die Anfangskonzentration $c_0 = 4$ mg pro kg Körpergewicht wurde zur optimalen Ausheilung bemessen. Damit ist es unwahrscheinlich, dass die geringe Restkonzentration (1.22) noch Schutz vor Neuinfektionen bietet. □

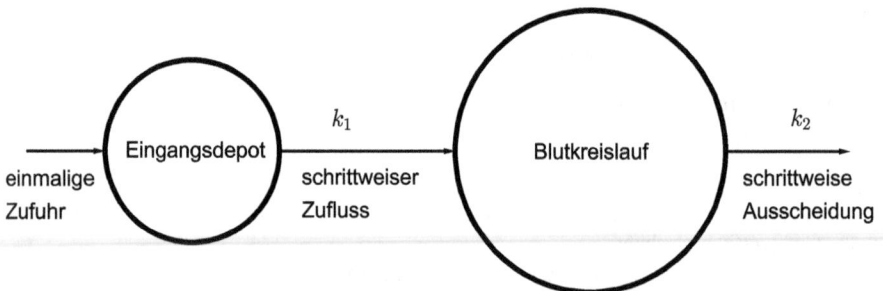

Abb. 1.17: Schematische Darstellung der Medikamentenaufnahme über ein Eingangsdepot.

Medikamentenaufnahme über ein Eingangsdepot

Medikamente werden häufig intramuskulär gespritzt. Der Muskel dient hier als Eingangsdepot, welches den Wirkstoff verzögert in die Blutbahn entlässt. Damit wird die anfänglich hohe Spitzenkonzentration etwas gesenkt und die Wirkung gleichzeitig über einen längeren Zeitraum verteilt. Dasselbe Prinzip gilt auch bei oraler Einnahme. Hier wird ein Depot im Magen angelegt und von dort erst schrittweise in den Blutkreislauf abgegeben.

Die Prozesse (siehe Bild 1.17) lassen sich mit Hilfe zweier Funktionen

- $e(t)$ *Wirkstoffkonzentration im Eingangsdepot*
- $c(t)$ *Wirkstoffkonzentration in der Blutbahn*

in einem Gleichungssystem beschreiben:

$$\frac{de(t)}{dt} = -k_1 e(t) \tag{1.23}$$

$$\frac{dc(t)}{dt} = k_1 e(t) - k_2 c(t) \tag{1.24}$$

Gleichung (1.23) stellt den Abbau des einmalig gefüllten Eingangsdepots dar, während (1.24) gleichzeitig einen Zufluss aus dem Depot und den Abbau modelliert. Hier sind k_1 und k_2 positive Konstanten zur Beschreibung der Abbaugeschwindigkeiten des Medikaments im Depot bzw. in der Blutbahn. Sie werden experimentell bestimmt.

Für die meisten Arzneistoffe und insbesondere unsere späteren Fälle verläuft die Abgabe aus dem Depot (Muskel oder Magen) schneller als der Abbau im Körper, sodass wir die Beziehung

$$k_1 > k_2$$

erhalten. Zum Zeitpunkt $t = 0$ soll die Gesamtdosis direkt ins Eingangsdepot eingeleitet werden. Es ist also

$$e_0 = e(0), \qquad c(0) = 0 \tag{1.25}$$

Die Lösung von (1.23) liefert für den Abbauverlauf des Depots $e(t) = e_0 e^{-k_1 t}$. Durch Einsetzen in (1.24) folgt als Gleichung des Konzentrationsverlaufs

$$\frac{dc(t)}{dt} = -k_2 c(t) + k_1 e_0 e^{-k_1 t} \tag{1.26}$$

Es handelt sich um eine inhomogene lineare Differentialgleichung erster Ordnung mit konstanten Koeffizienten, deren allgemeine Lösung in der Form

$$c(t) = c_s(t) + c_h(t)$$

geschrieben werden kann. Hier ist c_s eine spezieller Lösung von (1.26) und c_h die allgemeine Lösung der zugehörigen homogenen Gleichung

$$\frac{dc_h(t)}{dt} = -k_2 c_h(t)$$

Für letztere folgt nach Trennung der Variablen $c_h(t) = Ke^{-k_2 t}$ mit einer Konstanten K. Nach der Methode der *Variation der Konstanten* lässt sich Gleichung (1.26) nun durch den Ansatz

$$c_s(t) = K(t)e^{-k_2 t}$$

lösen, wobei die unbekannte Funktion $K(t)$ mittels Einsetzen in (1.26) bestimmt wird. Wegen $k_1 \neq k_2$ ergibt sich

$$K'(t)e^{-k_2 t} - K(t)k_2 e^{-k_2 t} = -k_2 K(t)e^{-k_2 t} + k_1 e_0 e^{-k_1 t}$$

$$K'(t) = k_1 e_0 e^{(k_2-k_1)t}$$

$$K(t) = \frac{k_1 e_0 e^{(k_2-k_1)t}}{k_2 - k_1}$$

Damit ist $c_s(t) = \frac{k_1 e_0}{k_2-k_1} e^{-k_1 t}$ sowie $c(t) = c_s(t) + c_h(t) = \frac{k_1 e_0}{k_2-k_1} e^{-k_1 t} + Ke^{-k_2 t}$. Die Konstante K lässt sich aus (1.25) bestimmen:

$$c(0) = \frac{k_1 e_0}{k_2 - k_1} + K = 0$$

$$K = -\frac{k_1 e_0}{k_2 - k_1}$$

Zusammenfassend erhalten wir den Konzentrationsverlauf

$$c(t) = \frac{k_1 e_0}{k_2 - k_1}(e^{-k_1 t} - e^{-k_2 t}) \tag{1.27}$$

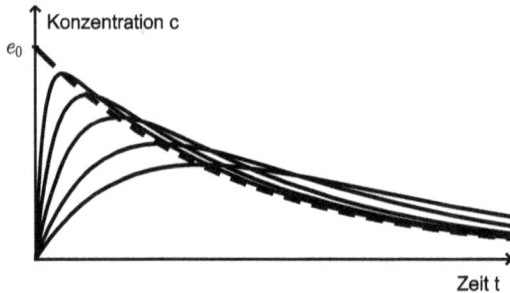

Abb. 1.18: Für eine Parameterfolge $k_1 \to \infty$ nähern sich die zugehörigen Bateman-Funktionen $c_{k_1}(t)$ (durchgezogen) der Kurve (1.28) (gestrichelt). Bei Verabreichung mit Depot ist ersichtlich, dass die Spitzenkonzentration abgesenkt und die Wirkung über einen längeren Zeitraum verteilt wird.

Nach dem britischen Mathematiker Harry Bateman (1882–1946), der sie zur Berechnung der Zerfallsreihen von Isotopen abgeleitet hat, werden diese Funktionen als *Bateman-Funktionen* bezeichnet. Aufgrund von (1.9) bedeutet ein höherer Wert k_1 eine raschere Entleerung des Eingangsdepots. Wegen

$$\lim_{k_1 \to \infty} c(t) = \lim_{k_1 \to \infty} \frac{e_0}{\frac{k_2}{k_1} - 1}(e^{-k_1 t} - e^{-k_2 t}) = e_0 e^{-k_2 t} \qquad \text{für } t > 0$$

erhalten wir beim Grenzübergang $k_1 \to \infty$ die Sprungfunktion

$$\lim_{k_1 \to \infty} c(t) = \begin{cases} 0 & \text{für } t = 0 \\ e_0 e^{-k_2 t} & \text{für } t > 0 \end{cases} \qquad (1.28)$$

Je schneller das Eingangsdepot den Wirkstoff abgibt, desto besser nähert sich (1.27) dem Konzentrationsverlauf (1.8) bei sofortiger Wirkung an. (In (1.8) ist $k = k_2$ und $t_0 = 0$ zu setzen.) Die Annäherung ist in Bild 1.18 dargestellt.

Problem 1.10. *Zu welcher Zeit t_{max} nimmt die Bateman-Funktion ihr Maximum an?*

Lösung. Aus der notwendigen Bedingung $c'(t) = 0$ folgt

$$\frac{k_1 e_0}{k_2 - k_1}(-k_1 e^{-k_1 t} + k_2 e^{-k_2 t}) = 0$$

$$k_1 e^{-k_1 t} = k_2 e^{-k_2 t}$$

Die Auflösung der Gleichung liefert $t_{max} = \frac{\ln(k_1/k_2)}{k_1 - k_2}$. $\qquad \square$

Für die Dauer der Wirksamkeit ist das Abbauverhalten in der Endphase von Interesse. Dazu formt man (1.27) um:

$$c(t) = \frac{k_1 e_0}{k_1 - k_2} e^{-k_2 t}[1 - e^{-(k_2 - k_1)t}]$$

Wegen $\lim_{t \to \infty}[1 - e^{-(k_2 - k_1)t}] = 1$ ist eine Näherung von $c(t)$ für große t durch

$$\tilde{c}(t) = \frac{k_1 e_0}{k_1 - k_2} e^{-k_2 t} \qquad (1.29)$$

gegeben. Zur Angleichung der Kurven an Messdaten benutzt man Regressionsverfahren, wie sie bei Rudolf Karch [11] beschrieben werden.

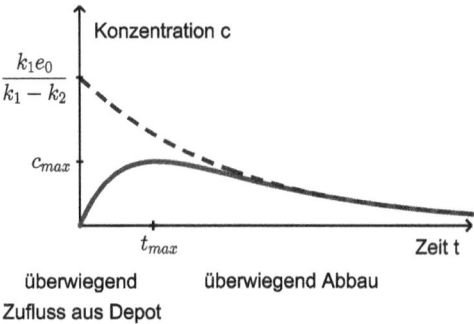

Abb. 1.19: Bateman-Funktion $c(t)$ (durchgezogen) und seine asymptotische Näherung $\tilde{c}(t)$ aus (1.29) (gestrichelt) für $k_1 > k_2$.

2 Risiken, Mutationen und Immunitäten

In diesem Kapitel geht es um die Modellierung von Selektionsmechanismen, die für die Begünstigung vorteilhafter bzw. die Unterdrückung nachteiliger Mutationen verantwortlich sind. Dabei werden wir zeigen, wie schnell diese Prozesse ablaufen.

2.1 Das Hardy-Weinberg-Gesetz

Eine Population bestehe aus vielen Individuen, sodass jedes Allel oft auftritt und Paarungen zufällig stattfinden. Im Idealfall stellt man sich eine unendlich große Population vor, in der jedes Allel unendlich oft vorkommt und nicht aussterben kann. Weiter nehmen wir die folgenden Voraussetzungen hinzu:

HW1 Vernachlässigung von Mutationen, d. h. keine Entstehung neuer Allele;
HW2 Vernachlässigung der Selektion, d. h. keine Beeinflussung von
Fortpflanzungschancen durch die Allele, die man trägt.

Das sind zwar stark vereinfachende Annahmen, die jedoch für hinreichend große Populationen über kurze Generationsfolgen zumeist gut erfüllt werden.

> *Gesetz von Hardy-Weinberg*
> Unter den Voraussetzungen HW1 und HW2 bleiben die Wahrscheinlichkeiten des Auftretens möglicher Genotypen in einer sehr großen Population konstant.

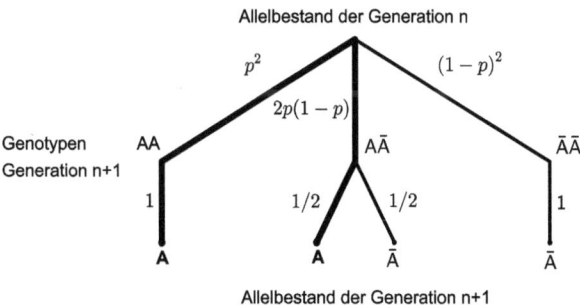

Abb. 2.1: Baumdiagramm zur Herleitung des Hardy-Weinberg-Gesetzes.

Herleitung. Es bezeichnet A ein ausgewähltes und $\bar{A}$ die Gesamtheit der restlichen Allele am selben Genort. Die entsprechenden *Allelhäufigkeiten* in der n-ten Generation bezeichnen wir mit

$$p_n = p_n(A), \qquad q_n = p_n(\bar{A}) = 1 - p_n$$

https://doi.org/10.1515/9783110706314-002

Die Vererbung läuft von beiden Elternteilen unabhängig voneinander ab. Deshalb lassen sich die Wahrscheinlichkeiten der Genotypen in der n+1-ten Generation wie folgt berechnen.

$$p_{n+1}(AA) = p_n^2 , \qquad p_{n+1}(A\bar{A}) = 2p_n q_n , \qquad p_{n+1}(\bar{A}\bar{A}) = q_n^2 \qquad (2.1)$$

Damit werden die Allelhäufigkeiten in der n+1-ten Generation berechnet. Hierbei handelt es sich um totale Wahrscheinlichkeiten (Formel (B.10), Anhang B.4), die in Bild 2.1 veranschaulicht werden. Es ist

$$p_{n+1} = 1 \cdot p_{n+1}(AA) + \frac{1}{2} \cdot p_{n+1}(A\bar{A})$$
$$= p_n^2 + \frac{1}{2} \cdot 2p_n q_n = p_n(p_n + q_n) = p_n \qquad (2.2)$$

$$q_{n+1} = 1 - p_{n+1} = 1 - p_n \qquad (2.3)$$

Die Allelhäufigkeiten p_n und q_n bleiben also im Laufe der Generationen konstant. □

Seien A_1, A_2,... die Allele zu einem bestimmen Genort. Wir bezeichnen die Wahrscheinlichkeit des Allels A_i mit p_i. Mit einer Erweiterung der obigen Rechnung lässt sich zeigen, dass der *reine Genotyp* $A_i A_i$ dann mit der Wahrscheinlichkeit

$$p(A_i, A_i) = p_i^2 \qquad (2.4)$$

und der *gemischte Genotyp* $A_i A_j$ mit der Wahrscheinlichkeit

$$p(A_i, A_j) = 2p_i p_j , \qquad i \neq j \qquad (2.5)$$

auftreten. Auch diese Wahrscheinlichkeiten bleiben über die Generationen hinweg konstant und bilden damit Kenngrößen zur Charakterisierung solcher Populationen.

2.2 Neubewertung von Mutationen

Die Auswirkung einer Mutation hängt oft von den konkreten Umweltbedingungen ab.

Triumphzug auf der Milchstraße

Ein anschauliches Beispiel ist die Milchzuckerunverträglichkeit bzw. Laktoseintoleranz. Neugeborene Säugetiere bilden während ihrer Stillzeit das Enzym Laktase zur Aufspaltung von Milchzucker. Verantwortlich dafür ist das MCM6-Gen, das sich auf dem zweiten Chromosom befindet. Später wird dieses Gen immer weniger abgelesen und die Laktaseproduktion fast eingestellt. Die Muttermilch führt nun zu Verdauungsbeschwerden mit Blähungen und Durchfall, die ein Ekelgefühl hervorrufen. Das ist sinnvoll, denn sonst würden die Jungtiere unnötig lange an Mamas Brust herumnuckeln wollen und ihre Selbstständigkeit verzögern. Obendrein behinderten sie damit ihre jüngeren Geschwister. Unterschiedliche Mutationen des MCM6-Gens können nun dazu führen, dass Laktase auch weiterhin ausreichend produziert wird und damit Milch auch im Erwachsenenalter verdaut werden kann.

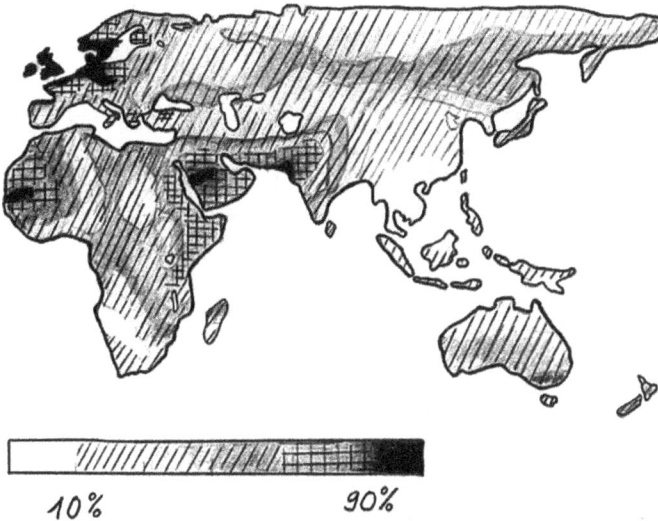

Abb. 2.2: Anteil der erwachsenen Bevölkerung, die Milch verträgt. Vereinfachte Darstellung nach einer Vorlage von Andrew Curry [28].

Einige der Gebiete mit hoher Milchzuckerverträglichkeit entsprechen den Entstehungszentren der Mutationen, die unabhängig voneinander und zu verschiedenen Zeiten in Europa, Saudi-Arabien und verschiedenen Teilen Afrikas auftraten. Andere Verbreitungszentren entstanden durch Einwanderung. So sind die indische wie auch die westafrikanische Variante hauptsächlich europäischen Ursprungs.

Tab. 2.1: Entstehung der Milchzuckerverträglichkeit in verschiedenen Regionen. Zeitangaben sind ungefähr. (Daten nach Fritz Höffeler [33] und Andrew Curry [28]).

Gebiet	Europa	Saudi-Arabien	Ostafrika
Alter der Mutation	7000–8000 Jahre	4000 Jahre	3000–6000 Jahre
Art der Viehzucht	Rinderzucht	Kamelzucht	Viehzucht
seit	11.000 Jahren	6000 Jahren	4500 Jahren
Mutierter Abschnitt im MCM6-Gen	−13.910	−13.915	−14.010

Zum Entstehungszeitpunkt der Mutationen wurde in diesen Kulturen Viehzucht betrieben, sodass Milch bereits verfügbar war. Durch die neue Milchzuckerverträglichkeit konnte die damals hohe Kindersterblichkeit (Abschnitt 4.5) gesenkt werden und

Träger der Mutation erhielten einen klaren Selektionsvorteil. Milch macht gesund. Sie enthält nicht nur Nährstoffe, sondern auch Antikörper zur Unterstützung des Immunsystems.

Die frühe Verbreitung der Milchzuckerverträglichkeit in Europa hängt sicherlich damit zusammen, dass im sonnenarmen mittleren und nördlichen Europa besonderer Mangel an natürlichem Vitamin D herrscht. Dadurch wird die Aufnahme von Kalzium behindert. Die Folge war eine weite Verbreitung von Rachitis, der durch die kalziumreiche Milch abgeholfen werden konnte. Außerdem trat die positive Wirkung bereits beim Erbe von nur einem Elternteil ein.

Bezeichnen wir mit A das vorteilhafte neue Allel und mit a das herkömmliche nachteilige Allel. Dann profitierten unter den Nachkommen die meisten Genotypen von der Milchzuckerverträglichkeit.

Tab. 2.2: Genotypen bei Milchzuckerverträglichkeit.

	A vom Vater	a vom Vater
A von Mutter	(A, A) ⟹ Verträglichkeit	(a, A) ⟹ Verträglichkeit
a von Mutter	(A, a) ⟹ Verträglichkeit	(a, a) ⟹ Unverträglichkeit

Eine wesentliche Anfangsbedingung zur Durchsetzung der Milchzuckerverträglichkeit bestand darin, dass bereits eine gewisse Milchwirtschaft betrieben wurde. Das setzt wiederum Technologien zur Herstellung laktosearmer Milchprodukte wie Joghurt und Käse voraus. Man nimmt an, dass einige von ihnen bekannt wurden, nachdem vor etwa 11.000 Jahren einzelne Gemeinschaften im Mittleren Osten den Übergang zur Viehzucht vollzogen.[1] Auswanderungswellen führten Gruppen asiatischer Viehzüchter und Bauern aus der Gegend der heutigen Türkei, von Syrien und dem Irak in Richtung Europa, wo sie vor etwa 8000 Jahren zusammen mit ihren Rinderherden und Saatgut auf dem Balkan eintrafen und sich dann in ganz Europa ausbreiteten.[2] Erst vor 7500 Jahren trat unter ihnen – vermutlich in der ungarischen Tiefebene – eine Mutation auf, die den Stellenwert der Milch als Ernährungsbestandteil nochmals erheblich hochstufte. Auf Grundlage dieser nunmehr doppelt gesicherten Ernährungsgrundlage (durch laktosearme Produkte und Frischmilchverträglichkeit) gewannen

---

1 Eine einfache Technik besteht darin, junge Kälber zu schlachten und ihren Mägen die benötigten Enzyme zu entnehmen. Oder die Milch wird mit speziellen, Laktose zersetzenden Bakterienkulturen angesetzt. Joghurt ist ein türkisches Wort. Das Produkt, welches heute aus keinem Supermarkt wegzudenken ist, wurde bereits im 7. Jahrhundert von turksprachigen Balkanvölkern hergestellt. In Mitteleuropa war es bis zum Beginn des 20. Jahrhunderts fast unbekannt.
2 Die Auswanderung steht wahrscheinlich im Zusammenhang mit einer Klimaveränderung und intensivierten Verteilungskämpfen in ihrer alten Heimat [27].

die Zugewanderten gegenüber der europäischen Urbevölkerung einen entscheiden-
den Vorteil, welcher rasch und mitunter brutal ausgenutzt wurde.

Die Milchzuckerunverträglichkeit ist ein Beispiel für die Neubewertung des Nut-
zens von Mutationen unter veränderten Bedingungen. Während sie zunächst die Evolution der Säugetiere begünstigte, wurde sie später für Menschen zum Hemmnis.

Fettspeicherung

Ein anderes derartiges Beispiel ist eine unter Indios anzutreffende, genetisch bedingte
Fähigkeit zur Fettspeicherung. Dadurch können Reserven angelegt werden, die über
Hungerzeiten hinweghelfen. Sind dagegen Zucker oder Alkohol reichlich vorhanden,
so neigt dieser genetische Typ zu Diabetes oder Fettsucht. Diese Krankheiten sind
heute bei einigen Indianergruppen zum Problem geworden, wogegen sie früher unbekannt waren. Hier wurde ein ehemals vorteilhaftes Gen sogar zum Risikofaktor.[3] Ver-
schärft wird das Problem durch industriell produzierte Lebensmittel, die ungesunde
Bestandteile enthalten. Schwer abbaubarer Fruktosezucker, der in der traditionellen
Ernährung kaum eine Rolle gespielt hat, wird jetzt vielen Lebensmitteln im Übermaß
hinzugefügt.

2.3 Zeitverlauf bei positiver Selektion

Wir wollen rechnerisch zeigen, wie rasch sich günstige Allele wie zur Milchzuckerverträglichkeit ausbreiten können. Dazu benötigen wir ein neues Modell, welches über
die Grenzen der Hardy-Weinberg-Theorie aus Abschnitt 2.1 hinausgeht:

S1 *Selektion wird zugelassen.*
S2 *Weitere Mutationen im Laufes des Prozesses werden ausgeschlossen.*
    Damit werden die Berechnungen vereinfacht. Gleichzeitig lässt sich der
    Einfluss von Neumutationen zur Aufrechterhaltung des bestehenden
    Gleichgewichts abschätzen.
S3 *Die Voraussetzung über zufällige Partnerwahl sowie die Annahme einer sehr*
    großen Population wird beibehalten.

Es bezeichnen A das vorteilhafte neue Allel und a das herkömmliche, nachteilig ge-
wordene Allel. Die konkreten Bedingungen und Auswirkungen des Vorteils ändern
nun in jeder Generation die Zusammensetzung des Genpools. Wir bezeichnen die *Al-*
lelhäufigkeiten der n-ten Generation mit

$$p_n(A) = p_n , \qquad p_n(a) = q_n = 1 - p_n$$

---

3 Siehe Daniel J. DeNoon [30].

Allelbestand Generation n	geborene Genotypen Generation n+1	Selektion	überlebende Genotypen Generation n+1	Allelbestand Generation n+1
$p_n = p_n(A)$	$p_{n+1}(AA)$	$\mathrm{fit}(AA)$	$p_{n+1}^s(AA)$	$p_{n+1} = p_{n+1}(A)$
$q_n = p_n(a)$	$p_{n+1}(Aa)$	$\mathrm{fit}(Aa)$	$p_{n+1}^s(Aa)$	$q_{n+1} = p_{n+1}(a)$
	$p_{n+1}(aa)$	$\mathrm{fit}(aa)$	$p_{n+1}^s(aa)$	

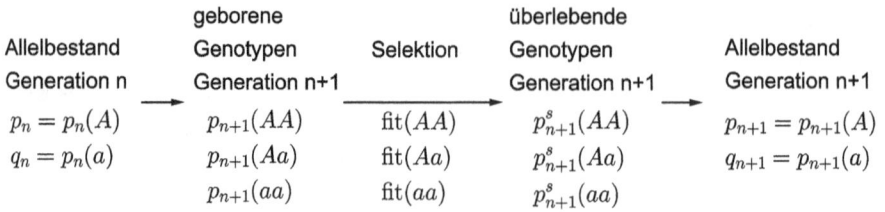

Abb. 2.3: Schematische Darstellung der Berechnungsschritte von p_n, q_n

Zunächst werden die Wahrscheinlichkeiten der Genotypen AA, Aa und aa in der n+1-ten Generation *vor Selektion* nach (2.1) aus den Allelen ihrer Eltern bestimmt.

$$p_{n+1}(AA) = p_n^2 \,, \qquad p_{n+1}(Aa) = 2p_n q_n \,, \qquad p_{n+1}(aa) = q_n^2 \qquad (2.6)$$

Die Selektion wird über Gewichtungsfaktoren (Fitness) für die einzelnen Genotypen

$$\mathrm{fit}(AA), \mathrm{fit}(Aa), \mathrm{fit}(aa) \geq 0$$

modelliert. Das neue Allel A ist im Vorteil gegenüber dem herkömmlichen a. Dabei wird die optimale Wirkung im reinen Genotyp AA erzielt, wohingegen Aa immer noch besser als aa sei. Mit Werten

$$\mathrm{fit}(AA) = 1 + s, \quad \mathrm{fit}(Aa) = 1 + hs, \quad \mathrm{fit}(aa) = 1 \qquad \text{für } s > 0, 0 \leq h \leq 1 \qquad (2.7)$$

kann diese abstufende Wirkung erreicht werden. Falls hier $h = 0$ ist, so ist der gemischte Typ Aa gleichwertig zu aa, sodass bei der Selektion nur der reine Typ AA einen Vorteil erhält. Das Allel A wird dann als *rezessiv* bezeichnet.

Wäre dagegen $h = 1$ ist, so werden sämtliche Genotypen mit dem neuen Allel A gleich stark bevorzugt. Das Allel A wird in diesem Fall als *dominant* bezeichnet. Für $0 < h < 1$ bietet der gemischte Typ Aa gewisse Vorzüge, die allerdings geringer als beim reinen Typ AA sind. Dann heißt A *intermediär*.

Mit $p^s(\cdot)$ bezeichnen wir die Wahrscheinlichkeit, einen bestimmten Genotyp *nach der Selektion* anzutreffen. Sie entspricht dem Anteil der Vertreter des Typs innerhalb der fortpflanzungsfähigen Individuen. Als Wahrscheinlichkeiten[4] der selektierten Genotypen in der n+1-ten Generation setzen wir

$$p_{n+1}^s(AA) = \frac{\mathrm{fit}(AA) \cdot p_{n+1}(AA)}{\mathrm{fit}(AA) \cdot p_{n+1}(AA) + \mathrm{fit}(Aa) \cdot p_{n+1}(Aa) + \mathrm{fit}(aa) \cdot p_{n+1}(aa)}$$

$$p_{n+1}^s(Aa) = \frac{\mathrm{fit}(Aa) \cdot p_{n+1}(Aa)}{\mathrm{fit}(AA) \cdot p_{n+1}(AA) + \mathrm{fit}(Aa) \cdot p_{n+1}(Aa) + \mathrm{fit}(aa) \cdot p_{n+1}(aa)}$$

$$p_{n+1}^s(aa) = \frac{\mathrm{fit}(aa) \cdot p_{n+1}(aa)}{\mathrm{fit}(AA) \cdot p_{n+1}(AA) + \mathrm{fit}(Aa) \cdot p_{n+1}(Aa) + \mathrm{fit}(aa) \cdot p_{n+1}(aa)}$$

---

4 Es ist unmittelbar zu sehen, dass diese Größen alle Forderungen an Wahrscheinlichkeiten erfüllen. Sie liegen im Intervall [0, 1] und summieren sich zu eins.

Schließlich werden die Allelhäufigkeiten in der nachfolgenden Generation aus den Allelen der vorangegangenen Generation berechnet, die nach der Selektion übrig geblieben sind. Unsere Rechnung basiert darauf, die jeweils verfügbaren Allele pro Generation zu zählen. Das neue Allel A ist bei einem Nachkommen vom Typ AA zweifach, hingegen bei Typ Aa nur einmal vorhanden. Folglich ist der Anteil von A nach der Selektion gleich

$$p_{n+1} = p(A \text{ im Allelbestand der n+1-ten Generation} \mid \text{Selektion fand statt})$$

$$= \frac{2 \cdot p_{n+1}^s(AA) + 1 \cdot p_{n+1}^s(Aa)}{2 \cdot p_{n+1}^s(AA) + 2 \cdot p_{n+1}^s(Aa) + 2 \cdot p_{n+1}^s(aa)}$$

$$= \frac{2 \cdot \text{fit}(AA) \cdot p_{n+1}(AA) + \text{fit}(Aa) \cdot p_{n+1}(Aa)}{2 \cdot [\text{fit}(AA) \cdot p_{n+1}(AA) + \text{fit}(Aa) \cdot p_{n+1}(Aa) + \text{fit}(aa) \cdot p_{n+1}(aa)]}$$

Mit (2.6) und (2.7) lässt sich der Bruch vereinfachen und wir erhalten die Rekursionsformeln für die Allelhäufigkeiten von A und a

$$p_{n+1} = \frac{(1+s) \cdot p_n^2 + (1+hs) \cdot p_n q_n}{1 + s(p_n^2 + 2hp_n q_n)} \tag{2.8}$$

$$q_{n+1} = 1 - p_{n+1} \tag{2.9}$$

Problem 2.1. *Mit Hilfe von System (2.8), (2.9) ist nachzuweisen, dass sich bereits rezessive Allele mit dem geringsten Selektionsvorteil durchsetzen werden.*

Lösung. Unter Berücksichtigung von $h = 0$ (rezessiver Fall) und (2.9) erhalten wir aus (2.8) nach Vereinfachung

$$p_{n+1} = \frac{1 + sp_n}{1 + sp_n^2} p_n \tag{2.10}$$

Wegen $\frac{1+sp_n}{1+sp_n^2} \geq 1$ ist $p_{n+1} \geq p_n$. Da es sich um Wahrscheinlichkeiten handelt, ist die Folge $(p_n)_{n \in \mathbb{N}}$ nach oben beschränkt und besitzt nach Satz A.6 (Anhang A.5) einen Grenzwert $p = \lim_{n \to \infty} p_n$. Wir berechnen ihn durch Grenzübergang in (2.10):

$$p = \frac{1 + sp}{1 + sp^2} p$$

Nach Umstellung folgt $p = 1$, denn wegen $p_1 > 0$ (Anfangsbestand unseres rezessiven Allels) ist $p = 0$ ausgeschlossen. $\qquad\qquad\square$

Das Resultat ist Ergebnis einer mathematischen Idealisierung. In jeder endlichen Population, besonders bei kleiner Mitgliederzahl, besteht sehr wohl die Möglichkeit, dass unser günstiges Allel verloren geht. Zum vorzeitigen Erlöschen führende Zufälle werden hier durch Voraussetzung S3 verhindert. Dort hatten wir eine unerschöpfliche Population gefordert, sodass die günstigen Allele auch nach einer Reihe zufälliger Schicksalsschläge vorhanden sind.

Mittels Computerberechnungen von (2.8),(2.9) können wir die Ausbreitung des neuen Allels A verfolgen, wenn wir uns einen Startwert p_1 und geeignete Faktoren s bzw. h vorgeben. Die folgende Grafik 2.4 zeigt entsprechende Modellrechnungen. Man sieht, wie schnell sich ein Allel ausbreitet, wenn der gemischte Typ gewisse Vorteile erhält, wie es bei der Milchzuckerverträglichkeit der Fall ist. Nur im Fall eines rezessiven Allels, welches lediglich den reinen Typ AA begünstigt, wird die Ausbreitung stark verzögert.

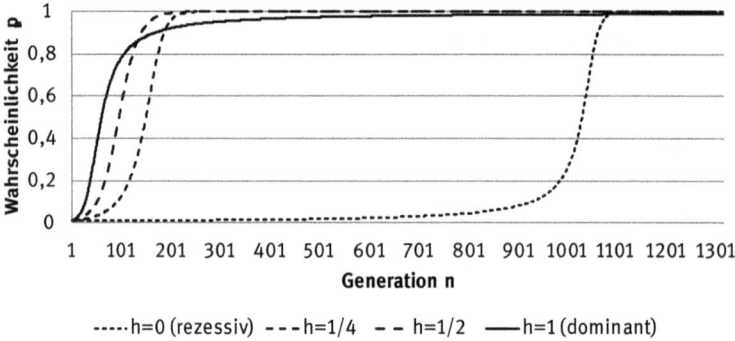

Abb. 2.4: Modellrechnungen für ein dominantes ($h = 1$), rezessives ($h = 0$) sowie zwei intermediäre Allele ($h = 1/4$ und $h = 1/2$). Als Startwert wurde $p_1 = 0{,}01$ und als Faktor des Selektionsvorteils $s = 0{,}1$ gewählt.

Das anfängliche Wachstum der verschiedenen Kurven lässt sich nachvollziehen, wenn man die Rekursionsgleichung (2.8) etwas vereinfacht. Zunächst wollen wir annehmen, dass der Selektionsvorteil s gering ist. Dann ist der Nenner

$$1 + s(p_n^2 + 2hp_nq_n) \approx 1$$

Zu Beginn ist die Mutation gering verbreitet. Deshalb ist p_1 sehr klein und $q_1 \approx 1$. Wir erhalten aus (2.8) für das Anfangswachstum

$$p_{n+1} \approx (1 + s) \cdot p_n^2 + (1 + hs) \cdot p_n \qquad (2.11)$$

Für ein intermediäres Allel, d. h. $h > 0$, erhalten wir

$$p_{n+1} > (1 + hs) \cdot p_n \qquad (2.12)$$

sodass die anfängliche Ausbreitung schneller als bei der geometrischen Folge

$$p_{n+1} = p_1 \cdot (1 + hs)^n$$

verläuft. Damit können wir abschätzen, nach wie vielen Generationen sich die Häufigkeit von A verzehnfacht hat. Es ist

$$(1 + hs)^n \geq 10$$

$$n \geq \frac{\ln(10)}{\ln(1 + hs)}$$

Für $h = \frac{1}{2}$ und $s = 0,1$ erhalten wir $n = 48$, was gut zum entsprechenden Wert der vorigen Abbildung passt. Für die anfängliche Ausbreitung eines rezessiven Allels folgt dagegen aus $h = 0$ in (2.11)

$$p_{n+1} > p_{n+1} + (1 + s) \cdot p_{n+1}^2 \tag{2.13}$$

Da das Quadrat einer ohnehin geringen Anfangswahrscheinlichkeit p_{n+1} sehr klein ist, kommt das Wachstum der Folge lange Zeit nicht in Schwung. Das soll im Folgenden veranschaulicht werden. Vereinfachen wir (2.13) noch weiter, indem wir die mittels

$$p_{n+1} = p_n + p_n^2$$

vorgegebene Zahlenfolge für einen kleinen Startwert p_1 untersuchen. Es sind

$$p_2 = p_1 + p_1^2$$

sowie

$$p_3 = p_2 + p_2^2 = p_1 + p_1^2 + (p_1 + p_1^2)^2 = p_1 + 2p_1^2 + 2p_1^3 + p_1^4 \approx p_1 + 2p_1^2 \,,$$

da der Anteil $2p_1^3 + p_1^4$ für kleine p_1 vernachlässigt[5] werden soll. Weiter folgt

$$p_4 = p_3 + p_3^2 \approx p_1 + 2p_1^2 + (p_1 + 2p_1^2)^2 \approx p_1 + 3p_1^2$$

Setzen wir dieses Verfahren fort, so bekommen wir für die Anfangsglieder als Näherungsformel die arithmetische Folge

$$p_n \approx p_1 + (n - 1)p_1^2$$

Verzehnfachung der Anfangswahrscheinlichkeit bedeutet

$$p_n \geq 10p_1$$

$$p_1 + (n - 1)p_1^2 \geq 10p_1$$

$$n \geq \frac{9}{p_1} + 1$$

---

5 Wegen

$$\lim_{p_1 \to 0} \frac{2p_1^3 + p_1^4}{p_1^2} = \lim_{p_1 \to 0} (2p_1 + p_1^2) = 0$$

ist der Anteil der letzten beiden Terme in der Summe von p_3 geringfügig im Vergleich zu p_1^2.

Für $p_1 = 0,01$ ist dann $n \geq 901$, was ebenfalls in guter Übereinstimmung mit dem Wert aus der vorigen Abbildung steht.

Sind nun die aktuellen Wahrscheinlichkeiten der Verbreitung günstiger Allele bekannt und lassen sich die Faktoren s und h des Selektionsvorteils abschätzen, so erlauben Modelle vom hier vorgestellten Typ die Rekonstruktion der Entstehungsgeschichte von Mutationen. Da die neuen Allele in der Anfangsphase besonders günstige Bedingungen benötigen, lassen sich hieraus Schlussfolgerungen über damalige Lebens- und Umweltbedingungen ziehen. Die Erforschung der Frühgeschichte geht so Hand in Hand mit der Genetik.

Zuweilen bieten sich über Knochenfunde auch Möglichkeiten, das Vorhandensein der Allele im Laufe der Zeit zu untersuchen. Durch genetische Untersuchungen an Skeletten verschiedener Epochen zur Milchzuckerunverträglichkeit konnte so gezeigt werden, dass sich der Prozess zur Ausbreitung des neuen Allels in Europa tatsächlich über einen Zeitraum von mehreren Tausend Jahren erstreckte.[6]

Der Verbreitungsbereich neuer Mutationen wird dort abgesteckt, wo sie sich tatsächlich als vorteilhaft erweisen. Im hohen Norden Europas konnte nur eingeschränkt Milchwirtschaft betrieben werden. Gleichzeitig deckten die Bewohner ihren Bedarf an Vitamin D durch Fisch. Dort erwies sich das Allel der Milchzuckerverträglichkeit als weniger vorteilhaft und ist entsprechend seltener. In Mitteleuropa, wo sich frische Milch fast ganzjährig auch mehrere Tage hält, ist sie dagegen von unschätzbarem Wert.

Unter den Nomadenvölkern der asiatischen Steppen hat sich die Milchzuckerverträglichkeit nicht zu stark ausgebreitet. Es ist anzunehmen, dass die Viehzüchter bereits laktosearme Produkte besaßen, als das Milchzuckerallel auf den Plan trat und seine Vorzüge darum weniger entfalten konnte. Milchverträglichkeit nützt nämlich wenig, solange die Milch nicht haltbar bleibt. Und dazu gab es beim Wanderleben in den heißen Sommermonaten die denkbar ungünstigsten Voraussetzungen. Mit Hefe und Kefirbakterien angesetzter, getrockneter Käse, wie er als Beigabe in einem 4000 Jahre alten Grab der Wüste Taklamakan im westlichen China gefunden wurde, ist dagegen unverderblich und obendrein laktosearm.

Auch an den Hautfarben lässt sich die Auswahl günstiger Mutationen gut illustrieren. Eine hellere Haut wird durch erblichen Melaninmangel verursacht. Dunklere Haut bietet Schutz vor UV-Strahlung, welche bei entsprechender Stärke nicht nur Hautkrebs verursacht, sondern auch den Anteil von Folsäure im Blut verringert.[7] Dieses wichtige B-Vitamin spielt eine große Rolle für die Fruchtbarkeit und Schwangerschaft, sodass Ärzte bei Schwangeren den Folsäurespiegel sorgfältig überwachen und bei Unfruchtbarkeit sogar Folsäurepräparate verschreiben können. Eine zu helle Haut würde also die Fortpflanzungschancen verringern.

---

6 Siehe D. Zeibig [53], A. Keller [35] und A. Krüttli [39].
7 Siehe G. Chaplin, N. G. Jablonski [26].

Doch unter gewissen Umständen kann die dunklere Haut Nachteile aufweisen. Eine gewisse Dosis der UV-Strahlung wird zur Produktion von Vitamin D benötigt. Da Getreide kein Vitamin D enthält, haben viele vom Getreideanbau lebende Völker in nördlichen Gebieten eine hellere Hautfarbe entwickelt, um die Mangelerscheinungen einigermaßen ausgleichen zu können.

2.4 Erbkrankheiten

Bevor wir uns der Selektion ungünstiger Gene zuwenden, wollen wir ihre Verbreitung untersuchen. Ebenso wie bei günstigen Allelen hängt das Ausmaß des Schadens davon ab, ob man das schadhafte Allel von beiden oder nur von einem Elternteil erbt. Man unterscheidet auch hier in dominante, rezessive und intermediäre Vererbung.

> Bei der *rezessiven* Vererbung tritt die Krankheit nur auf, wenn das defekte Allel von *beiden* Eltern vererbt wurde.

Erhält ein Nachkomme dagegen nur *ein* defektes Gen, so kann er die Veranlagung zur Krankheit wie eine Zeitbombe vererben, bleibt aber selbst gesund. Wir bezeichnen diese Personen als *Träger eines Allels*.

Tab. 2.3: Genotypen bei einer autosomal-rezessiven Krankheit, die vom Allel a verursacht wird.

	A vom Vater	a vom Vater
A von Mutter	$(A, A) \Rightarrow$ gesund	$(a, A) \Rightarrow$ gesund, aber Träger
a von Mutter	$(A, a) \Rightarrow$ gesund, aber Träger	$(a, a) \Rightarrow$ krank

> Dagegen wird eine Krankheit *dominant* vererbt, wenn sie bereits von einem einzigen defekten Allel ausgelöst wird.

Lebensbedrohliche Krankheiten dieser Art brechen oft erst nach dem Eintritt ins fortpflanzungsfähige Alter aus, weil ihre Vererbung sonst zu stark behindert würde. Fordert sie zu viele Opfer und vernichtet ihre Träger vorschnell, so riskiert sie rascher auszusterben.

Tab. 2.4: Genotypen bei einer autosomal-dominanten Krankheit, die vom Allel a verursacht wird.

	A vom Vater	a vom Vater
A von Mutter	$(A, A) \Rightarrow$ gesund	$(a, A) \Rightarrow$ krank
a von Mutter	$(A, a) \Rightarrow$ krank	$(a, a) \Rightarrow$ krank

Da Mutationen ständig auftreten, kommt es -zwar selten, aber dennoch regelmäßig – zur Neuentstehung bekannter Erbkrankheiten bei Nachkommen gesunder Eltern. Wir werden sehen, dass diese Allele in einem natürlichen Verfahren über mehrere Generationen aussortiert werden.

Im Zusammenhang mit Erbkrankheiten ist oft von defekten Genen die Rede. Tatsächlich richtet eine Mutation bei komplexen Lebewesen mit größerer Wahrscheinlichkeit einen Schaden an, anstatt nützlich oder zumindest neutral zu sein. Umso verblüffender war die Entdeckung, dass einige krankheitsverursachende Allele keineswegs immer destruktiv sind. Stattdessen bieten sie in der richtigen Mischung, d. h. bei Vererbung von nur einem Elternteil, einen natürlichen Schutz gegenüber Infektionskrankheiten wie der Pest, den Pocken oder Cholera. Unter diesem Aspekt wollen wir die Mutationen deshalb in passende und unpassende unterscheiden. Ein defektes Allel ist immer schädlich, während ein unpassendes diese Eigenschaft nur unter gewissen Bedingungen aufweist. (Zum Vergleich kann man den Unterschied zwischen defekten und unpassenden Schuhen heranziehen. Für Bergwanderungen sind Badesandalen unpassend, obwohl sie nicht defekt sind.)

Für gewisse Gendefekte ist das Geschlecht bei der Vererbung von Bedeutung:

> Liegt der Gendefekt auf dem Y-Chromosom oder dem geschlechtsbestimmenden X-Chromosom, so spricht man von einer *gonosomalen* Krankheit.
> Befinden sich Gendefekte hingegen auf geschlechtsneutralen Chromosomen, so bezeichnet man die ausgelöste Krankheit als *autosomal*. Hier muss bei der Vererbung nicht zwischen Vater und Mutter unterschieden werden und die Berechnungen vereinfachen sich.

Unser erstes Ziel wird sein, aus der Anzahl erkrankter Personen je nach Vererbungsschema auf die Wahrscheinlichkeit defekter Allele zu schließen. Diese Fragen können mithilfe des Gesetzes von Hardy-Weinberg und ähnlicher Techniken untersucht werden, weil wir im Wirken über nur zwei Generationen die Selektion außer Betracht lassen können.

Phenylketonurie

Phenylketonurie ist eine autosomal-rezessiv erbliche Stoffwechselkrankheit, wobei die Aminosäure Phenylalanin nicht rechtzeitig abgebaut wird, was nach einer gewissen Zeit schwere geistige Entwicklungsstörungen zur Folge hat. Die Erkrankung kann bereits bei Neugeborenen erkannt – beim Test wird etwas Blut aus der Ferse des Neugeborenen entnommen – und ihr Ausbruch durch eine entsprechende Diät verhindert werden.

Problem 2.2. *Durch Untersuchungen ist bekannt, dass etwa 1 von 8000 Neugeborenen an Phenylketonurie erkrankt ist. Gesucht ist der Bevölkerungsanteil, welcher das verursachende Allel ohne gesundheitliche Schäden in sich trägt.*

Lösung. Die Vererbung folgt dem Schema 2.3. Mit $p(A) = p$ erhalten wir die Wahrscheinlichkeiten

$$p(AA) = p^2 \,, \quad p(Aa) = 2p(1-p) \,, \quad p(aa) = (1-p)^2 = \frac{1}{8000}$$

Aus der letzten Gleichung folgt $p = 0{,}989$. Damit ist die gesuchte Wahrscheinlichkeit für den gemischten Typ

$$p(Aa) = 2(1-p)p = 0{,}022$$

Etwa 2 % der Bevölkerung trägt das krankmachende Gen unbemerkt in sich. □

Personen vom gemischten Typ besitzen ebenfalls einen – allerdings nur leicht – erhöhten Phenylalaninwert. Er beeinträchtigt nicht mehr die Gesundheit, ist aber hoch genug, um Frauen während der Schwangerschaft gegen das häufig vorkommende Schimmelpilzgift Ochratoxin A zu schützen. Da die Vergiftungen oft die Ursache von Schwangerschaftsabbrüchen sind, haben Trägerinnen eines Allels eine höhere Wahrscheinlichkeit zur Weitergabe des Allels. Zu den Gegenden mit einer erhöhten Phenylketonurierate gehört Irland, welches in seiner Geschichte mehrfach von verheerenden Hungersnöten heimgesucht wurde. Bekanntlich entschließen sich Hungernde eher dazu, verfaulte Nahrung zu essen als wegzuwerfen. Damit trugen Notzeiten zur Verbreitung des Allels bei.

Abb. 2.5: Die Große Irische Hungersnot von 1845 bis 1852 in einer zeitgenössischen Darstellung von James Mahony. Die Missernte wurde durch Kartoffelfäule, eine Pilzkrankheit, verursacht und forderte 1 Million Tote, was 12 % der damaligen Bevölkerung entsprach.

Häufigkeit von Gendefekten bei Chorea Huntington

Als Beispiel der autosomal-dominanten Vererbung betrachten wir die neurologische Erkrankung Chorea Huntington, die auch als Veitstanz bekannt ist. Durch den Gendefekt wird ein fehlerhaftes Eiweiß gebildet, welches Teile des Gehirns zerstört, die für die Muskelsteuerung zuständig sind. Die Krankheitssymptome treten erst ab dem

30. Lebensjahr auf und führen über Demenz schließlich zum Tod. Mittlerweile lässt sich die Krankheit bereits bei Ungeborenen nachweisen.

Problem 2.3. *Die Häufigkeit der Chorea-Huntington-Erkrankung beträgt in Europa etwa 5 von 100.000.*

Wie häufig tritt das verursachende Allel in der europäischen Bevölkerung auf?

Lösung. Die Vererbung folgt dem Schema 2.4. Wir benutzen die Bezeichnungen $p(A) = p$, sowie

$$p(AA) = p^2 , \quad p(Aa) = 2p(1 - p) , \quad p(aa) = (1 - p)^2$$

und wollen den Wert $1 - p$ berechnen. Die Wahrscheinlichkeit der Erkrankung ist

$$p(Aa \cup aa) = 2p(1 - p) + (1 - p)^2 = 1 - p^2 = 5 \cdot 10^{-5}$$

Aus der letzten Gleichung folgt $p = 0,999975$. Das verursachende Gen tritt mit der Wahrscheinlichkeit $1 - p = 2,5 \cdot 10^{-5}$ in der europäischen Bevölkerung auf. ☐

2.5 Heterozygote Vorteile

Neben Phenylketonurie treten weitere Erbkrankheiten gehäuft in Gebieten auf, die einst oder bis jetzt durch hochgradige Gesundheitsrisiken gekennzeichnet sind.

Sichelzellenanämie

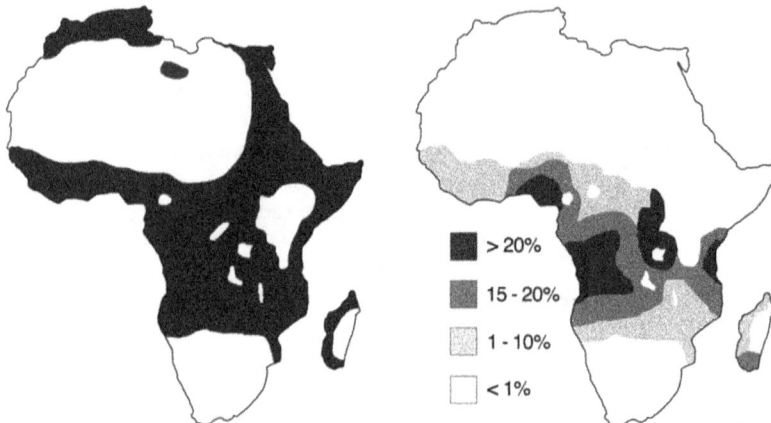

> 20%

15 - 20%

1 - 10%

< 1%

Abb. 2.6: Malariagebiete (links) und Sichelzellenanämie (rechts) in Afrika. In den Malariagebieten ohne Sichelzellanämie sind häufig weitere Krankheiten mit teilweisem Malariaschutz verbreitet. Autor: Anthony Allison.

Zu den autosomal vererbten Krankheiten gehört die Sichelzellenanämie. Bei den Betroffenen verformen sich die roten Blutzellen zu sichelförmigen Gebilden. Sie verklumpen und verstopfen die Blutgefäße, was zu schmerzhaften und lebensgefährlichen Durchblutungsstörungen führt. Die mittlere Lebenserwartung homozygoter Erkrankter (Typ aa) liegt in entwickelten Ländern derzeit zwischen 40 und 60 Jahren. In Afrika ist es deutlich weniger. Dort sterben 50–80 % der betroffenen Babys vor dem fünften Lebensjahr. Auch Adoleszente und Schwangere sind stark gefährdet.

Die Krankheit ist in weiten Teilen Afrikas, Asiens und im Mittelmeerraum anzutreffen. Zugleich sind die hauptsächlichen Verbreitungsgebiete stark von Malaria, einer durch Anopheles-Mücken übertragenen Tropenkrankheit betroffen (siehe Bild 2.6). Hier erhalten Träger der Sichelzellenanämie vom Typ Aa einen Infektionsschutz. Da sie, im Gegensatz zum schwerkranken Typ aa, entweder überhaupt nicht oder nur von leichten Formen der Sichelzellenanämie betroffen sind, profitieren sie von der Mutation. Das Sichelzellenallel wird nicht ausselektiert, solange es die Fortpflanzungsfähigkeit der Bevölkerung erhöht. Wir wollen zeigen, wie sich in Abhängigkeit von der Malariarate ein Gleichgewicht der Allele einstellt.

Modell und Eingangsparameter

Bei der Vererbung sind folgende Fälle möglich:

Tab. 2.5: Genotypen bei Sichelzellenanämie.

	A vom Vater	a vom Vater
A von Mutter	(A, A) gesund Malaria-gefährdet	(a, A) keine/leichte S-Anämie Schutz vor Malaria
a von Mutter	(A, a) keine/leichte S-Anämie Schutz vor Malaria	(a, a) schwere S-Anämie

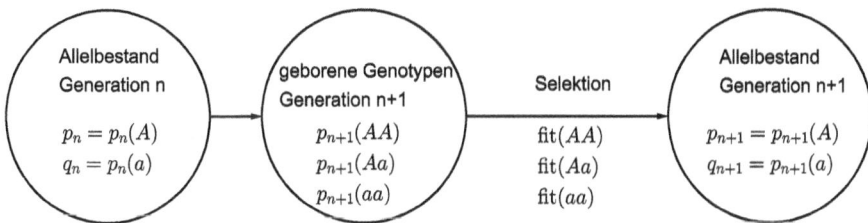

Abb. 2.7: Schematische Darstellung der Berechnungsschritte von p_n, q_n

Unter dem *Allelbestand* der n-ten Generation verstehen wir die Menge aller Allele, welche diese ihren Kindern vererben kann. Ihre Häufigkeiten werden mit

$$p_n(A) = p_n , \qquad p_n(a) = q_n = 1 - p_n$$

bezeichnet. Folglich werden die verschiedenen Genotypen in der $n+1$-ten Generation mit den Wahrscheinlichkeiten

$$p_{n+1}(AA) = p_n^2 , \qquad p_{n+1}(Aa) = 2p_n q_n , \qquad p_{n+1}(aa) = q_n^2$$

geboren. Jetzt kommt die Selektion zum Zuge. Unter der *relativen Fitness* (fit) versteht man ein auf Aa normiertes Maß, welches die Chance eines Genotyps zum Erreichen des fortpflanzungsfähigen Alters charakterisiert. Es wird mittels zweier Parameter s, t angegeben, deren Berechnung nach untenstehendem Beispiel erfolgt.

$$\text{fit}(AA) = 1 - s , \quad \text{fit}(Aa) = 1 , \quad \text{fit}(aa) = 1 - t \qquad \text{mit } s, t \in [0, 1] \tag{2.14}$$

Hier steigt der Wert s mit der Malariarate, während t nur durch die Sterblichkeit bei Sichelzellanämie erhöht wird.

Problem 2.4. *In den 1950er Jahren führte Anthony C. Allison umfangreiche Studien zur Verbreitung der Sichelzellanämie in Afrika durch. Aus der nachfolgenden Tabelle 2.6 sollen die relative Fitness (2.14) sowie die Parameter s und t geschätzt werden.*

Tab. 2.6: Bevölkerungsstichprobe im Distrikt Musoma, Tanganyika. Quelle: A. Allison [24].

	AA	Aa	aa	Gesamtzahl
Erwachsene	400	249	5	654
Kinder	189	89	9	287

Lösung. Zu jedem Genotyp werden die Häufigkeiten h_E für Erwachsene bzw. h_K für Kinder berechnet. Unter der *absoluten Fitness* (Fit) eines Genotyps versteht man das Verhältnis der Genotyp-Häufigkeit Erwachsener zur Genotyp-Häufigkeit bei Kindern. Die *relative Fitness* (fit) ist das Verhältnis von absoluter Fitness eines Genotyps zum entsprechenden Wert von Typ Aa.

Tab. 2.7: Berechnete Häufigkeiten und Fitness.

	AA	Aa	aa
$h_E(\cdot)$	0,6116	0,3807	0,0076
$h_K(\cdot)$	0,6585	0,3101	0,0314
Fit $= h_E(\cdot)/h_K(\cdot)$	0,9288	1,2278	0,2438
fit $=$ Fit$(\cdot)/$Fit(Aa)	0,7565	1,0000	0,1986

Mittels (2.14) berechnet man die Parameter $s = 0{,}2435$ und $t = 0{,}8014$. □

Die Häufigkeit q_{n+1} des Sichelzellenallels im Bestand der $n + 1$-ten Generation ist

$$q_{n+1} = p(a \mid \text{Selektion fand statt})$$

$$= \frac{\text{fit}(aa) \cdot p_{n+1}(aa) + \text{fit}(Aa) \cdot \frac{1}{2}p_{n+1}(Aa)}{\text{fit}(AA) \cdot p_{n+1}(AA) + \text{fit}(Aa) \cdot p_{n+1}(Aa) + \text{fit}(aa) \cdot p_{n+1}(aa)}$$

Nach Vereinfachung erhalten wir die Rekursionsformeln

$$q_{n+1} = \frac{(1-t)q_n + p_n}{(1-s)p_n^2 + 2p_nq_n + (1-t)q_n^2} \cdot q_n, \quad p_{n+1} = 1 - q_{n+1} \qquad (2.15)$$

Gleichgewichte und Konvergenzverhalten

Zur Untersuchung des Grenzwertverhaltens von (2.15) suchen wir zunächst die Allelverteilungen (p, q), welche im Verlaufe der Generationen stabil bleiben.

Satz 2.1. *Das durch* (2.15) *gegebene System besitzt die Gleichgewichtspunkte*

$$(p, q) = (1, 0) \quad \textit{(keine Sichelzellanämie)} \qquad (2.16)$$

$$(p, q) = (0, 1) \quad \textit{(maximale Sichelzellanämie)} \qquad (2.17)$$

$$(p, q) = \left(\frac{t}{s+t}, \frac{s}{s+t}\right) \quad \textit{(balancierter Polymophismus)} \qquad (2.18)$$

Beweis. Die Lösungen (2.16) und (2.17) lassen sich durch unmittelbares Einsetzen in (2.15) überprüfen. Für den verbleibenden Kandidaten mit $0 < q < 1$ folgt aus (2.15)

$$q = \frac{(1-t)q + p}{(1-s)p^2 + 2pq + (1-t)q^2} \cdot q$$

$$1 = \frac{(1-t)q + p}{(1-s)p^2 + 2pq + (1-t)q^2} \qquad (2.19)$$

$$(1-s)p^2 + 2pq + (1-t)q^2 = (1-t)q + p$$

Unter Berücksichtigung von $p^2 + 2pq + q^2 = (p + q)^2 = 1$ erhalten wir nach einigen Umformungen

$$tq = sp^2 + tq^2$$

$$0 = sp^2 + tq^2 - tq$$

Nach Ausklammern von q ist

$$0 = sp^2 + tq(q - 1) = sp^2 - tqp = p(sp - tq)$$

Die *Gleichgewichtsbedingung* lautet also $sp = tq$. Ersetzen wir $p = 1 - q$ und stellen nach q um, so erhalten wir (2.18). Weitere Gleichgewichtspunkte gibt es nicht, da (2.19) als Gleichung dritten Grades nur drei Lösungen besitzt. □

Intuitiv ist klar, dass keiner der Zustände (2.16) bzw. (2.17) für eine malariageplagte Bevölkerung erstrebenswert wäre, da der vorteilhafte, heterozygote Bevölkerungsanteil in beiden komplett fehlt. Das wird auch im Modell wiedergegeben:

Satz 2.2. *Die Gleichgewichtszustände (2.16) bzw. (2.17) sind nicht lokal stabil.*

Beweis. Nach Anhang A.8 bedeutet die lokale Stabilität einer Gleichgewichtslage q, dass eine Folge (q_n) mit hinreichend nahem Startwert dorthin konvergiert.

Mittels $F(x) = \frac{(1-t)x+1-x}{(1-s)(1-x)^2+2(1-x)x+(1-t)x^2}$ lässt sich die Rekursionsvorschrift (2.15) in die Form

$$q_{n+1} = F(q_n) \cdot q_n$$

bringen. Wegen $\lim_{x \to 0} F(x) = \frac{1}{1-s} > 1$ ist

$$q_{n+1} = F(q_n) \cdot q_n > q_n \qquad \text{für } 0 < q_n < 1, q_n \approx 0$$

Somit konvergiert keine Folge (q_n) gegen Null und (2.16) ist nicht lokal stabil.

Außerdem gilt wegen $F(1) = 1$ und $F'(1) > 0$ auch

$$F(x) < 1 \qquad \text{für } 0 < x < 1, x \approx 1$$

Hieraus folgt für Glieder mit $0 < q_n < 1, q_n \approx 1$ die Abschätzung

$$q_{n+1} = F(q_n) \cdot q_n < q_n$$

Deshalb kann eine Folge (q_n) ebensowenig gegen Eins konvergieren und auch (2.17) ist nicht lokal stabil. □

Die Gleichgewichtszustände (2.16) bzw. (2.17) werden demnach im Verlauf der Selektion gemieden und kommen für mögliche Grenzwerte von (2.15) nicht in Betracht.

Gehen wir davon aus, dass in einem Malariagebiet zunächst nur ein geringer Anteil an Trägern der Sichelzellenanämie vorhanden ist. Wir wollen nachweisen, dass dieser Anteil in den folgenden Generationen durch die natürliche Selektion steigt und zu einem balancierten Polymophismus (2.18) strebt, der durch die örtliche Malariarate bestimmt wird.

Satz 2.3. *Für jeden Startwert $0 < q_1 < 1$ ist*

$$\lim_{n \to \infty} q_n = \frac{s}{s+t} \tag{2.20}$$

Beweis. Mit der Funktion $f(x) = \frac{(1-t)x^2+(1-x)x}{(1-t)x^2+2x(1-x)+(1-s)(1-x)^2}$ lässt sich die Folge (2.15) durch

$$q_{n+1} = f(q_n) \tag{2.21}$$

darstellen. Es ist leicht zu sehen, dass die Funktion f das Intervall $[0, 1]$ auf sich selbst abbildet und unsere Zahlenfolge somit beschränkt bleibt.

Wir wollen nun zeigen, dass f auf dem Intervall $[0, 1]$ monoton wächst. Dazu untersuchen wir ihre erste Ableitung. Mit

$$u(x) = (1-t)x^2 + (1-x)x\,, \qquad v(x) = (1-t)x^2 + 2x(1-x) + (1-s)(1-x)^2$$

erhalten wir $f'(x) = \frac{u'(x) \cdot v(x) - u(x) \cdot v'(x)}{[v(x)]^2}$. Wir bezeichnen ihren Zähler mit

$$h(x) = u'(x) \cdot v(x) - u(x) \cdot v'(x) \tag{2.22}$$

Für die Monotonie von f genügt der Nachweis von

$$h(x) \geq 0 \tag{2.23}$$

Nach längeren algebraischen Umformungen, deren Details dem Leser erspart werden sollen, erhalten wir aus (2.22)

$$h(x) = 2[-tsx^2 + (s - (1-s)t)x + 1 - s]$$

Hierbei handelt es sich um eine quadratische Parabel mit einem Maximum. Somit nimmt h im Intervall $[0, 1]$ ihr Minimum bei einem der Werte $x = 0$ oder $x = 1$ an. Wegen

$$h(0) = 2[1 - s] > 0$$
$$h(1) = 2[-ts + (s - (1-s)t) + 1 - s] = 2[1 - t] > 0$$

ist also die Monotoniebedingung (2.23) erfüllt. Für die Folge gibt es nur zwei Alternativen, die in Abhängigkeit vom gewählten Startwert $0 < q_1 < 1$ eintreten:

1. Fall: (q_n) ist streng monoton fallend. Dann besitzt sie nach Satz A.6 (Anhang A.5) einen Grenzwert q.
2. Fall: (q_n) ist nicht streng monoton fallend. Für einen gewissen Index $k \in \mathbb{N}$ ist also $q_k \leq q_{k+1}$. Hieraus folgt

$$q_{k+1} = f(q_k) \leq f(q_{k+1}) = q_{k+2}$$

bzw. nach wiederholter Anwendung von f auf die letzte Ungleichung

$$q_n \leq q_{n+1} \quad \text{für } n = k, k+1, \ldots$$

Die Folge (q_n) ist ab dem Index k monoton wachsend und besitzt somit einen Grenzwert q.

Als Grenzwert kommt nur ein Gleichgewichtszustand aus Satz 2.1 in Betracht. Da die Zustände (2.16) und (2.17) nach Satz 2.2 ausscheiden, wird der Grenzwert durch (2.18) bestimmt. □

Kürzen wir in (2.20) durch s, so folgt $q = 1/(1 + \frac{t}{s})$. Bei Erhöhung der Malariarate wächst s, sodass unser Sichelzellenallel noch häufiger auftreten würde.

Im bereits erwähnten Fallbeispiel von Allison [24] konnte das Gleichgewicht (2.20) erstaunlich gut beobachtet werden.

Beispiel 2.1. Aus der Bevölkerungsstichprobe von Tabelle 2.6 schätzt man den Anteil des heterozygoten Typs

$$p(Aa) = \frac{249 + 89}{654 + 287} \approx 0,359$$

Berechnen wir den Gleichgewichtszustand (2.20) mit Hilfe der Parameter $s = 0,2435$ und $t = 0,8014$ aus Problem 2.4, so folgt

$$q = \frac{0,2435}{0,2435 + 0,8014} \approx 0,233 , \qquad p = 1 - q \approx 0,767$$

und wir erhalten mit dem Gesetz von Hardy-Weinberg

$$p(Aa) = 2pq \approx 0,357$$

Der Zustand vor Ort entspricht also dem Gleichgewichtszustand.

Aus Satz 2.3 folgt weiterhin, dass sich bei Senkung der Malariarate durch ökologische Maßnahmen auch der Anteil der Sichelzellerkrankungen im Laufe der Generationen verringert, bis sich schließlich ein neues Gleichgewicht einstellt.

> Malariaverbreitung ging mit der Erweiterung der Landwirtschaft einher, die Waldbestände zur Erschließung von Nutzflächen vernichtete. Die Flüsse transportierten mehr Sedimente, deren Ablagerung in den Ebenen zu Flussbettänderungen, Rückstau und der Entstehung von Sumpfgebieten führte. Auf Freiflächen blieb nach starken Regenfällen das Wasser stehen, wodurch günstigere Bedingungen für die Anophelesmücke entstanden.
>
> *Durch die Schutzfunktion des Sichelzellenallels konnte sich die Landwirtschaft in weiten Teilen Afrikas durchsetzen.* Bis jetzt ist das Allel in landwirtschaftlichen Gebieten weit stärker verbreitet als bei Völkern, die als Jäger und Sammler leben.

Die Erbkrankheit stellt eine hohe Belastung für die Betroffenen dar. Eine bemerkenswerte Wechselwirkung zwischen Lebensweise und Genetik fand man bei einigen westafrikanischen Völkern. Dort werden seit Jahrhunderten Yam-Wurzeln kultiviert. Das Grundnahrungsmittel enthält Wirkstoffe, welche den Sauerstofftransport der roten Blutkörperchen erhöhen. Damit lindert es die Symptome der Sichelzellenanämie und trägt wesentlich zur Aufrechterhaltung der Wirtschaftsform bei.[8]

Thalassämie
In einem breiten Streifen von Südspanien entlang des Mittelmeerraums bis nach Südost-Asien hat sich die *Thalassämie*, eine rezessive Erbkrankheit mit ähnlicher Wirkung verbreitet.[9] Für die Betroffenen (Typ aa) verläuft die Krankheit deutlich härter als bei der Sichelzellenanämie.

---

8 Siehe Michael J. O'Brien, Kevin N. Laland [46, S. 442].
9 Das Wort ist griechischer Herkunft und bezeichnet die Krankheit, die vom Meer (Thalassa) kommt. Übersichtsartikel findet man von Vanessa Samantha Manzon [41] und Vincenzo De Sanctis [29].

> Die Krankheit existiert in zwei Varianten, der östlichen α- und westlichen β-Thalassämie, die sich wiederum in unzählige Mutationen aufgespalten haben.
>
> Die Vielfalt lässt darauf schließen, dass einige Ursprungsvarianten bereits vor Tausenden von Jahren aufgetreten und positiv selektiert worden sind ([29]).

Letzteres konnte durch Grabfunde bestätigt werden, da Knochen von Thalassämiepatienten charakteristische Poren aufweisen.[10]

Bei der α-Variante stirbt der Embryo meist im Mutterleib. Die β-Variante hat nur geringfügig bessere Chancen. Ohne medizinische Behandlung erreichen Patienten selten ein Alter über 20 Jahre, oft sterben sie in der Kindheit. Heute sind Bluttransfusionen möglich, die alle zwei bis sechs Wochen durchgeführt werden müssten. Als Nebenwirkung der Behandlung entsteht im Körper ein Eisenüberschuss, der schwere Organschäden von Herz, Leber und Bauchspeicheldrüse zur Folge hat. Die Therapie ist ineffektiv, so dass stattdessen auf Prävention gesetzt wird. Für den Großteil der weltweit betroffenen Familien, die in Armut und ohne nennenswerte medizinische Versorgung lebt, gibt es weder Vorsorge noch Hilfe.

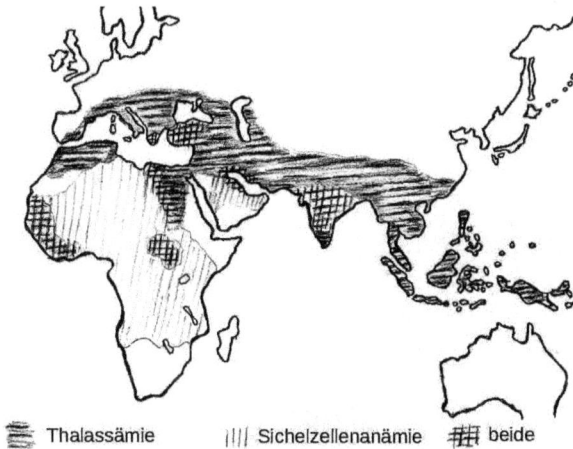

≋ Thalassämie   ⦀ Sichelzellenanämie   ⧈ beide

Abb. 2.8: Thalassämie und Sichelzellenanämie sind weitverbreitet in den derzeitigen oder ehemaligen Malariagebieten. Vereinfachte Darstellung nach Sjaak Philipsen [47]

Die Verbreitungsgebiete umfassen das Niltal, dem fruchtbaren Halbmond (Israel, Palästina, Syrien, Südirak), Iran und Indien, deren Bewohner schon vor Jahrtausenden zur Landwirtschaft übergangen waren. Die Gründe, den Lebensraum mit der Anophelesmücke zu teilen, waren vielfältig. Am Nil, Euphrat, Tigris und Indus siedelten die Menschen selbst in der Nähe sumpfiger Flussniederungen, während anderswo

---

10 Siehe Vanessa Samantha Manzon [41].

Brutstätten der Mücken als Folge der Abholzung entstanden.[11] Die weite Ausbreitung im Mittelmeerraum lässt erahnen, welches Problem die Malaria früher in Gebieten darstellte, die heute zu den beliebtesten europäischen Urlaubsorten gehören.

Malaria im Mittelmeergebiet

Noch bis in das 20. Jahrhundert hinein waren weite Regionen um das Mittelmeer komplett malariaverseucht. Die Wurzeln des Problems reichen bis in die Antike zurück. Nach den Perserkriegen im 5. Jahrhundert n. Chr. entwickelten die griechischen Stadtstaaten schlagfertige Kriegsflotten, denen große Wälder zum Opfer fielen, da die Holzschiffe ständig erneuert werden mussten. Auch der Brennstoffbedarf der Metallurgie (Waffen, Werkzeuge) und später für Fußbodenheizungen wurde durchgängig mit Holz gedeckt. Als Folge des Kahlschlags kam es zu Bodenerosion, Flussablagerungen und Versumpfung, die einen wachsenden Drainageaufwand erforderte. Beim Zusammenbruch des Imperiums und seiner Landwirtschaft verwandelten sich die Flächen in Brutstätten der Anophelesmücke und wurden rasch durch das grassierende Viertagefieber unbewohnbar. Am gefürchtetsten waren die Pontinischen Sümpfe, die vorher zu den fruchtbarsten Böden zählten.

Abb. 2.9: Die Krankheit prägte die Lebensweise der ganzen Region. Die auf malerischen Anhöhen errichteten Städte wie Civita di Bagnoregio boten mit ihre Lage nicht nur Verteidigungsmöglichkeiten, sondern auch besseren Malariaschutz. Foto: Alessio Damato.

Malaria beeinflusste den Lauf der Geschichte, indem sie Italien von der Spätantike bis ins Mittelalter sogar einen gewissen Schutz vor ausländischen Interventionen sicherte und damit die politische Eigenständigkeit des Landes förderte. Als die Hunnen in der

11 Siehe Christian Mähr [40] sowie Michael J. O'Brien, Kevin N. Laland [46].

Mitte des 5. Jahrhunderts die Kernzonen des Römischen Reiches plünderten, verkürzten sich die Lösegeldverhandlungen zwischen Attila und Papst Leo I durch die unverhältnismäßig hohe Malariasterblichkeit unter den Steppenkriegern. Attila musste sich mit dem Abzug beeilen, wenn er sein Heer behalten wollte.

Die deutschen Könige und Kaiser des Mittelalters standen vor einem ähnlichen Dilemma. Obwohl ein Großteil Italiens formal im Heiligen Römischen Reich Deutscher Nation eingebunden war, konnten sie ihren Herrschaftsanspruch kaum geltend machen. Interventionen blieben ineffizient, solange die Sumpfkrankheit das gesamte Heer lähmte. Allein die Liste der prominentesten Malariaopfer mit den Königen Otto II., Heinrich III., Lothar III., Heinrich IV., Konrad IV. und Heinrich VII. zeigt, welchen Tribut die Krankheit in den Armeen forderte. Auch nach einem erfolgreichen Feldzug musste das Heer schließlich irgendwann nach Deutschland zurückkehren, und wenige Jahre später brachen in Italien erneut Aufstände aus.

Einzige Ausnahme ist der in Italien geborene Kaiser Friedrich II., welcher die Malaria bereits als Kleinkind überlebte und dadurch eine Immunität gegen die Krankheit entwickelt hatte. Er machte Italien zu seinem Lebensmittelpunkt und verbrachte dort 28 seiner 39 Regierungsjahre, sodass er den Italienern bis jetzt unter dem Namen Federico II als einheimischer Herrscher gilt.

Der Kahlschlag ohne Wiederaufforstung, die Verwandlung von Natur in Kulturland und spätere Versumpfung erschien als Einbahnstraße. Die Folgen waren gravierend, denn die Malaria beherrschte den Mittelmeerraum über 2000 Jahre lang. Durch den Ersten Weltkrieg wurde das Problem verstärkt und führte zum Ausbruch von Epidemien in Mazedonien, Palästina, Mesopotamien und Italien.[12] Erst im Verlauf des 20. Jahrhundert wurden die Sümpfe trockengelegt und durch großflächigen Einsatz des Schädlingsbekämpfungsmittels DDT von Mücken befreit.

Weitere Erbkrankheiten mit Schutzfunktion

In den letzten Jahren begann man sich dafür zu interessieren, ob auch andere Erbkrankheiten Schutzmechanismen gegen bakteriell oder viral verursachte Seuchen bieten.[13] Die Untersuchungen stecken noch in den Anfängen. Sie werden dadurch erschwert, dass nicht nur viele dieser Erbkrankheiten, sondern auch die Seuchen mittlerweile in Europa seltener auftreten. Das Datenmaterial ist spärlich. Doch die Suche lohnt sich, denn mit den großen Katastrophen längst vergangener Zeiten lassen sich zugleich die Umbrüche unserer Geschichte nachvollziehen.

G6PD-Mangel, auch bekannt als *Favismus* oder Favabohnenkrankheit, ist ein Mangel des Stoffwechselenzyms Glucose-6-phosphat-Dehydrogenase, welches bei der Umwandlung von Fettsäuren benötigt wird. Die Vererbung erfolgt über eine Mutation des G6PD-Gens, welches auf dem geschlechtsbestimmenden X-Chromosom liegt.

---

12 Siehe Bernard J Brabin [25].
13 Siehe Übersichtsartikel von Isabelle C. Withrock u. a. [51].

Es handelt sich um eine *gonosomale Erkrankung*. Ein Mann kann das Allel nur von seiner Mutter erben und würde in diesem Fall sofort erkranken. Dagegen erkrankt eine Frau nur dann, wenn sie es von beiden Eltern bekommt. Damit sind hauptsächlich Männer betroffen. Glücklicherweise tritt die Krankheit nur beim Verzehr von Favabohnen (oder der Einnahme gewisser Medikamente) auf. Dann führt sie zur Zerstörung roter Blutkörperchen. Die Folgen sind Bauchschmerzen, Durchfall, Erbrechen und Fieber. Die Krankheit konzentriert sich in Malariagebieten, wo das Allel ebenfalls einen Schutz bietet.

Bis jetzt kennt man sechs verschiedene Formen eines unterschiedlich effektiven, genetischen Malariaschutzes, von denen insgesamt 8 % der Weltbevölkerung profitiert. Seit 2012 ist ebenfalls bekannt, dass Träger der Blutgruppe 0, das sind 63 % der gesamten Weltbevölkerung, einen gewissen Schutz zumindest gegen den tödlichen Malariaverlauf besitzen. Auch er ist nicht gratis, denn die Träger dieser Blutgruppe sind dafür einem höheren Risiko gegenüber anderen Seuchen, beispielsweise der Cholera ausgesetzt. Angesichts der starken Auslese nach Malariaschutzfaktoren lässt sich ermessen, welche bedeutende Rolle diese Krankheit in weiten Teilen der Welt für den Fortbestand der Menschheit gespielt haben muss. Bis jetzt lebt fast die Hälfte der Weltbevölkerung in Malariagebieten, wo die Krankheit jährlich ein bis zwei Millionen Tote fordert.

Mukoviszidose, auch als *zystische Fibrose* oder CF bekannt, ist eine weitere autosomal-rezessiv vererbte Stoffwechselerkrankung. Dabei sind bestimmte Körperzellen nicht mehr in der Lage, mittels Osmose Wasser in das umliegende Gewebe zu ziehen. In der Folge sinkt der Wassergehalt des Bronchialsekrets, der Sekrete der Bauchspeicheldrüse, der Galle, der Geschlechtsorgane und des Dünndarms. Die Sekrete werden zähflüssig, und in den betroffenen Organen kommt es zu Funktionsstörungen. Mit einem erkrankten Kind auf etwa 2000 Lebendgeburten belegt die Krankheit in Europa den Spitzenplatz unter den Erbkrankheiten. Die mittlere Lebenserwartung mit medizinischer Behandlung liegt derzeit bei etwa 40 Jahren. Andererseits kommen Träger eines Allels in den Vorzug eines Schutzes gegen bakteriell übertragene Krankheiten wie Typhus oder Cholera. Seuchenwellen dieser Krankheiten forderten allein im 19. Jahrhundert in Europa Hunderttausende von Toten und stellen bis jetzt in vielen Ländern der Dritten Welt eine ernste Bedrohung dar. Durchfall kann bei Cholera innerhalb von 24 Stunden zum Tod führen, doch zähflüssige Sekrete mildern die Attacken ab.

Eine entsprechende Wirkung könnte das *Tay-Sachs-Allel* zum Schutz vor Tuberkulose (Schwindsucht) aufweisen. Betroffene der autosomal-rezessive Fettspeicherkrankheit sterben meist zwischen dem ersten und vierten Lebensjahr. Die Erbkrankheit ist bei Ashkenazim, der Gruppe mittel- und osteuropäischer Juden[14] besonders stark verbreitet, wo der Anteil des gemischten Genotyps bis zu 11 % beträgt.

---

14 Die Seuche grassierte auch in deutschen Internierungslagern, wo während des Zweiten Weltkriegs eine große Zahl hauptsächlich osteuropäischer Juden gefangen war. Durch unhygienische Lebensbedingungen, Mangelernährung und Behinderung der medizinischen Versorgung förderten die Nazis

HIV-Schutz durch CCR5-Delta32

Der New Yorker Stephen Crohn wurde berühmt als „The man who can't catch AIDS". Der Name wurde ihm von der britischen Tageszeitung The Independent verliehen, nachdem 1996 bekannt wurde, dass er trotz langjähriger sexueller Kontakte mit verschiedenen Infizierten gesund blieb. Nach der Entdeckung weiterer ähnlicher Fälle begannen die Forscher nach Gemeinsamkeiten zu suchen. Dabei wurde die Mutation CCR5-Delta32 erkannt. CCR5 bezeichnet ein Rezeptorprotein der weißen Blutkörperchen, an den das Virus ankoppelt. Bei der Mutation fehlt dem Rezeptorprotein eine Sequenz von 32 Basenpaaren. Mit dem verkürzten CCR5 ist das Andocken für HIV-1, den meistverbreitetsten HIV-Typ, nicht mehr möglich.

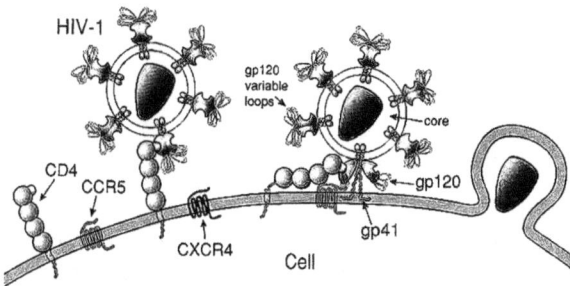

Abb. 2.10: Andocken von HIV-1 an eine CD4$^+$ T-Helferzelle.
Schritt 1: Das Virus verbindet sich mit CD4.
Schritt 2: Verbindung mit Korezeptorprotein CCR5 oder CXCR4.
Schritt 3: Das Virus dringt in die Zelle ein.

Bezeichnen wir mit A das Allel zur Mutation CCR5-Delta32 und mit a ein Allel ohne Schutzfunktion. Genotyp AA erhält den höchstmöglichen Schutz, gefolgt vom gemischten Typ Aa. Infizieren sich Personen vom Typ AA oder Aa trotzdem mit dem Virus, der auch über andere Rezeptoren eindringen kann, so verläuft die Krankheit gegenüber dem ungeschützten Typ aa deutlich verzögert. Die meisten Träger der Mutation sind Europäer. In Asien und Nordafrika ist es weniger vorhanden, während es im zentralen und südlichen Afrika, in Ostasien sowie bei der amerikanischen Urbevölkerung zu fehlen scheint. Mit $p = 0,16$ ist das Allel am häufigsten in Nordeuropa

---

bewusst die Seuchenausbreitung. Es gab Anhaltspunkte, dass Verwandte von Kindern mit der Tay-Sachs-Krankheit seltener an Tuberkulose erkrankten, obwohl sie genauso oft mit ihr in Kontakt kamen. Die vom Evolutionsbiologen Jared Diamond vertretene Theorie ist jedoch umstritten, da die betreffenden Fälle nicht unter wissenschaftlichen Bedingungen untersucht werden konnten und auch jetzt wenig Datenmaterial vorliegt. Untersuchungen zu möglichen molekularbiologischen Mechanismen findet man bei Ingrid Chou Koo u. a. [38]. Siehe auch Isabelle C. Withrock [51].

anzutreffen. Nach dem Gesetz von Hardy-Weinberg (2.1) folgt für diese Region

$$p(AA) = p^2 = 0,026 \, , \qquad p(Aa) = 2p(1-p) = 0,27$$

Nimmt man stattdessen den Durchschnittswert $p = 0,1$ für die Bevölkerung Mitteleuropas, so erhält man immerhin $p(AA) = p^2 = 0,01$ und $p(Aa) = 0,18$.

CCR5-Delta32 erweist noch gegen eine Reihe anderer Krankheiten als hilfreich. Dazu gehören die Stoffwechselkrankheit *Diabetes Typ 1*, die Gelenkerkrankung *rheumatoide Arthritis* sowie zwei eher seltene Autoimmunerkrankungen: die *primär biliäre Zirrhose*, eine Lebererkrankung, und die zu Muskelschwäche führende *Myasthenia gravis*. Allerdings ist der Vorteil nicht gratis. Die Mutation steht im starken Verdacht, multiple Sklerose zu begünstigen.

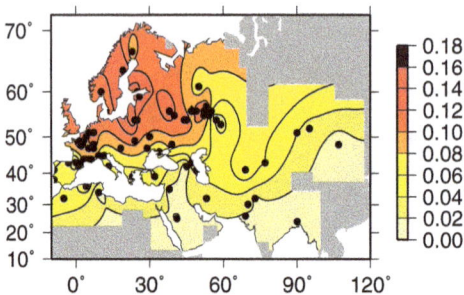

Abb. 2.11: Anteil des Allels CCR5-Delta32. Die Punkte markieren die Orte der Datenerfassung. Autor: John Novembre [45].

Die weite Verbreitung im nordeuropäischen Raum legt nahe, dass die Mutation dort ihren Ursprung hat. Berechnungen zur Entstehung führen in den Zeitraum zwischen 1500 v. u. Z. und dem 13. Jahrhundert. Als möglicher Verstärkungsfaktor gelten die *Pocken*, welche den Kontinent im Laufe der letzten Jahrhunderte wiederholt heimsuchten und als Eingangspforte ebenfalls den Rezeptor CCR5 benutzen.

CCR5-Delta32 ist zwar die effektivste, aber nicht die einzige bekannte Mutation mit Schutzfunktion[15] gegen das HI-Virus. Durch die hohen AIDS-Raten besonders im südlichen Afrika ist der Selektionsdruck hoch, sodass man die Ausbreitung schützender oder den Ausbruch verzögernder Allele beobachten kann. Nach einer Studie [49] wird sich innerhalb der nächsten hundert Jahre der Zeitraum von der Infektion zum Krankheitsausbruch von derzeit 7,8 Jahren auf 8,8 Jahren erhöhen.

Gene und Kultur

Mit Umweltveränderungen schafft der Mensch zugleich die Voraussetzungen zur Modifikation seiner eigenen Gene. Es ist fraglich, ob sich die Laktoseverträglichkeit im Neolithikum auch bei geringerer Kindersterblichkeit durchgesetzt hätte. Dasselbe trifft auf die Sichelzellenanämie bzw. Thalassämie zu.

---

15 Siehe M. Tait [50].

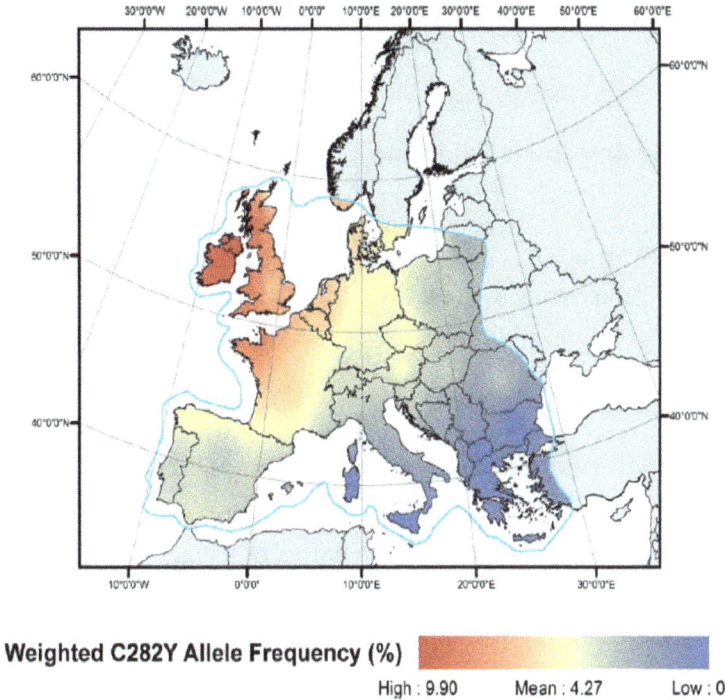

Weighted C282Y Allele Frequency (%)

High : 9.90   Mean : 4.27   Low : 0

Abb. 2.12: Die Verbreitung der Mutation C282Y lässt sich besonders in den sonnenarmen, regnerischen und kalten landwirtschaftlichen Gebieten Europas nachweisen. Das Untersuchungsgebiet der Studie ist hellblau umrändert. Autoren: Kathleen M. Heath u. a. [32]. © Wiley Publishing.

Ein weiteres Beispiel für die Komplexität unserer Wechselwirkung zur Natur ist die zeitweise Begünstigung der *Hämochromatose*. Die Erbkrankheit führt in gewissen Körperregionen zur Speicherung von überschüssigem Eisen. Verursacher ist die Mutation C282Y im HFE-Gen, deren Verbreitung in Europa nicht vor 6000 Jahren begann. Eisenüberschüsse sind nicht weniger gefährlich als Eisenmangel, doch bei der miserablen Ernährungslage im Neolithikum[16] war letzteres das größte Problem. So verwundert es nicht, wenn sich die Hämochromatose in den sonnenarmen und landwirtschaftlich ungünstigen Regionen Nordeuropas besonders verbreitete. Jahrtausende später sollte sich der Vorteil ins Gegenteil umkehren. Einige Pesterreger, Bakterien, Viren und Pilzinfektionen[17] schätzen den erhöhten Eisengehalt im Wirtskörper und entwickeln

---

16 Überschüssiges Eisen verursacht unter Umständen Zirrhosen und Diabetes, wonach sich Krebs entwickeln kann. Dagegen behindert Eisenmangel die Blutbildung und stellt besonders während der Schwangerschaft ein hohes Risiko für Fehlgeburten dar. Gerade bei der hohen Kindersterblichkeit des Neolithikums kommen die Vorteile der Hämochromatose zur Geltung.
17 Siehe Fida A. Khan, Melanie A. Fisher, Rashida A. Khakoo [36].

dadurch eine höhere Vernichtungskraft. Die Pest hielt im mittelalterlichen Nordeuropa reiche Ernte.[18]

2.6 Zeitverlauf bei negativer Selektion

Wir untersuchen nun die Ausbreitung autosomal rezessiver Krankheiten ohne Schutzfunktion über eine lange Reihe von Generationen. Damit können wir unser Modell aus Abschnitt 2.5 mit den Parametern $s = 0$ und $0 < t \leq 1$ benutzen. Aus (2.15) folgt für die Allelhäufigkeiten

$$q_{n+1} = \frac{1 - tq_n}{1 - tq_n^2} \cdot q_n , \quad p_{n+1} = 1 - q_{n+1} \tag{2.24}$$

Könnte das defekte Allel für immer in der Population bleiben oder muss es irgendwann verschwinden?

Satz 2.4. *Für eine beliebige anfängliche Wahrscheinlichkeit $q_1 \in (0, 1)$ konvergiert die Folge (q_n) des Systems (2.24) gegen null.*

$$\lim_{n \to \infty} q_n = 0$$

Beweis. Für $n \to \infty$ erhält man aus (2.24) die Gleichung der möglichen Grenzwerte q

$$q = \frac{1 - tq}{1 - tq^2} \cdot q \tag{2.25}$$

Durch unmittelbares Einsetzen überprüft man die Lösungen $q = 0$ und $q = 1$. Nun wird (2.25) durch q dividiert. Jedoch liefert

$$1 = \frac{1 - tq}{1 - tq^2}$$

keine weiteren Lösungen. Zur Untersuchung der Konvergenz von (q_n) betrachten wir den Bruch in (2.24). Für $q_n \in (0, 1)$ ist $0 < q_n^2 < q_n$ und damit

$$0 < \frac{1 - tq_n}{1 - tq_n^2} < \frac{1 - tq_n^2}{1 - tq_n^2} = 1$$

Die Folge (q_n) ist also monoton fallend und besitzt nach Satz A.6 (Anhang A.5) den Grenzwert

$$\lim_{n \to \infty} q_n = 0 \qquad \square$$

---

[18] Die Zusammenhänge wurden durch den tragischen Tod des Mikrobiologen Prof. Malcolm Casadaban im Jahre 2009 beleuchtet, der nach Laborversuchen überraschend an der Pest starb. Der gezüchtete Laborstamm galt als relativ ungefährlich, konnte sich jedoch durch den Gendefekt des Professors zu voller Schlagkraft entfalten.

Damit besitzt (p_n) den Grenzwert $\lim_{n\to\infty} p_n = \lim_{n\to\infty}(1 - q_n) = 1$.

> In großen Populationen mit zufälliger Partnerwahl verschwindet das zur Vermehrung ungünstige Allel a im Laufe der Generationen, wenn es nicht neu erzeugt wird. Dazu reicht bereits ein geringer Selektionsnachteil aus.

Wie bereits in Abschnitt 2.3 (Bemerkung nach Problem 2.1) ist Vorsicht bei der vorschnellen Übertragung in die Realität geboten. In jeder endlichen Population, besonders bei kleiner Mitgliederzahl, besteht sehr wohl die Möglichkeit, dass unser ungünstiges Allel die Gesamtpopulation erobert und vielleicht sogar aussterben lässt. Die „feindliche Übernahme" wird erneut durch Voraussetzung S3 verhindert. Diese fordert eine unerschöpfliche Population, sodass die günstigen Allele auch nach einer Reihe zufälliger Schicksalsschläge vorhanden sind. Der Wert von Satz 2.4 wird dadurch kaum geschmälert.

Wir wollen in einem Beispiel die Zeit bis zum Aussterben abschätzen. Betrachten wir eine autosomal rezessive Krankheit, deren Genotyp aa nicht fortpflanzungsfähig ist. Die Genotypen Aa und AA seien uneingeschränkt vermehrungsfähig. Die Folge der Wahrscheinlichkeiten des kritischen Allels a ist durch (2.24) mit $t = 1$ gegeben:

$$q_{n+1} = \frac{q_n}{1 + q_n}, \qquad q_1 \in (0, 1) \tag{2.26}$$

Satz 2.5. *Die explizite Formel von (2.26) lautet*

$$q_n = \frac{1}{n + \frac{1}{q_1} - 1} \tag{2.27}$$

Beweis. Aus (2.26) folgt

$$\frac{1}{q_{n+1}} = \frac{1 + q_n}{q_n}$$

$$\frac{1}{q_{n+1}} = \frac{1}{q_n} + 1$$

Mit der Substitution $z_n = \frac{1}{q_n}$ erhalten wir eine arithmetische Folge

$$z_{n+1} = z_n + 1$$

$$z_n = z_1 + n - 1$$

$$\frac{1}{z_n} = \frac{1}{z_1 + n - 1}$$

und mit der Rücksubstitution $q_n = \frac{1}{z_n}$ folgt (2.27). $\qquad\qquad\square$

Bei einem hyperbolischen Verlauf (2.27) klingt der Wert q_n nur sehr langsam ab, was im folgenden Beispiel verdeutlicht wird.

Problem 2.5. *Bei einer autosomal rezessiven Krankheit trete das problematische Allel mit $q_1 = 0,01$ auf. (Das entspricht annähernd dem Wert aus Problem 2.2 für die Phenylketonurie.)*

Nach wievielen Generationen ist diese Wahrscheinlichkeit auf ein Zehntel des Ausgangswerts gesunken?

Lösung. Aus $\frac{q_1}{10} > q_n$ folgt mit (2.27)

$$\frac{q_1}{10} > \frac{1}{n + \frac{1}{q_1} - 1}$$

$$n > 901$$

Bis zum gewünschten Abbau des Allels vergehen etwa 900 Generationen. □

Das verzögerte Aussterben wird auch in Graphik 2.13 deutlich, welche die Häufigkeit der verschiedenen Genotypen in Abhängigkeit vom Wert q des kritischen Allels darstellt. Interessieren wir uns *zu einem festen Zeitpunkt* für die *unmittelbar entstandene Nachkommenschaft*, so können wir das Hardy-Weinberg-Gesetz anwenden. Die markierten Punkte in Bild 2.13 zeigen eine Situation für kleine q.

> Ist das auslösende Allel *a* rezessiver Krankheiten nur noch selten vorhanden, so tritt es hauptsächlich im gemischten Typ *Aa* auf, welcher keine Nachteile erleidet. Dadurch verlangsamt sich seine Selektion.

Selbst lebensgefährliche Allele können sich auf diese Weise über viele Generationen in einer Population halten. (Wir werden später sehen, wie sie bei Inzucht überraschend zur Wirkung kommen können.) Bei milderen Krankheiten, welche die Fortpflanzungsfähigkeit des Genotyps *aa* nur behindern, aber nicht völlig einschränken, dauern die entsprechenden Abbauprozesse noch länger.

Damit ist es nicht nur inhuman, sondern auch vom biologischen Standpunkt unsinnig, Einzelpersonen unter dem Vorwand der Volksgesundheit einer Zwangssterilisation zu unterwerfen. (Mit dieser Selektion erfasst man ohnehin nur den geringsten Anteil des kritischen Allels, denn im gemischten Typ bleibt es unsichtbar.)[19]

---

[19] Durch diese Praxis ist vor allem Nazideutschland bekannt geworden, wo allein unter der deutschen Bevölkerung im Rahmen der Rassenhygiene-Gesetze mehr als eine halbe Million Zwangssterilisierungen durchgeführt wurden. Oft diente die Eugenetik als Vorwand zur Vernichtung gesunder Menschen, die man im Geiste Malthusscher Ideen als überflüssig betrachtete. Ähnliche Projekte, wenngleich ohne Mord und in geringerem Umfang, standen auch nach Kriegsende in verschiedenen europäischen Ländern an der Tagesordnung. So wurden in der Schweiz bis in die 1980er Jahre insgesamt mehrere Tausend gesunder Personen -zumeist aus ärmeren Bevölkerungsschichten- von den Behörden unter Druck und Erpressung sterilisiert, weil ihre Nachkommenschaft nur Unterhaltskosten verursachen würde. Siehe Thomas Huonker [34].

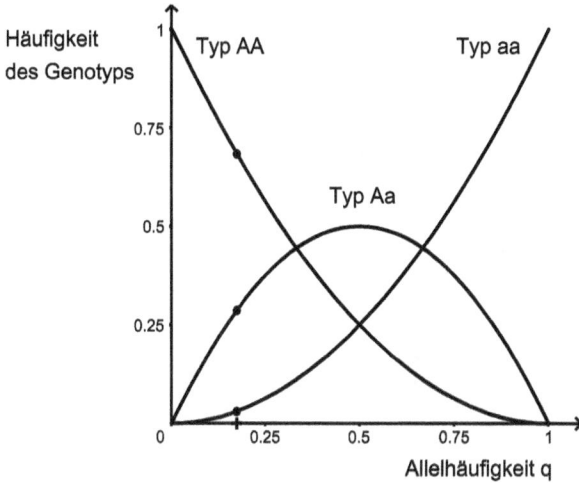

Abb. 2.13: Die einzelnen Genotypen treten mit den Wahrscheinlichkeiten $p(AA) = (1 - q)^2$, $p(Aa) = 2q(1 - q)$ und $p(aa) = q^2$ auf. Für $q \approx 0$ dominiert der Typ AA. Das kritische Allel a tritt überwiegend im Typ Aa auf, welcher nicht selektiert wird.

2.7 Heterozygote Nachteile

Wir werden zeigen, dass unsere Modelle zur Durchsetzung neuer Allele auf dem Prinzip beruhen, in jedem Zeitschritt eine Verbesserung zu erreichen. Damit werden lokale Optima angestrebt. Andererseits finden wir Beispiele, bei denen evolutionärer Prozesse – entgegen obigem Grundsatz – sogar entferntere globale Optima erreichen.

Zu den Chromosomenmutationen gehören *Translokationen* und *Inversionen*. Im ersten Fall werden gewisse Chromosomenabschnitte verschoben, wogegen sie im zweiten gespiegelt werden. Da die Erbinformation prinzipiell erhalten ist und sich nur an anderen Positionen befindet, bleibt der Organismus in vielen Fällen lebensfähig. Allerdings werden seine Fortpflanzungschancen reduziert, wie man mit folgenden Überlegungen erkennt. Ein Allel besitze im Grundzustand die Längsstruktur $A = [xy]$ mit den lebenswichtigen Abschnitten x und y. Im invertierten Allel $a = [yx]$ sind diese vertauscht. Für homozygote Genotypen (AA oder aa) enthalten alle Gameten beide Anteile x, y. Für den heterozygoten Typ Aa trifft das nicht zu. Nur die ersten beiden seiner Gameten $[xy], [yx], [xx], [yy]$ sind ohne Einschränkung zur Zeugung von lebensfähigem Nachwuchs geeignet.

Praktisch lässt sich die Erscheinung bei Kreuzungen unter verwandten Arten wie Pferd und Esel beobachten, deren Nachkommen nicht mehr fortpflanzungsfähig sind.

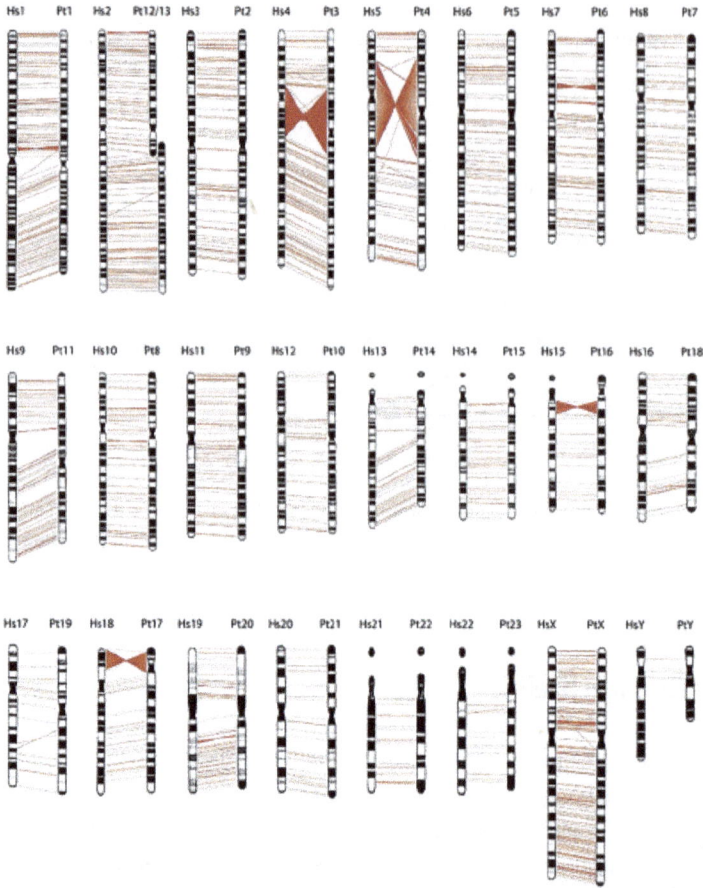

Abb. 2.14: Chromosomeninversionen zwischen Mensch (jeweils links) und Schimpanse (jeweils rechts). Die letzten beiden Paare stellen die Geschlechtschromosomen X und Y dar. Jede rote Linie entspricht einer Inversion. Autor: Mark Kirkpatrick [37]

Fitness einer Population

Zur Modellierung des Allelbestands mit Inversionen eignen sich die Formeln aus Abschnitt 2.5, wobei die höhere Fitness der homozygoten Genotypen mit negativen Parametern s, t gewährleistet wird. Verbesserungen für die Population lassen sich über die *mittlere Fitness* pro Generation messen. Anstelle von (2.14) wird die Zufallsgröße

$$\text{fit}(\omega) = \begin{cases} 1 - s & \text{falls } \omega = AA \\ 1 & \text{falls } \omega = Aa \\ 1 - t & \text{falls } \omega = aa \end{cases} \tag{2.28}$$

eingeführt. Für einen Allelbestand mit $p(A) = p$ und $p(a) = q = 1 - p$ ist

$$\mathbb{E}\text{fit}(p) = (1 - s)p^2 + 2pq + (1 - t)q^2 \tag{2.29}$$

$$= -(s + t)p^2 + 2tp + 1 - t \tag{2.30}$$

Der Erwartungswert beschreibt die mittlere Fitness einer Population. Sein Wachstum zeigt an, dass sich ihre Fortpflanzungschancen verbessern.

Satz 2.6. *Die Gleichung* (2.30) *beschreibt eine quadratische Parabel mit einem Minimum bei* $p = \frac{t}{s+t}$. *Es ist* $\mathbb{E}\text{fit}(p) > 1$.

Beweis. Wegen $s, t < 0$ ist $-(s + t) > 0$, sodass die Parabel (2.30) ein Minimum besitzt. Aus der Extremwertbedingung

$$\frac{d}{dp}\mathbb{E}\text{fit}(p) = -2(s + t)p + 2t = 0$$

folgt $p = \frac{t}{s+t}$. Nach Ausmultiplizieren von (2.29) erhalten wir

$$\mathbb{E}\text{fit}(p) = p^2 + 2pq + q^2 - sp^2 - tq^2 = 1 - sp^2 - tq^2 = 1 - sp^2 - t(1 - p)^2$$

Für $p = \frac{t}{s+t}$ folgt nach Vereinfachung $\mathbb{E}\text{fit}(\frac{t}{s+t}) = 1 - \frac{st}{s+t} = 1 + \frac{1}{-\frac{1}{t} - \frac{1}{s}} > 1$. $\square$

Langfristige Vorteile vs. mittelfristige Nachteile

Untersuchen wir eine Population mit dem Allel A an einem bestimmten Genort. Angenommen, durch Inversion entstehe daraus das Allel a, welches seinem homozygoten Typ eine bessere Fitness bietet: $\text{fit}(AA) < \text{fit}(aa)$

Die Situation wird in Bild 2.15 dargestellt. Nun stellt sich die Frage, wann die Verbesserung a positiv selektiert wird. Zur Untersuchung können wir die Rekursionsformeln (2.15) benutzen, wobei $s, t < 0$ zu beachten ist. Bezeichnen p_n und q_n wiederum die Allelhäufigkeiten von A bzw. a in der n-ten Generation, so gilt

$$q_{n+1} = \frac{(1 - t)q_n + p_n}{(1 - s)p_n^2 + 2p_n q_n + (1 - t)q_n^2} \cdot q_n, \quad p_{n+1} = 1 - q_{n+1} \tag{2.31}$$

Satz 2.7. *Das System* (2.31) *besitzt dieselben Gleichgewichtspunkte wie bei Satz 2.1. Hierbei sind*

$$(p, q) = (1, 0) \quad \textit{eine stabile Gleichgewichtslage} \tag{2.32}$$

$$(p, q) = (0, 1) \quad \textit{eine stabile Gleichgewichtslage} \tag{2.33}$$

$$(p, q) = \left(\frac{t}{s + t}, \frac{s}{s + t}\right) \quad \textit{eine instabile Gleichgewichtslage} \tag{2.34}$$

Beweis. Da sich gegenüber Abschnitt 2.5 nur die Parameterwerte, jedoch nicht die Formeln geändert haben, berechnet man dieselben Gleichgewichtslagen wie bei Satz 2.1.

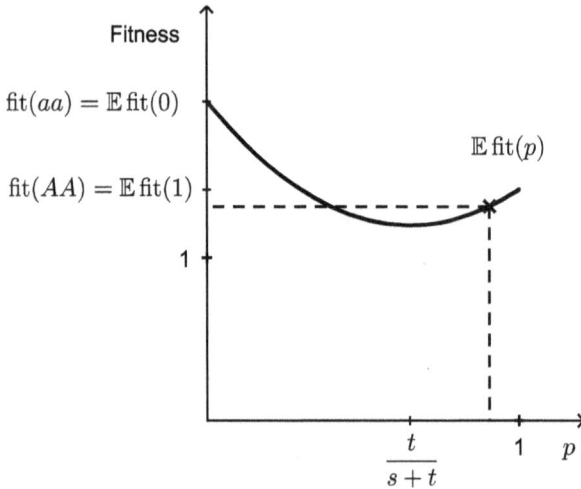

Abb. 2.15: Mittlere Fitness als Funktion der Allelhäufigkeit von A. Der höchste Wert wird im linken Randpunkt erreicht, wo sich das invertierte Allel a durchgesetzt hat. Das Kreuz mit den gestrichelten Linien stellt die Situation beim Auftreten der Mutation a dar. Da das neue Allel anfangs nur geringfügig vorkommt, ist $p \approx 1$.

Für den Stabilitätsnachweis des ersten Fixpunkts untersuchen wir die Folge (q_n) bei $q = 0$. Nach dem Ersetzen von p_n in (2.31) erhalten wir

$$q_{n+1} = \frac{q_n - tq_n^2}{-(s+t)q_n^2 + 2sq_n + 1 - s} \tag{2.35}$$

Wir benutzen Satz A.8 aus Anhang A.8 mit der Funktion

$$f(x) = \frac{x - tx^2}{-(s+t)x^2 + 2sx + 1 - s} \tag{2.36}$$

Mit $u(x) = x - tx^2$ und $v(x) = -(s+t)x^2 + 2sx + 1 - s$ folgt

$$u(0) = 0 , \quad u'(0) = 1 , \quad v(0) = 1 - s , \quad v'(0) = 2s$$

und deshalb $f'(0) = \frac{u'(0) \cdot v(0) - u(0) \cdot v'(0)}{v^2(0)} = \frac{1}{1-s} < 1$. Somit ist $(1, 0)$ lokal stabil.

Beim zweiten Fixpunkt untersuchen wir (p_n) bei $p = 0$. Aus (2.31) folgt

$$p_{n+1} = \frac{p_n - sp_n^2}{-(s+t)p_n^2 + 2tp_n + 1 - t} \quad \text{sowie} \quad f(x) = \frac{x - sx^2}{-(s+t)x^2 + 2tx + 1 - t}$$

Wir erhalten $f'(0) = \frac{1}{1-t} < 1$. Nach Satz A.8 ist $(0, 1)$ lokal stabil.

Im Falle des dritten Fixpunkts betrachten wir (q_n) mit (2.35) bei $q = \frac{s}{s+t}$. Die Auswertung der zugehörigen Funktion (2.36) ergibt

$$f'\left(\frac{s}{s+t}\right) = 1 + \frac{1}{-\frac{1}{t} - \frac{1}{s} + 1} > 1$$

Somit ist $(\frac{t}{s+t}, \frac{s}{s+t})$ lokal instabil. $\qquad \square$

Je nach Startwert $q_1 \in (0, 1)$ konvergiert (q_n) entweder gegen $q = 0$ oder $q = 1$. Letzterer Fall kann erst eintreten, wenn der Bruch auf der rechten Seite von (2.31) mindestens gleich eins ist. Wegen (2.35) führt diese Forderung auf die Ungleichungen

$$\frac{1 - tq_n}{-(s+t)q_n^2 + 2sq_n + 1 - s} \geq 1$$

$$(s+t)q_n^2 - (2s+t)q_n + s \geq 0$$

Mittels Nullstellenberechnung der letzten Ungleichung erhalten wir die Bedingung

$$\frac{s}{s+t} \leq q_n \leq 1$$

für ein Wachstum ab dem n-ten Glied. Die Folge (q_n) muss also erst die instabile Gleichgewichtslage bei $q = \frac{s}{s+t}$ überschreiten, um durch die Selektion begünstigt zu werden. Ausgehend von einem Zustand (p_k, q_k) wird somit stets in Richtung des nächstgelegenen Gleichgewichtspunkts selektiert (Bild 2.16).

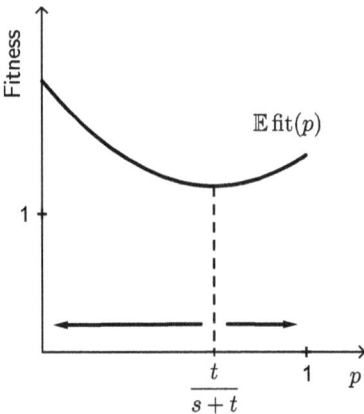

Abb. 2.16: Die Selektion wirkt in Richtung einer kurzfristigen Erhöhung der Fitness.

Bei neuentstandenen Mutationen liegen die Startwerte im Populationsmodell bei $(p_1, q_1) \approx (1, 0)$. Damit wird ein invertiertes Allel a über lange Zeiträume ausselektiert, selbst wenn es im homozygoten Genotyp die höchstmögliche Fitness aufweist. Erst wenn es der Mutation gelingen sollte, das konkurrierende Allel unter den Schwellenwert $p = \frac{t}{s+t}$ zu drücken, wird sie begünstigt und erhält die Chance zur Durchsetzung.

Durch die anfängliche Unterdrückung werden Inversionen stark verzögert. Wie wir im folgenden Kapitel sehen, haben sie in kleinen Populationen bessere Aussichten zur Durchsetzung. Falls es dazu kommt, bildet der heterozygote Nachteil nun eine Schranke gegen Rückvermischung. Auf diese Weise spielen Inversionen eine wichtige Rolle bei der Entstehung neuer Arten.

3 Gene, Umwelt und Gesellschaft

Bereits im letzten Abschnitt wurden die Grenzen der bisherigen Selektionsmodelle sichtbar. Eine Durchsetzung von Chromosomeninversionen, wie sie häufig beobachtet wird, erscheint unwahrscheinlich. Außerdem sind nachteilige Gene ohne erkennbare positive Wirkung bekannt, deren Verbreitung in verschiedenen Populationen sehr unterschiedlich ist. Nach unseren Modellen sollten sie überall gleich selten sein.

Häufig sind Gendefekte bei Gruppen anzutreffen, deren Anzahl entweder gering ist oder noch vor relativ kurzer Zeit gering war. Das betrifft kleine Siedlungen in entlegenen Bergregionen oder auf abgelegenen Inseln, wo ein Austausch schwer möglich ist. Eine wahre Fundgrube für den Genetiker sind die malerischen verstreut gelegenen Dörfer im Schweizer Bergkanton Wallis. Ähnliches kann man auch in kleinen Religionsgemeinschaften beobachten, deren Mitgliedern eine Isolation von ihrer Umwelt auferlegt wurde. Sie heiraten zumeist untereinander. Unter günstigen Umständen vermehrten sie sich später stärker und gaben dabei die genetischen Besonderheiten weiter.

Wir wollen den Einfluss der Populationsgröße besonders bei kleineren Bevölkerungszahlen berücksichtigen. Das ist im Rahmen des bisherigen Selektionsmodells nicht möglich, denn dort wird die Anzahl der Mitglieder als sehr groß vorausgesetzt.

3.1 Das Wright-Fisher-Modell

Wir wollen die Frage nach der Durchsetzung von Allelen nochmals durchleuchten. Da wir diesmal die Populationsgröße einbeziehen wollen, müssen wir endgültig den Boden des Hardy-Weinberg-Modells verlassen, wo man von unendlich großen Populationen ausgeht. Das Wright-Fisher-Modell geht stattdessen von folgenden Voraussetzungen aus.

WF1   *Eine Population bestehe in jeder Generation aus N Individuen.*

Weiter übernehmen wir folgende Voraussetzungen des Hardy-Weinberg-Modells:

WF2   *Paarungen finden zufällig statt.*
WF3   *Vernachlässigung von Mutationen, d. h. keine Entstehung neuer Allele;*
WF4   *Vernachlässigung der Selektion, d. h. keine Beeinflussung von*
             Fortpflanzungschancen durch die Allele, die man trägt.

Bezeichnen wir mit $t = 1, 2, \ldots$ die Abfolge der Generationen. Wir untersuchen die Vererbung an *einem* bestimmten Genort, wo nur zwei verschiedene Allele A und a auftreten können. Die getroffenen Voraussetzungen erleichtern die Berechnungen, ohne

https://doi.org/10.1515/9783110706314-003

die Schlussfolgerungen allzu stark einzuschränken. Die wichtigsten Erkenntnisse lassen sich später sowohl auf günstige bzw. ungünstige Allele als auch den Fall weiterer Allele am Genort übertragen.

Unser Modell geht in jeder Generation von einem Genpool mit $2N$ Allelen aus, zu dem jedes Individuum seine zwei von den Eltern geerbten Allele beisteuert. Diese sind entweder vom Typ A oder a. Mit welchen Wahrscheinlichkeiten verändern sich nun die Allelanteile im Laufe einer Generation?

Wir bezeichnen mit $X(t)$ die Gesamtzahl von Allel A im Genpool der Generation t. Entsprechend tritt das Allel a dort in der Anzahl $2N - X(t)$ auf. Für $X(t) = i$ beträgt die Wahrscheinlichkeit für das A-Allel $\frac{i}{2N}$. Entsprechend ist dann die Wahrscheinlichkeit des a-Allels gleich $1 - \frac{i}{2N}$.

Aus dem Genpool werden $2N$ Allele für die nächste Generation benötigt, da diese wiederum aus N Individuen bestehen soll. Die Allele werden zufällig ausgewählt. Im Auswahlverfahren werden gewisse Individuen mehrfach vom Glück ausgezeichnet, ihr Erbmaterial weitergeben zu dürfen. Andere kommen dafür nicht zum Zuge. Mit p_{ij} wollen wir die Wahrscheinlichkeit bezeichnen, dass aus der Vorgängergeneration mit i A-Allelen nun zufällig j A-Allele und der Rest a-Allele ausgewählt werden.

Das Verfahren funktioniert wie im Urnenschema mit Zurücklegen aus Beispiel B.3, Abschnitt B.7.[1] Die Berechnung erfolgt also durch eine Binomialverteilung mit

$$p_{ij} = \binom{2N}{j} \cdot \left(\frac{i}{2N}\right)^{j} \cdot \left(1 - \frac{i}{2N}\right)^{2N-j} \tag{3.1}$$

Bei p_{ij} handelt es sich um bedingte Wahrscheinlichkeiten

$$p_{ij} = p(X(t+1) = j \mid X(t) = i) \qquad \text{für } i, j = 0, 1, \dots, 2N$$

Falls $X(t)$ zu einem bestimmten Zeitpunkt t einen der Werte 0 oder $2N$ annimmt, so hat sich eines der beiden Allele in der Population vollständig durchgesetzt. Eine Rückkehr des anderen Allels ist dann nicht mehr möglich. Eine Fragestellung besteht darin, mit welcher Wahrscheinlichkeit es dazu kommen kann und wie viele Generationen im Mittel nötig wären. Wir verwenden die folgenden Bezeichnungen.

- $\frac{X(0)}{2N}$ sei der Anteil des Allels A zu Anfang des Prozesses.
- $p_{i\uparrow}$ ist die Wahrscheinlichkeit, von einem Zustand mit i A-Allelen zur völligen Durchsetzung dieses Allels zu gelangen.

Damit ist

$$p_{0\uparrow} = 0 \,, \qquad \text{weil sich Typ } a \text{ durchgesetzt hat;} \tag{3.2}$$

$$p_{2N\uparrow} = 1 \,, \qquad \text{weil sich Typ } A \text{ durchgesetzt hat.} \tag{3.3}$$

---

1 Damit besitzt unser Modell den kleinen Schönheitsfehler, die Selbstbefruchtung zu erlauben. Die Wahrscheinlichkeit dafür ist allerdings so gering, dass die Aussagekraft der Ergebnisse nicht beeinträchtigt wird.

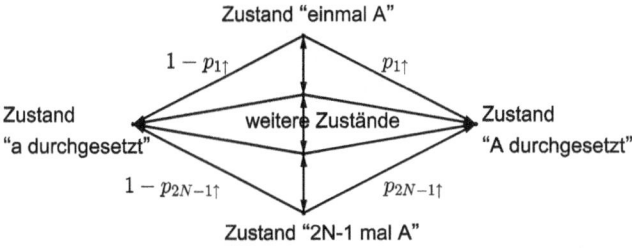

Abb. 3.1: Mögliche Übergänge von Zuständen im Wright-Fisher-Modell.

Der Zusammenhang zwischen den verbleibenden $p_{i\uparrow}$ wird mit Formel (B.10) der totalen Wahrscheinlichkeit hergestellt:

$$p_{i\uparrow} = \sum_{j=0}^{2N} p_{ij} \cdot p_{j\uparrow}, \qquad i = 1, \dots, 2N - 1 \qquad (3.4)$$

Problem 3.1. *Es ist nachzuweisen, dass man mit*

$$p_{i\uparrow} = \frac{i}{2N}, \qquad i = 0, \dots, 2N \qquad (3.5)$$

eine Lösung des Systems (3.4) mit (3.2) und (3.3) erhält.

Lösung. Aus (3.5) bekommen wir für $i = 0$ bzw. $i = 2N$ die Werte (3.2) und (3.3). Nun setzen wir (3.5) zusammen mit (3.2) und (3.3) in die Gleichungen (3.4) ein und erhalten

$$\frac{i}{2N} = \sum_{j=0}^{2N} \binom{2N}{j} \cdot \left(\frac{i}{2N}\right)^j \cdot \left(1 - \frac{i}{2N}\right)^{2N-j} \cdot \frac{j}{2N}$$

$$i = \sum_{j=0}^{2N} \binom{2N}{j} \cdot \left(\frac{i}{2N}\right)^j \cdot \left(1 - \frac{i}{2N}\right)^{2N-j} \cdot j \qquad (3.6)$$

Die rechte Seite der letzten Gleichung ist der Erwartungswert $\mathbb{E}Y$ einer binomialverteilten Zufallsgröße Y mit Erfolgswahrscheinlichkeit $p(E) = \frac{i}{2N}$ in einer Serie von $n = 2N$ Experimenten. Nach (B.26) beträgt

$$\mathbb{E}Y = n \cdot p(E) = 2N \cdot \frac{i}{2N} = i$$

Somit haben wir die Gültigkeit von Gleichung (3.6) nachgewiesen. Damit ist (3.5) eine Lösung unseres Systems.[2] □

Gründereffekt

Nach Formel (3.5) ist die Wahrscheinlichkeit zur Durchsetzung einer geringen Anzahl Allele umgekehrt proportional zur Gruppengröße N.

---

2 Bei Tran [77] wird für ein verallgemeinertes Problem die Eindeutigkeit dieser Lösung bewiesen.

Mutationen setzen sich besser in kleinen, isoliert lebenden Populationen durch. Wenn sich diese Gruppen später unter günstigen Bedingungen stark vermehren sollten, wird das nunmehr dominierende Allel entsprechend weiterverbreitet. Dieser Vorgang wird als *Gründereffekt* bezeichnet.

Je nachdem, wer zufällig unter den Gründern dabei war, kann sich der Effekt sehr nachteilig auswirken:

Beispiel 3.1. In den USA gehören 250.000 Personen zu verschiedenen amischen Gemeinden[3], die sich oftmals nicht einmal untereinander vermischen. Die ursprüngliche Größe der Population lässt sich daran ermessen, dass es nur noch 130 amische Nachnamen gibt, von denen in den verschiedenen Siedlungen wiederum nur eine kleine Zahl auftritt. Gewisse Krankheiten wie die Mukoviszidose sind in einigen ihrer Gemeinden überdurchschnittlich hoch verbreitet, während sie in anderen fast völlig fehlen.

Als 1744 eine amische Kolonie in Pennsylvania gegründet wurde, waren zwei ihrer Mitglieder zufälligerweise Träger des seltenen Ellis-van Creveld-Syndroms. Bei dieser autosomal-rezessiven Erbkrankheit treten zu kurze Rippen, Vielfingerigkeit, Kleinwüchsigkeit, Missbildungen der Zähne und häufig auch Herzfehler auf. Infolge häufiger Verwandtenehen tritt die Krankheit bei Amischen in Lancaster County jetzt mit einer Rate von 1:5000 pro Neugeburt auf, während sie weltweit nur zwischen 1:60.000 und 1:200.000 geschätzt wird.

Beispiel 3.2. Adipositas (Fettsucht) und Diabetes Typ 2 sind heute weltweit am stärksten unter den Einwohnern westpazifischer Inseln anzutreffen.[4] Auch hier steht der Gründereffekt dahinter, diesmal allerdings in Kombination mit einen ursprünglich positiven Selektionsmechanismus.

Die Besiedlung weiträumig verteilter, abgelegener Inseln erstreckte sich über einen Zeitraum von mehreren Jahrtausenden. Dabei mussten die in kleinen Gruppen startenden Polynesier lange und entbehrungsreiche Reisen auf offenem Meer unternehmen, wo sie Kältestress und Hunger ausgesetzt waren. Wiederum hatten Personen mit einem sparsamen Stoffwechsel bessere Chancen[5] zum Überleben. Über Genera-

---

3 Die Amischen bilden eine protestantische Glaubensgemeinschaft, deren Gemeinden sich 1693 im französischen Elsass unter Führung ihres Gemeindeältesten Jacob Ammann von anderen christlichen Strömungen abtrennten und in der Folge hauptsächlich untereinander heirateten. Die Abspaltung ist der intoleranten Innenpolitik französischer Könige, aber hauptsächlich der Persönlichkeit Ammanns geschuldet, der seine Gemeinde im Stil eines alttestamentarischen Propheten mit fester Hand regierte. Heute lebt ein Großteil ihrer Nachkommen in den USA und Kanada, wo sie ein traditionell orientiertes Leben in der Landwirtschaft führen.

4 Beispielsweise beträgt der Anteil Diabetiker Typ 2 auf den Cook-und Marshall-Inseln 21,1 %. Auf Nauru sind es 23,8 % und auf Tokelau sogar 29,7 %. Im Vergleich dazu bewegen sich die Werte der europäischen Länder zwischen 5,3 % (Irland) und 13,9 % (Malta). Siehe Geschäftsbericht der DDG für 2015 [62] auf S. 32.

5 Siehe Michael J. O'Brien, Kevin N. Laland [71] auf S. 440–441 sowie Simote Foliaki [59].

tionen stellte dieses Erbe einen Vorteil dar. Erst mit der Verbreitung kalorienreicher, industriell hergestellter Nahrungsmittel wurde es zum Gesundheitsrisiko.

Artenvielfalt durch Isolation

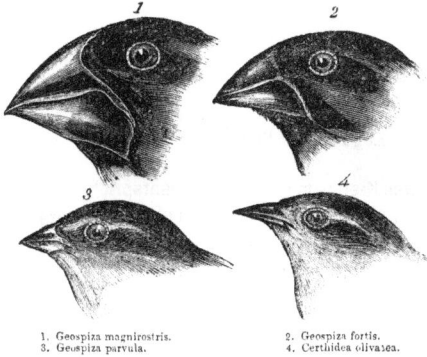

Abb. 3.2: Auf den Galapagosinseln lernte Charles Darwin anschauliche Beispiele von Mutationen kennen, die ihn später zur Ausarbeitung der Evolutionstheorie anregten.

1. Geospiza magnirostris.
2. Geospiza fortis.
3. Geospiza parvula.
4. Certhidea olivacea.

Die Entstehung neuer Arten lässt sich fördern, indem ein Teil der Population durch räumliche Trennung an der Vermischung mit ihren alten Artgenossen gehindert wird. Nach (3.5) haben kleinere Gruppen eine höhere Chance, durch Mutationen die Schwelle zu einer eigenen Art zu überschreiten.

> Kleine, zersplittert lebende Populationen auf isolierten Territorien entwickeln eine größere Artenvielfalt.

Bild 3.2 zeigt verschiedene Arten von Darwinfinken auf den Galapagosinseln, deren Schnabelformen sich entsprechend der verfügbaren Nahrungsquellen spezialisierten. Diese Vielfalt wäre weniger wahrscheinlich, wenn anstelle der zerstreuten Inseln ein größeres Territorium mit den ursprünglichen Nahrungsquellen zur Verfügung stehen würde.

Derselbe Effekt ist auch in Grafik 3.3 sichtbar, deren x-Achse im logarithmischen Maßstab gegeben ist. Bei zunehmender Fläche beobachtet man keine proportionale Zunahme der Artenzahl, sondern nur ein abgeschwächtes Wachstum. Globalisierung – selbst wenn sie ohne Umweltzerstörung voranschreiten würde – bedeutet Wegfall der geografischen Schranken, welche einen drastischen Artenrückgang durch Verdrängung zur Folge hat.

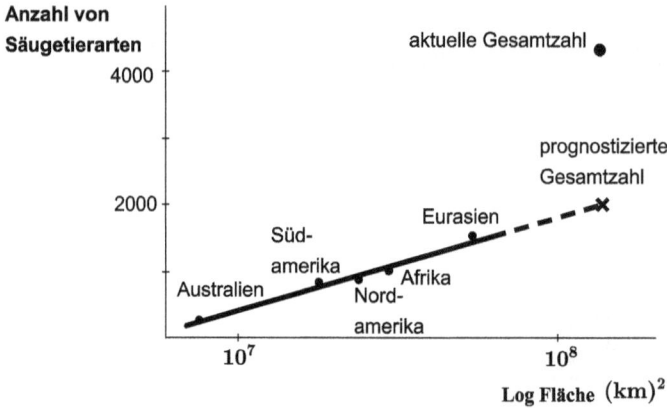

Abb. 3.3: Artenzahlen für Säugetiere der Kontinente. Das Kreuz am rechten Rand entspricht der Artenzahl eines vereinigten Superkontinents bzw. der zu erwartenden Gesamtzahl bei fortschreitender Globalisierung. Darüber ist die Summe der gegenwärtigen Artenzahlen dargestellt. Nach Peter M. Vitousek u. a. [78].

Globalisierung und Artenbestand

Die Artenvielfalt wird gefährdet, wenn sich eine neu eingewanderte Art als zu effizient erweist und Teile eines bestehenden Ökosystems dezimiert. Dessen Gleichgewicht gerät ins Wanken und es besteht die Gefahr, dass es zusammenbricht.

Ein anschauliches Beispiel für Artenrückgang durch Globalisierung bietet sich auf Guam . Die kleine westpazifische Insel im gehört zu den Marianen und wird seit 1898 von den USA verwaltet. Zu Beginn der 1950er Jahre wurde hier die braune Nachtbaumnatter (Boiga irregularis) eingeschleppt. Sie ist auf dem benachbarten Neuguinea, den Salomonen, Teilen Indonesiens, vielen Inseln des Südpazifiks sowie in Australien heimisch, wo sie einen natürlichen Bestandteil im Ökosystem darstellt. Bei aller Nähe und Ähnlichkeit dieser Lebenswelten mit Guam ist es erstaunlich, welches Desaster sie in ihrer neuen Umgebung anrichten konnte. Wie wir in Problem 1.3, Abschnitt 1.2 gesehen haben, sind Schlangen auf Grund ihrer Gestalt und Stoffwechselrate ausserordentlich gut geeignet, beschwerliche Reisen zu überstehen. Vom Zeitalter des Massenverkehrs und der schnellen Fortbewegung profitieren nicht nur Menschen, sondern auch Tiere, die als blinde Passagiere mitreisen.[6] Die Schlangen konnten sich auf Guam stark vermehren, weil ihre natürlichen Feinde fehlten. Dabei vernichteten sie fast den gesamten Vogelbestand sowie andere Arten. Mit dem Verschwinden der Vögel ist sogar der Waldbestand gefährdet, denn mit der Nahrungsaufnahme verbreite-

---

6 Auf Guam befindet sich seit dem 2. Weltkrieg ein US-Stützpunkt, der im Zweiten Weltkrieg gegen Japan und später im Koreakrieg als Nachschubposten intensiv genutzt wurde. Vermutlich gelangte die braune Nachtbaumnatter in einigen der zahlreichen Militärtransporte auf die Insel. Siehe Lisa Patrick [73].

ten Vögel die Samen von ca. 70 % der Bäume. Oftmals gelangten Samen so an Stellen mit geringer Vegetation, wo sie mehr Platz fanden. Fallen sie stattdessen unmittelbar unter den Baum, so ist ihre Überlebensfähigkeit je nach Pflanzenart um 61–92 % vermindert.[7] Einzige Nutznießer des Eindringlings scheinen bis jetzt Spinnen zu sein, die sich in Abwesenheit der Vögel ungestört vermehren und in den stumm gewordenen Wäldern nun um das Vierzigfache häufiger anzutreffen sind.[8]

3.2 Verlustrisiken bei Isolation

Im Hardy-Weinberg-Modell besteht jede Generation aus unendlich vielen Individuen, die ihre Allelvielfalt in der ursprünglichen Zusammensetzung auf jede folgende Generation überträgt. Doch die Realität sieht verschieden aus. Selbst bei neutralen Mutationen, deren Allele weder begünstigt noch aussortiert werden, setzen sich einige Varianten auf Kosten anderer durch.

Das Wright-Fisher-Modell geht nun von einer endlichen Anzahl Individuen aus und erlaubt damit die Fragestellung, von wievielen Vorfahren der gegenwärtige Allelbestand abstammt. Gleichzeitig stellt sich die Frage nach dem Verschwinden von Erbgut vorangegangener Generationen.

Unsere Population besitzt N Individuen, sodass in jeder Generation zu jedem Genort insgesamt $2N$ Allele vorliegen. Untersuchen wir, wie oft ein Individuum ein festgelegtes (z. B. das mütterlicherseits geerbte) Allel weitergibt.

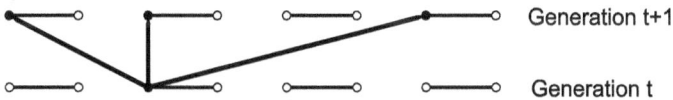

Abb. 3.4: Die Kreise entsprechen den Allelen eines bestimmten Genorts. Jedes Individuum wird durch zwei verbundene Allele repäsentiert. Das zweite Individuum vererbt sein erstes Allel (schwarzer Kreis) in der Folgegeneration an drei Nachkommen.

Es bezeichnet W die *Zufallsgröße der Anzahl Weitergaben eines bestimmten Allels von einem einzelnen Individuum*.[9] Sie kann wie die Ziehung aus einer Urne modelliert werden. Da die Vererbungschancen aller $2N$ Allele gleich sind, beträgt die Wahrscheinlichkeit zur Auswahl *unseres* Allels bei einmaliger Ziehung $\frac{1}{2N}$. Die Wahrscheinlichkeit, in einer Serie von $2N$ unabhängigen Ziehungen k mal erwählt zu werden, wird

---

7 Siehe Elizabeth M. Wandrag, Amy E. Dunham, Richard P. Duncan, Haldre S. Rogers [79]

8 Siehe Haldre Rogers, Janneke Hille Ris Lambers, Ross Miller, Joshua J. Tewksbury [74]

9 Als Beispiel diene das mütterliche Hämoglobin A-Allel meines Freundes Peter Panther. Im Gegensatz dazu ging es im Abschnitt 3.1 um die Weitergabe eines Allelltyps. Dieser kann gleichzeitig bei verschiedenen Individuen vorhanden sein.

durch eine Binomialverteilung berechnet:

$$p(W = k) = \binom{2N}{k} \cdot \left(\frac{1}{2N}\right)^k \cdot \left(1 - \frac{1}{2N}\right)^{2N-k} \quad \text{für } k = 0, \ldots, 2N \quad (3.7)$$

Für $N \to \infty$ ist $\frac{1}{2N} \to 0$. Gemäß Satz B.13, Abschnitt B.8 können wir (3.7) durch eine Poisson-Verteilung $\tilde{W}$ mit

$$p(\tilde{W} = k) = \frac{e^{-1}}{k!} \quad \text{für } k = 0, 1, 2, \ldots \quad (3.8)$$

und dem Erwartungswert $\lambda = 2N \cdot \frac{1}{2N} = 1$ annähern. Letztere Zahl bedeutet in Übereinstimmung mit dem intuitiven Verständnis, dass im Mittel jedes Allel einmal weitergegeben wird. Sonst könnte die Population nicht konstant bleiben. Somit trägt pro Generation der Bevölkerungsanteil $p(\tilde{W} = 0) = e^{-1} \approx 0{,}37$ nicht zur Fortpflanzung bei. Sein Erbgut geht verloren.

> Die Population riskiert in jeder Generation den Verlust von Allelen, was langfristig zur genetischen Verarmung führt. Der Effekt wird als *Gendrift* bezeichnet. Um ihr entgegenzuwirken, werden frische Mutationen benötigt.
> Ohne ständige Neuentstehung von Allelen könnte keine Lebensvielfalt bestehen bleiben, weil sie durch die genetische Drift zerstört würde.

Eine Blutauffrischung durch Migration aus entfernteren Populationen verlangsamt den Effekt der Gendrift zumindest. Ein anschauliches Beispiel bieten gewisse Familien des europäische Hochadels, die vor einigen Jahrhunderten bereits Erscheinungen von Degeneriertheit zeigten. Durch Heirat von außen sind ihre Nachkommen zumindest wieder äusserlich vorzeigbar und beglücken uns nun mit den schönsten Pressefotos.

Satz 3.1. *Es sei N die Anzahl der Individuen pro Generation. Mit der Näherungsformel*

$$\text{Anzahl vererbter Vorgängerallele} \approx 2N \cdot (1 - e^{-1})^t \quad (3.9)$$

lässt sich die Gesamtzahl von Allelen vor t Generationen abschätzen, welche bis in die Gegenwart weitervererbt wurden.

Beweis. Pro Generation beträgt die Wahrscheinlichkeit zur Weitergabe eines Allels

$$1 - p(\tilde{W} = 0) = 1 - e^{-1}$$

Die Übermittlung in jeder Folgegeneration ist unabhängig von der Vorgeschichte. Dann ist seine Wahrscheinlichkeit zur fortlaufenden Weitergabe in t Generationen

$$p(\text{Weitergabe über t Generationen}) = (1 - e^{-1})^t$$

Damit liefert (3.9) den Erwartungswert für die Anzahl von Allelen, welche es über t Generationen in die Gegenwart schaffen. $\qquad \square$

Je kleiner die Population, desto größer wird das Verlustrisiko genetischer Vielfalt.

Problem 3.2. *Ein Stamm besitze pro Generation N = 5000 Mitglieder. Zu schätzen ist die Anzahl seiner (männlichen und weiblichen) Ahnen vor 15 Generationen, wenn wir sowohl Neumutationen als auch Zuwanderung ausschließen.*

Lösung. Der vor $t = 15$ Jahren zugrundeliegende Allelbestand beträgt nach (3.9)

$$10.000 \cdot (1 - e^{-1})^{15} \approx 10 \,,$$

sodass der gesamte Stamm von nur 5 Individuen abstammt, welche vor 15 Generationen lebten. Die restlichen 4995 Stammesmitglieder hinterließen für die Gegenwart keine Nachkommen. □

Eine Wiederherstellung genetischer Vielfalt durch Mutationen erfolgt zufällig und bietet keine Garantie auf den Zeitpunkt, wenn sie dringend benötigt wird. Der einzige Schutz gegen genetische Verarmung ist die regelmäßige Zuwanderung.

3.3 Koaleszenz

Wie viele Generationen vergehen, bis sich eine neutrale Mutation durchsetzt? Eine Antwort erfordert aufwändigere Modelle, die unserem Rahmen überschreiten. Um trotzdem eine Vorstellung zu erhalten, wollen wir ein verwandtes Problem behandeln und begeben uns auf die Suche nach dem *jüngsten gemeinsamen Vorfahren*, der als MRCA (Most Recent Common Ancestor) bezeichnet wird. Zusammenführungen von Erblinien untersucht man in der *Koaleszenztheorie*. Unser Ansatz beruht auf einem zeitlich rückwärts gerechneten Wright-Fisher-Modell mit gewissen zusätzlichen Vereinfachungen.[10]

Wir gehen von der Modellvorstellung aus, dass an jedem Genort die Allele gleichen Typs, zum Beispiel A, auf einem gemeinsamen Vorfahren zurückgehen.[11] Betrachten wir eine Gruppe von *n gleichartigen Allelen aus derselben Generation* und nummerieren sie mit $1, \dots, n$. Wir bezeichnen

$I_{1,\dots,n}$	als Ereignis, dass man innerhalb der Gruppe mindestens zwei Allele findet, die denselben unmittelbaren Vorfahren besitzen;
$V_{1,\dots,n} = \bar{I}_{1,\dots,n}$	als Ereignis, dass sämtliche Allele in der vorangegangenen Generation verschiedene Vorgänger haben.

---

10 Siehe John Kingman [67].
11 In der Realität ist es auch möglich, dass dieses Allel zu verschiedenen Zeiten durch Mutation entstand, was wir hier ausser Acht lassen wollen.

Beginnen wir mit $n = 2$. Dazu markieren wir den Vorfahren unseres ersten Allels.

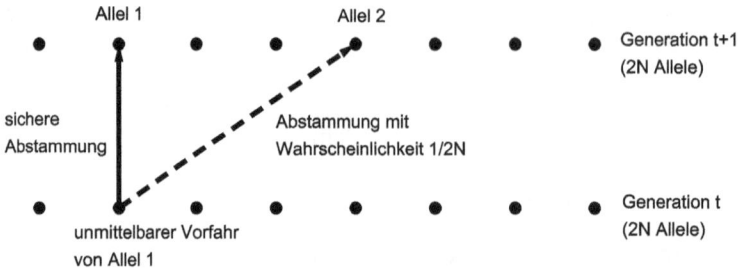

Abb. 3.5: Das zweite Allel stammt mit gleicher Wahrscheinlichkeit von jedem Allel der Elterngeneration ab.

Dann stammt das zweite Allel mit Wahrscheinlichkeit $\frac{1}{2N}$ vom selben Vorfahren ab und wir erhalten

$$p(I_{1,2}) = \frac{1}{2N}, \qquad p(V_{1,2}) = 1 - \frac{1}{2N} \tag{3.10}$$

Erweitern wir die Betrachtung auf drei Allele. Die bedingte Wahrscheinlichkeit, dass unser drittes Allel weder mit dem ersten noch mit dem zweiten einen unmittelbaren Vorfahren teilt, falls diese ebenfalls verschiedene Vorgänger besitzen, berechnet man mit der Formel von Laplace (Satz B.2, Abschnitt B.1) als

$$p(V_{3,1} \cap V_{3,2} \mid V_{1,2}) = \frac{2N - 2}{2N} = 1 - \frac{2}{2N} \tag{3.11}$$

Die folgende Graphik 3.6 verdeutlicht diese Formel.

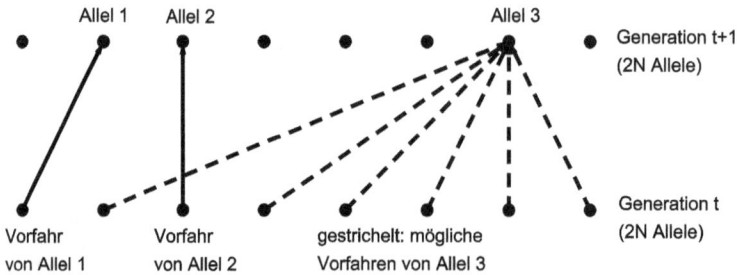

Abb. 3.6: Bei zwei unmöglichen Vorgängern bleiben für das dritte Allel nur mögliche $2N - 2$ Vorfahren.

Damit erhalten wir als Wahrscheinlichkeit, um unter drei Allelen keine einzige Zusammenführung zu einem unmittelbaren Vorgänger zu finden:

$$p(V_{1,2,3}) = p(V_{1,2}) \cdot p(V_{3,1} \cap V_{3,2} \mid V_{1,2}) \qquad \text{siehe Anhang B.3, (B.8)}$$

$$= \left(1 - \frac{1}{2N}\right)\left(1 - \frac{2}{2N}\right) \quad \text{mittels (3.11), (3.12)} \tag{3.12}$$

Das Verfahren lässt sich schrittweise auf n Allele $1, \dots, n$ erweitern, wobei jedem neu hinzukommenden Allel bei den potentiellen Vorgängern ein Platz weniger zur Verfügung steht. Für das Ereignis $V_{1,\dots,n}$, in der Vorgängergeneration keine einzige Zusammenführung aus dieser Gruppe aufzufinden, folgt in Verallgemeinerung von (3.12)

$$p(V_{1,\dots,n}) = \left(1 - \frac{1}{2N}\right)\left(1 - \frac{2}{2N}\right) \cdot \dots \cdot \left(1 - \frac{n-1}{2N}\right) \tag{3.13}$$

Beim Ausmultiplizieren von (3.13) erhalten wir

$$p(V_{1,\dots,n}) = 1 - \frac{1}{2N} - \frac{2}{2N} - \dots - \frac{n-1}{2N} + R_N,$$

wobei R_N alle Potenzen $\frac{1}{N^k}$ mit $k \geq 2$ enthält.

1. Vereinfachung Da wir Populationen mit vielen Mitgliedern betrachten, ist die Zahl N groß, so dass R_N vernachlässigt wird. Damit ist die *Näherung*

$$p(V_{1,\dots,n}) \approx 1 - \frac{1}{2N} - \frac{2}{2N} - \dots - \frac{n-1}{2N} = 1 - \frac{1 + 2 + \dots + (n-1)}{2N}$$

gerechtfertigt. Unter Benutzung der Summenformel (A.13) erhalten wir

$$p(V_{1,\dots,n}) = 1 - \frac{n(n-1)}{4N} \tag{3.14}$$

2. Vereinfachung Setzen wir $n \ll 2N$ voraus. Da bereits die Zusammenführung zweier Allele unserer Gruppe auf einen unmittelbaren gemeinsamen Vorgänger selten ist, vernachlässigen wir Ereignisse, wo im Laufe einer Generation mehr als zwei Linien gleichzeitig zusammengeführt wurden. Dann wird jede Vorgängergruppe gegenüber den Nachfolgern höchstens um Eins reduziert:

$$n \to \dots \to n-1 \to \dots \to n-2 \to \dots \to 1$$

Wir gehen davon aus, dass uns der tatsächlichen Verlauf der Vererbung bis zur Gegenwart unbekannt ist und wollen deshalb die wahrscheinliche Länge gewisser Abstammungslinien berechnen.

Bei rückwärts betrachtetem Zeitfluss beschreibt die Zufallsgröße T_k die benötigte *Anzahl von Generationen, um eine Gruppe von k gleichartigen Allelen auf eine Gruppe von $k-1$ Vorfahren zu reduzieren.* Die folgende Graphik 3.7 zeigt ein Beispiel.

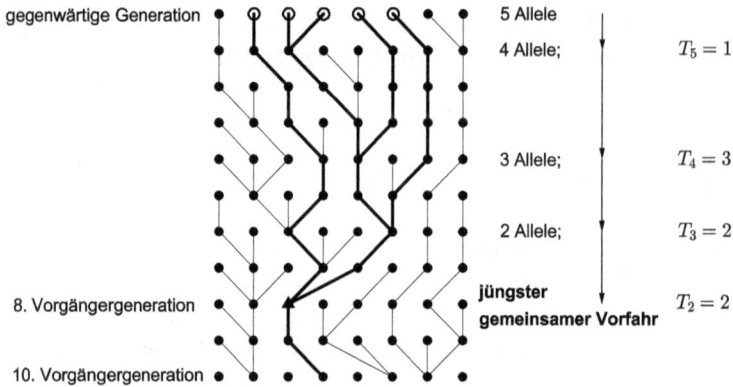

Abb. 3.7: Eine Population umfasst $N = 4$ Individuen. Innerhalb von elf Generationen werden $2N = 8$ Allele eines Genorts dargestellt. Eine Gruppe von $n = 5$ Allelen (obere weiße Kreise) wird schrittweise auf seinen jüngsten gemeinsamen Vorfahren (Dreieck in Zeile 3 von unten) zurückgeführt. Die zugehörigen Abstammungslinien sind fett gezeichnet.

Mit T_{MRCA} bezeichnen wir die Zufallsgröße der benötigten *Anzahl von Generationen bis zum jüngsten gemeinsamen Vorfahren*. Dann ist

$$T_{MRCA} = \sum_{k=2}^{n} T_k \qquad (3.15)$$

Im Weiteren benötigen wir die Wahrscheinlichkeitsverteilungen der T_k. Sie sollten einfach genug sein, um eine Berechnung der Erwartungswerte $\mathbb{E}T_k$ zu gewährleisten. Unsere 2. Vereinfachung berechtigt zur Definition der folgenden Ereignisse

A_k eine Gruppe von k Allelen gleichen Typs besitzt k unmittelbare Vorgänger;

$\bar{A}_k$ eine Gruppe von k Allelen gleichen Typs besitzt $k - 1$ unmittelbare Vorgänger.

Aus (3.14) folgen ihre Wahrscheinlichkeiten

$$p(A_k) = 1 - \frac{k(k-1)}{4N} \qquad (3.16)$$

$$p(\bar{A}_k) = \frac{k(k-1)}{4N} \qquad (3.17)$$

Wenn k Allele letztmalig vor m Generationen $k - 1$ Vorfahren besassen, so blieb die Anzahl ihrer Vorgänger bei der Reise in die Vergangenheit zunächst $m - 1$ Generationen lang unverändert. T_k erweist sich bei rückwärtigem Zeitfluss als Wartezeit bis zur Zusammenführung. Ihre Wahrscheinlichkeitsverteilung ist

$$p(T_k = m) = \left[1 - \frac{k(k-1)}{4N} \right]^{m-1} \cdot \frac{k(k-1)}{4N} \qquad \text{für } m = 1, 2, \ldots \qquad (3.18)$$

Damit ist T_k eine geometrisch verteilte Zufallsgröße (siehe Anhang B.6, (B.20)) mit $p = \frac{k(k-1)}{4N}$. Wegen (B.22) besitzt sie den Erwartungswert

$$\mathbb{E}T_k = \frac{4N}{k(k-1)} \tag{3.19}$$

Beim Weg zurück in die Vergangenheit werden also die Zeiträume ohne Veränderung der Gruppengröße immer größer. Je kleiner die Gruppe geworden ist, desto länger muss man im Mittel auf die nächste Verkleinerung warten. Gehen wir nun in (3.15) zum Erwartungswert über:

$$\mathbb{E}T_{MRCA} = \sum_{k=2}^{n} \mathbb{E}T_k = \sum_{k=2}^{n} \frac{4N}{k(k-1)} = 4N \sum_{k=2}^{n} \frac{1}{k(k-1)}$$

Wegen $\frac{1}{k(k-1)} = \frac{1}{k-1} - \frac{1}{k}$ erhalten wir für die Summe $\sum_{k=2}^{n} \frac{1}{k(k-1)} = 1 - \frac{1}{n}$.

Wir untersuchen eine Gruppe von n gleichartigen Allelen eines Genorts aus einer diploiden Population mit N Individuen. Der jüngste gemeinsame Gruppenvorfahr lebte im Mittel vor

$$\mathbb{E}T_{MRCA} = 4N \left(1 - \frac{1}{n} \right) \quad \text{Generationen} \tag{3.20}$$

Eine brauchbare Näherung für größere n ist

$$\mathbb{E}T_{MRCA} \approx 4N \tag{3.21}$$

Leider reicht unser Modell nur bis zum *jüngsten* gemeinsamen Vorfahren und nicht bis zur Entstehung der Mutation zurück. Wie bereits im Anschluss an (3.19) angesprochen, dauert gerade die erste Etappe bei einer erfolgreichen Mutation am längsten. Trotzdem wird sich (3.20) als brauchbares Maß für den benötigten Zeitraum zur Durchsetzung einer Mutation erweisen. Die Durchsetzungszeit ist demnach proportional zur Populationsgröße. Kleinere Populationen eröffnen neuen Mutationen bessere Chancen.

Der Begriff des jüngsten gemeinsamen Vorfahren sollte nicht wörtlich genommen werden. Das Modell betrachtet nur Allele eines festgelegten Genorts. Zu einem anderen Genort erhalten wir meistens einen anderen Abstammungsverlauf und damit einen anderen Kandidaten. Für die Gesamtheit des Erbguts gibt es also mehrere jüngste gemeinsame Vorfahren einer Gruppe, die verschiedene genetische Fragmente beigesteuert haben. Da Formel (3.20) nur einen Erwartungswert liefert, kann die tatsächliche (historische) Anzahl vergangener Generationen zu ihnen unterschiedlich sein, sodass sie kaum in derselben Generation zu finden sind.

Interessieren wir uns für die Vererbung der mitochondrialen DNA, die vollständig über die weiblichen Mitglieder läuft, so legen wir dem Wright-Fisher-Modell nur N weibliche Allele pro Generation zugrunde. Dasselbe betrifft das Y-Chromosom, dessen Vererbung über die männliche Linie erfolgt.

Für eine Gruppe von Individuen bezeichnen wir mit T_w die Anzahl Generationen bis zur jüngsten gemeinsame Vorfahrin in *weiblicher* Linie. Entsprechend sei T_m die Anzahl Generationen bis zum jüngsten Vorfahren in *männlicher* Linie. Anstelle von (3.20) erhalten wir

$$\mathbb{E}T_w = \mathbb{E}T_m = 2N\left(1 - \frac{1}{n}\right)$$

Da es sich um Erwartungswerte handelt, werden sich die tatsächlichen (historischen) Werte T_w bzw. T_m bei einer gemischtgeschlechtlichen Gruppe sicherlich voneinander unterscheiden. Vorfahrin und Vorfahr der Gruppe lebten wahrscheinlich in verschiedenen Generationen. Es sind lediglich zwei Individuen längst vergangener Zeiten, von denen sich spezielle Gene bis in die Gegenwart erhalten haben. Der überwiegende Teil des sonstigen Erbguts der Gruppe stammt von anderen Individuen ab.

3.4 Evolutionäre Chancen der Frühgeschichte

In Abschnitt 3.5 werden wir nachweisen, dass sich beim Wright-Fisher-Modell zwangsläufig eines der beiden Allele durchsetzt und das andere verschwindet. Dieser Prozess wird als *Gendrift* bezeichnet. Die Wahrscheinlichkeiten (3.5) geben die Chancen zur Durchsetzung von Allel A an. Sie sagen allerdings nichts darüber aus, *wann* diese Durchsetzung zu erwarten oder eine Auslöschung zu befürchten ist.

Jetzt wollen wir zeigen, dass Gendrifts sehr langsam ablaufen, besonders dann, wenn die Population groß ist. Setzen wir in unserem Zwei-Allel-Modell (A und a) voraus, dass Allel A zu Anfang mit der Wahrscheinlichkeit p vorhanden ist. Wir benutzen folgende Zufallsgrößen:

$T_A(p)$ für die Anzahl Generationen bei Durchsetzung von Allel A;

$T_a(p)$ für die Anzahl Generationen bei Auslöschung von Allel A, also Durchsetzung von Allel a;

$T(p)$ für die Anzahl Generationen zur Durchsetzung eines der beiden Allele.

Die Berechnung der Erwartungswerte erfordert Modelle, die über unseren Rahmen hinausgehen würden. Deshalb werden hier nur die Ergebnisse vorgestellt[12]:

$$\mathbb{E}T_A(p) = -4N\left(\frac{1-p}{p}\right)\ln(1-p) \tag{3.22}$$

$$\mathbb{E}T_a(p) = -4N\left(\frac{p}{1-p}\right)\ln(p) \tag{3.23}$$

Wegen $T(p) = (1-p)T_a(p) + pT_A(p)$ erhält man hieraus

$$\mathbb{E}T(p) = -4N(p\ln p + (1-p)\ln(1-p)) \tag{3.24}$$

---

12 Siehe Motoo Kimura, Tomoko Ohta [66].

Wir suchen für (3.22) eine praktische Näherung. Mit $\ln(1 - p) \approx -p$ für kleine p (Anhang A.6, (A.21)) folgt

$$\mathbb{E}T_A(p) \approx -4N \left(\frac{1 - p}{p} \right)(-p) = 4N(1 - p)$$

und somit

$$\mathbb{E}T_A(p) \approx 4N \qquad (3.25)$$

Das passt gut zum Wert $\mathbb{E}T_{MRCA} \approx 4N$, den wir in (3.21) für den jüngsten gemeinsamen Vorfahren erhalten haben.

Tab. 3.1: Erwartete Anzahl Generationen bei Durchsetzung ($\mathbb{E}T_A$) bzw. Aussterben ($\mathbb{E}T_a$) eines einzelnen Allels A bei einer Population mit Gruppengröße N. Mit $\mathbb{E}T$ wird die im Mittel benötigte Anzahl Generationen bezeichnet, bis das Allel entweder verschwunden ist oder sich durchgesetzt hat.

N	30	50	100	1000	2000	5000	10.000	50.000
$\mathbb{E}T_A\left(\frac{1}{2N}\right)$	119	200	400	4000	8000	20.000	40.000	200.000
$\mathbb{E}T_a\left(\frac{1}{2N}\right)$	8	9	11	15	17	18	20	23
$\mathbb{E}T\left(\frac{1}{2N}\right)$	10	11	13	17	19	20	22	25

In der obigen Tabelle sind die erwarteten Generationsfolgen für eine neue Mutation ($p = \frac{1}{2N}$) bei verschiedenen Gruppengrößen N berechnet. Wir erinnern daran, dass unser Modell keinerlei biologische Selektion berücksichtigt.

> Die Durchsetzung eines neuen Allels ohne Selektionsvorteil ist ohne den maßgeblichen Einfluss des Gründereffekts kaum erklärbar.
>
> Dasselbe trifft im noch stärkeren Maße auf gemeinsame äußerliche Merkmale zu, die durch das gleichzeitige Wirken mehrerer Allele bestimmt werden. Ihre Ausprägung wurde begünstigt, weil die Menschheit während der längsten Periode ihres Daseins in kleinen Verbänden lebte.

Gruppengrößen von höchstens 50 Personen waren durch die Lebensweise als Jäger und Sammler bedingt, wo eine größere Anzahl im umgebenden Territorium keine ausreichende Nahrung gefunden hätte. Eine Vermehrung innerhalb derart kleiner Gruppen ist jedoch problematisch. Zur Vermeidung von Inzucht war die Fortpflanzung zwischen verschiedenen Gruppen innerhalb eines gemeinsamen Stammes geregelt. Geht man von den heute verbleibenden Völkern dieser Lebensweise aus, beispielsweise den Pygmäen in Zentralafrika, so umfasste der Stamm zwischen 500 und 2000 Mitglieder. Erst nach erfolgreichem Übergang zur Landwirtschaft konnten Stämme ihre Mitgliederzahl deutlich erhöhen.

Die Untergrenze von 500 Stammesmitgliedern[13] wird benötigt, um übermäßige Verwandtenheiraten zu vermeiden, die zur Inzucht und damit zur Verminderung der Fruchtbarkeit führen würden. Bei dieser minimalen Stammesgröße beträgt die Wahrscheinlichkeit zur Durchsetzung einer Mutation ohne Selektionsvorteil nach (3.5)

$$p_{1\uparrow} = \frac{1}{1000}$$

In Tabelle 3.1 steigt die benötigte Anzahl Generationen $\mathbb{E}T_A$ bei der Durchsetzung einer selektionsneutralen Mutation mit der Gruppengröße N rasch an. Um sich eine anschauliche Vorstellung vom langen Weg der Ausprägung gruppentypischer Merkmale zu machen, lohnt sich die Betrachtung der Schädel aus der rumänischen Höhle von Pestera cu Oase. Der Name bedeutet Knochenhöhle, da sie außerdem noch die Überreste zahlreicher Höhlenbären enthält. Die menschlichen Schädel wurden mit der Radiokarbonmethode auf ein Alter von fast 40.000 Jahren geschätzt und sind damit die bisher ältesten europäischen Knochenfunde von Jetztmenschen.

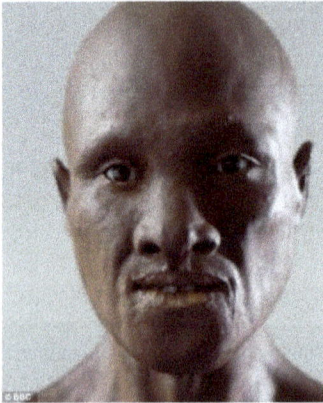

Abb. 3.8: Gesichtsrekonstruktion eines Schädels von Pestera cu Oase nach Richard Neave. Man erkennt eine fast modern anmutende Mischung aus afrikanischen, asiatischen und europäischen Gesichtszügen. Quelle: BBC.

DNA-Analysen ergaben außerdem eine kräftige Beimischung von 6 bis 9 % des Neandertalergenoms. Zum Vergleich liegt der Neandertaleranteil heutiger Europäer nur noch zwischen 1 und 3 %. In den Jahrtausenden nach dem Aussterben unserer entfernten Verwandten haben unsere Vorfahren diejenigen Neandertalergenome weitergegeben, welche ihnen von Nutzen waren. Der Rest war offensichtlich hinderlich, denn er wurde schrittweise aussortiert.

Nehmen wir nun an, eine neue Mutation hätte schon so weit Fuß gefasst, dass beide Allele bereits mit gleicher Häufigkeit auftreten. Dann ist in (3.24) die Wahrschein-

---

[13] Man bezeichnet eine derartige Schranke auch als minimale Populationsgröße. Sie gibt keine absolute, sondern nur eine statistische Sicherheit. Häufig wird mit dem angegebenen Wert bei einer Wahrscheinlichkeit von 99 % das Fortbestehen für 40 Generationen abgesichert. Verschiedene Autoren benutzen jedoch unterschiedliche Definitionen der minimalen Populationsgröße.

lichkeit $p = \frac{1}{2}$ zu setzen, und es folgt

$$\mathbb{E}T\left(\frac{1}{2}\right) = -4N \cdot \ln\left(\frac{1}{2}\right) \approx 2,8 \cdot N$$

Tab. 3.2: Erwartete Anzahl Generationen zum Aussterben oder Durchsetzen gleichhäufiger Allele bei einer Population mit Gruppengröße *N*.

N	30	50	100	1000	2000	5000	10.000	50.000
$\mathbb{E}T\left(\frac{1}{2}\right)$	84	140	280	2800	5600	14.000	28.000	140.000

Tabelle 3.2 zeigt einige Zahlenbeispiele. Hat ein Allel in einer größeren Population erst einmal eine gewisse Verbreitung gefunden, so verschwindet es nicht mehr so schnell. In den langen Zeiträumen, wo Allelvielfalt noch vorhanden ist, kann sie sich als sehr nützlich erweisen. Andere evolutionäre Kräfte wie die natürliche Selektion erhalten so einen breiteren Wirkungsbereich.

3.5 Individuum und Inzucht

Unsere bisherigen Modelle setzen die zufällige Partnerwahl voraus. In der Realität wird dies durch vielfältige Schranken verhindert. Dazu gehören geographische Barrieren, unser persönlicher Geschmack bei der Partnerwahl sowie leider auch gesellschaftliche Verbote. Dadurch werden letzlich Verbindungen zwischen Personen gefördert, die mehr oder weniger miteinander verwandt sind. Man bezeichnet das als Inzucht. Übersteigt diese ein gewisses Maß, so drohen der Nachkommenschaft gesundheitliche Schäden. Der Ärger entsteht durch gewisse rezessive Gene, die heimtückisch im Erbgut versteckt sind. Wären sie dominant, so würden sie rascher ausgefiltert. In rezessiver Form bleiben sie, wie in Abschnitt 2.6 geschildert, über lange Zeiträume in kleinen Anteilen verborgen.[14] Wie wir sehen, werden einige Genorte bei Inzucht zunehmend von kritischen Allelen besetzt, die nun ihre gefährliche Wirkung entfalten. Der Vorfahr des inzestuösen Nachkommen brauchte sich darüber weniger Sorgen zu machen. Er besaß noch ein zweites, funktionsfähiges Allel, dass sich zufälligerweise nicht vererbt hat.

Wir wollen die Inzucht bei verschiedenen Verwandtenehen messen und erläutern, wann sie gefährlich wird. Außerdem zeigen wir, wie Inzucht den Effekt der Gendrift verstärken und sogar die Fortexistenz einer Population bedrohen kann.

---

14 Nach James Mallet, Kevin Fowler [68] trägt jeder Mensch im Mittel eine schwerstgefährdende Mutation in sich.

Ein Individuum besitze Eltern, die von gemeinsamen Vorfahren abstammen. Mit *IBD* (identical by descent) bezeichnet man das Ereignis, dass sich für ein zufällig gewähltes Gen beide Allele als Kopien des Allels eines gemeinsamen Vorfahren erweisen.

Unter dem *Inzuchtkoeffizienten f* eines Individuums versteht man die Wahrscheinlichkeit

$$f = p(IBD)$$

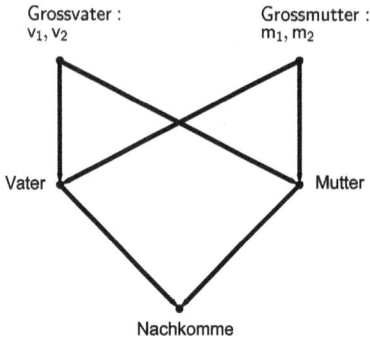

Abb. 3.9: Der Nachkomme aus einer Verbindung zwischen Geschwistern ist dem Risiko ausgesetzt, eines der vier identischen Allelpaare zu erben: v_1v_1, v_2v_2, m_1m_1, m_2m_2. Sowohl die Großmutter als auch der Großvater sind gemeinsame Vorfahren (der Eltern).

Es geht also nicht einfach um ein identisches Allelpaar, sondern um die Vererbung *eines* Allels auf *zwei verschiedenen Wegen* (siehe Bild 3.9). Geht man lange genug im Familienstammbaum zurück, besteht diese Möglichkeit für jedes Individuum.

Nun werden die Formeln hergeleitet. Unser Ausgangspunkt ist eine Kette mit Verwandten aus insgesamt $n+1$ Generationen, bei denen die jeweils nachfolgende Person das Kind der vorangegangenen ist (Beispiel: Urgroßmutter-Großvater-Mutter-Tochter). Die erste Person unserer Kette wird als Urahn, die letzte dagegen als Nachkomme bezeichnet.

Wir setzen voraus, dass der Urahn das Allel a besitzt. A_i^a sei das Ereignis seiner Weitergabe von der i-ten Generation auf die nächste. Dann bezeichnet

$$A_1^a \cap \ldots \cap A_n^a$$

das Ereignis der Übertragung des Allels a vom Urahn auf den Nachkommen.

Satz 3.2. *Besitzt ein heterozygoter Urahn ein gewisses Allel a, so vererbt er es über $n+1$ Generationen mit der Wahrscheinlichkeit*

$$p(A_1^a \cap \ldots \cap A_n^a) = \left(\frac{1}{2}\right)^n \tag{3.26}$$

Beweis. Zur Abkürzung wird der obere Index a weggelassen. Die Wahrscheinlichkeit zur Weitergabe über die gesamte Kette lässt sich nach (B.8), Abschnitt B.3 als Produkt bedingter Wahrscheinlichkeiten berechnen:

$$p(A_1 \cap \ldots \cap A_n) = p(A_1) \cdot p(A_2 \mid A_1) \cdot \ldots \cdot p(A_n \mid A_1 \cap \ldots \cap A_{n-1})$$

Hier ist $p(A_1) = \frac{1}{2}$, weil der Urahn heterozygot ist. Untersuchen wir die Vererbung über den Urahn, so können wir voraussetzen, dass unser Allel nicht zusätzlich von außen (über Ehepartner) in die Kette gelangt. Damit kann es im Allelpaar jedes Mitglieds höchstens einmal auftreten. Die bedingten Wahrscheinlichkeiten modellieren seine Weitergabe zum k+1-ten Familienmitglied, falls es zuvor bis zum k-ten Vorfahren vorgedrungen ist. Damit ist

$$p(A_k \mid A_1 \cap \ldots \cap A_{k-1}) = \frac{1}{2} \qquad \text{für } k = 2, \ldots, n$$

Durch Einsetzen in die obige Gleichung folgt (3.26). □

Nun soll der Inzuchtkoeffizient eines Individuums berechnet werden, dessen Eltern einen gemeinsamen Vorfahren mit dem Allelpaar $a_1 a_2$ besitzen. Das linke Schema in Bild 3.10 zeigt den Ausschnitt eines derartigen Stammbaums.

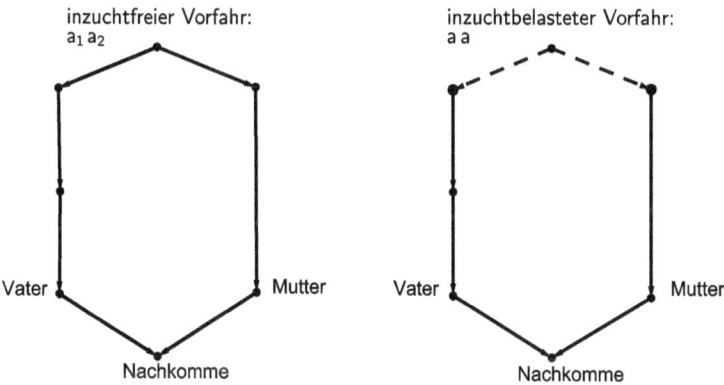

Abb. 3.10: Der gemeinsame Vorfahr tritt in der väterlichen Linie vor n Generationen, in der mütterlichen Linie dagegen vor m Generationen auf. Hier ist $n = 4$ und $m = 3$. Es wird unterschieden, ob der Vorfahr inzuchtfrei (links) oder inzuchtbelastet (rechts) ist.

Satz 3.3. *Der gemeinsame Vorfahr tritt in der väterlichen Linie vor n Generationen, in der mütterlichen Linie dagegen vor m Generationen auf. Dann besitzt der Nachkomme den Inzuchtkoeffizienten*

$$f = \left(\frac{1}{2}\right)^{n+m-1} \tag{3.27}$$

Beweis. Der gemeinsame Vorfahr besitze das Allelpaar $a_1 a_2$. Für den Nachkommen bedeutet das Ereignis *IBD*, dass er eines der beiden identischen Allelpaare $a_1 a_1$ bzw.

$a_2 a_2$ erbt. Schreiben wir die letztgenannten Ereignisse mit eckigen Klammern, so ist

$$IBD = [a_1 a_1] \cup [a_2 a_2]$$

Weiterhin bezeichnen wir die folgenden Ereignisse:

aV Der Nachkomme erbt das Allel a über die väterliche Linie.
aM Der Nachkomme erbt das Allel a über die mütterliche Linie.

Nach (3.26) gilt dann

$$p(a_1 V) = \left(\frac{1}{2}\right)^n , \qquad p(a_1 M) = \left(\frac{1}{2}\right)^m$$

Wegen der unabhängigen Vererbung entlang verschiedener Linien tritt Inzucht durch a_1 mit der Wahrscheinlichkeit

$$p([a_1 a_1]) = p(a_1 V \cap a_1 M) = \left(\frac{1}{2}\right)^n \cdot \left(\frac{1}{2}\right)^m = \left(\frac{1}{2}\right)^{n+m}$$

auf. Dasselbe gilt für die Vererbung von a_2. Da der Nachkomme höchstens eines der Paare $a_1 a_1$ bzw. $a_2 a_2$ erben kann, sind diese Ereignisse unvereinbar und wir erhalten

$$f = p([a_1 a_1]) + p([a_2 a_2]) = \left(\frac{1}{2}\right)^{n+m} + \left(\frac{1}{2}\right)^{n+m} = \left(\frac{1}{2}\right)^{n+m-1}$$

Die Zahl $m + n$ gibt die Anzahl der Pfeile im Stammbaum (linkes Bild 3.10) an. □

Oft wird Inzucht nicht nur von einem, sondern mehreren gemeinsame Vorfahren hervorgerufen. Es sei IBD_i das Ereignis, dass Inzucht durch ein Allelpaar des i-ten gemeinsamen Vorfahren ausgelöst wird. Die entsprechende Wahrscheinlichkeit wird mit

$$f_i = p(IBD_i)$$

bezeichnet.

Satz 3.4. *Falls unser Individuum ein identisches Allelpaar an einem festgelegten Genort höchstens von einem seiner Vorfahren erhält, so ist sein Inzuchtkoeffizient*

$$f = \sum_{i=1}^{n} f_i \tag{3.28}$$

Beweis. Nach Voraussetzung sind die Ereignisse IBD_i unvereinbar, sodass ihre Wahrscheinlichkeiten addiert werden können. □

Problem 3.3. *Es soll nachgewiesen werden, dass ein Nachkomme aus einer Verbindung von Geschwistern den Inzuchtkoeffizienten $f = (\frac{1}{2})^2$ besitzt.*

Lösung. Der Stammbaum wurde in Bild 3.9 dargestellt. Inzucht kann sowohl von Seiten des Großvater (Allelpaaare $v_1 v_1$ bzw. $v_2 v_2$) als auch der Großmutter (Allelpaaare $m_1 m_1$ bzw. $m_2 m_2$) verursacht werden, wobei sich diese Ereignisse gegenseitig ausschließen. Die Erbgänge werden im untenstehenden Bild 3.11 separat aufgeführt. Zur Berechnung des Inzuchtanteils f_V von großväterlicher Seite zählen wir die Linien im Erbschema. Wegen $m + n = 4$ folgt aus (3.27) der Wert $f_V = (\frac{1}{2})^3$. Analog gilt von Seiten der Großmutter $f_M = (\frac{1}{2})^3$. Mit (3.28) folgt $f = f_V + f_M = (\frac{1}{2})^2$. □

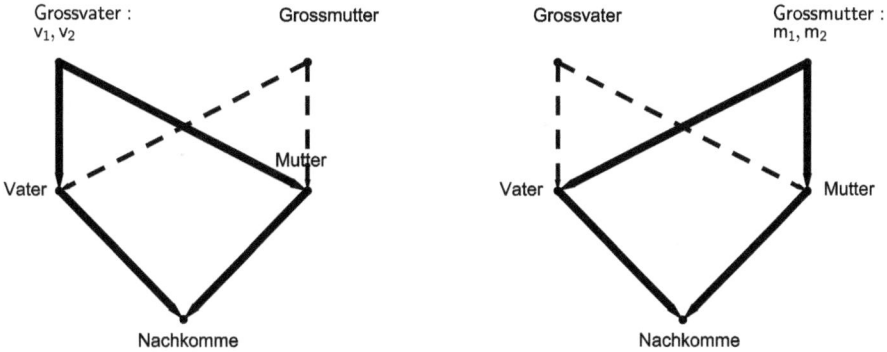

Abb. 3.11: Links: Der Großvater als Verursacher. Rechts: Die Großmutter als Verursacher.

Das Vorgehen im letzten Beispiel wird durch die **Pfadregeln von Sewall Wright** beschrieben:

1. Schritt: Im Stammbaum des Nachkommen notieren wir sämtliche möglichen Verursacher.

2. Schritt: Für jeden von ihnen lässt sich ein geschlossener Linienzug zu unserem Nachkommen zeichnen. Zum *i-ten Verursacher* bezeichne m_i die Anzahl der Pfeile seines Linienzugs.

3. Schritt: Dann ist der Inzuchtkoeffizient

$$f = \sum_i \left(\frac{1}{2}\right)^{m_i - 1} \quad \text{(Summation über alle Verursacher)} \tag{3.29}$$

Hierbei ist $(\frac{1}{2})^{m_i - 1}$ die Wahrscheinlichkeit, dass ein identisches Allelpaar vom i-ten Verursacher geliefert wird.

Wir wollen noch einige typische Fälle von Inzucht untersuchen. In den folgenden Schemata werden die Verursacher mit $V_1, V_2 \ldots$ und der Nachkomme mit N bezeichnet.

Problem 3.4. *Für Nachkommen aus einer Verbindung Onkel-Nichte ist der Inzuchtkoeffizient $f = \frac{1}{8}$ herzuleiten.*

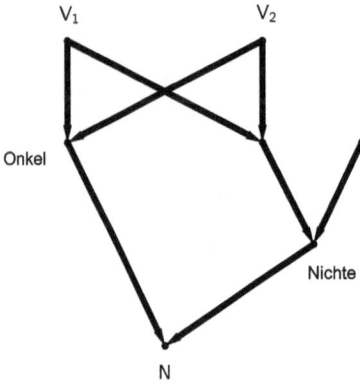

Abb. 3.12: Stammbaum des Nachkommen (N) aus einer Verbindung zwischen Onkel und Nichte. Die Verursacher sind mit V_1 und V_2 gekennzeichnet.

Lösung. Wir gehen vom obenstehenden Schema 3.12 aus. Dann erhalten wir folgende Linienzüge.

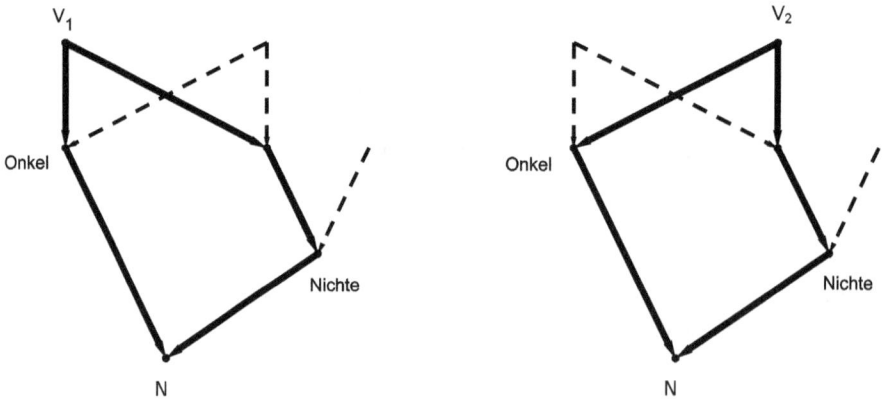

Abb. 3.13: Linienzüge für die beiden Verursacher aus einer Verbindung zwischen Onkel und Nichte.

Die Anzahl der Pfeile beträgt $m_1 = m_2 = 5$. Somit folgt aus (3.29) der Inzuchtkoeffizient

$$f = \left(\frac{1}{2}\right)^{5-1} + \left(\frac{1}{2}\right)^{5-1} = \left(\frac{1}{2}\right)^3 \qquad \square$$

Problem 3.5. *Für Nachkommen aus einer Verbindung Cousin-Cousine ist der Inzuchtkoeffizient $f = \frac{1}{16}$ nachzuweisen.*

Lösung. Wir benutzen folgendes Schema.

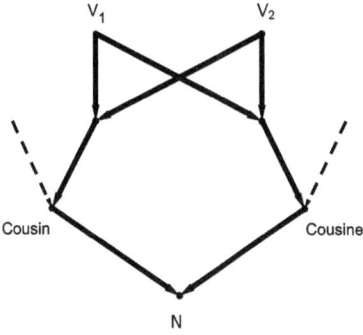

Abb. 3.14: Stammbaum des Nachkommen (N) aus einer Verbindung zwischen Cousin und Cousine. Die Verursacher sind mit V_1 und V_2 gekennzeichnet.

Zeichnet man für jeden Verursacher den entsprechenden Linienzug, so erhält man als Anzahl der Pfeile $m_1 = m_2 = 6$. Aus (3.29) folgt der Inzuchtkoeffizient

$$f = \left(\frac{1}{2}\right)^{6-1} + \left(\frac{1}{2}\right)^{6-1} = \left(\frac{1}{2}\right)^{4} \qquad \square$$

Abschließend wollen wir die Möglichkeit zulassen, dass bereits ein gemeinsamer Vorfahr der Eltern inzuchtbelastet war. Das entsprechende Ereignis wird mit IBD_V und das Gegenereignis mit $\overline{IBD}_V$ bezeichnet.

Satz 3.5. *Der gemeinsame Vorfahr besitzt den Inzuchtkoeffizienten $f_V = p(IBD_V)$. Tritt er in der väterlichen Linie vor n Generationen, in der mütterlichen Linie dagegen vor m Generationen auf, so erhält der Nachkomme den Inzuchtkoeffizienten*

$$f = (1 + f_V) \cdot \left(\frac{1}{2}\right)^{n+m-1}$$

Beweis. Mit der totalen Wahrscheinlichkeit (Anhang B.4, (B.10)) berechnet sich der Inzuchtkoeffizient des Nachkommen als

$$f = p(IBD \mid IBD_V) \cdot f_V + p(IBD \mid \overline{IBD}_V) \cdot (1 - f_V) \qquad (3.30)$$

Hier ist $p(IBD \mid \overline{IBD}_V)$ die bedingte Wahrscheinlichkeit für Inzucht (am betrachteten Genort) beim Nachkommen, falls der Vorfahr dort nicht inzuchtbelastet war. Nach (3.27) ist

$$p(IBD \mid \overline{IBD}_V) = \left(\frac{1}{2}\right)^{n+m-1}$$

Ist dagegen der Vorfahr inzuchtbelastet, so besitzt er (am betrachteten Genort) ein Allelpaar aa. Jedes seiner Kinder – im Bild 3.10 rechts durch größere Punkte gekennzeichnet – erhält dieses Allel garantiert einmal. In den nachfolgenden Ketten (durchgezogene Pfeile) wird es pro Schritt mit der Wahrscheinlichkeit $\frac{1}{2}$ weitervererbt. Bei insgesamt $m + n$ Pfeilen, davon $m + n - 2$ durchgezogenen, beträgt die bedingte Wahrscheinlichkeit der Vererbung des identischen Allelpaares

$$p(IBD \mid IBD_V) = \left(\frac{1}{2}\right)^{n+m-2}$$

Setzen wir die letzten beiden Gleichungen in (3.5) ein, so folgt

$$f = \left(\frac{1}{2}\right)^{n+m-2} \cdot f_V + \left(\frac{1}{2}\right)^{n+m-1} \cdot (1 - f_V) = (1 + f_V) \cdot \left(\frac{1}{2}\right)^{n+m-1} \qquad \square$$

Inzestgefahr und soziale Norm

Wie hoch ist die Gefahr, über Inzuchtbelastung eine rezessive Erbkrankheit zu erhalten? Bezeichnen wir mit D das *Ereignis, mindestens ein kritisches Allel in doppelter Form zu erben.* Die Wahrscheinlichkeit zur Auswahl des Allels beträgt $\frac{1}{2}$. Bei k kritischen Allelen in rezessiver Form und einem Inzuchtkoeffizienten f ist dann

$$p(D) = \left(1 - \frac{1}{2^k}\right) \cdot f \qquad (3.31)$$

Bereits bei drei rezessiv vererbbaren Beeinträchtigungen ergibt sich hieraus für den Nachkommen einer Geschwisterehe (Beispiel 3.3) das Risiko

$$p(D) = \left(1 - \frac{1}{2^3}\right) \cdot \frac{1}{4} \approx 0,22$$

Leichtere Schädigungen oder Unfruchtbarkeit sind weitaus häufiger. Die Problematik wurde von unseren Vorfahren bereits frühzeitig erkannt und als streng zu überwachendes moralisches bzw. religiöses Verbot der „Blutschande" formuliert.

Natürlich tragen viele Menschen irgendwo in der Vergangenheit einen entsprechenden Ahnen mit sich. Doch Sorgen sind unbegründet, solange es im Familienstammbaum keine *Häufung* inzestbelasteter Personen gibt. Für weit zurückliegende Verursacher wird der Wert $(\frac{1}{2})^{m_i-1}$ in (3.29) klein, da $\frac{m_i}{2}$ annähernd der Anzahl Generationen zwischen Verursacher und Nachkommen entspricht.

Aus Mangel an Alternativen treten Verwandtenheiraten zwangsläufig in isoliert lebenden Kleinpopulationen auf. Wird das Problem nicht rechtzeitig erkannt, so können sich schwere Erbkrankheiten ausbreiten. Verbreitet ist der Albinismus unter afrikanischen Stämmen, insbesondere wenn soziale Normen die Ehe zwischen Cousins und Cousinen begünstigen.[15] Die Betroffenen tragen ein erhöhtes Hautkrebsrisiko und leiden oft unter Sehschwäche. Hinzu kommt ihre soziale Ausgrenzung, die bis zu Verfolgung und Mord geht.

Verwandtenehen werden außerdem in feudalen Kulturen praktiziert, um Besitz und Macht innerhalb eines Clans zu erhalten bzw. zu erweitern. Verlangt die Tradition eine hohe Mitgift, so fördert sie die Inzucht. Die finanzielle Einigung wird unter Ver-

---

15 Nach [54] ist seine Häufigkeit 1:2000 in Tansania, 1:3900 in Südafrika und 1:5000 Nigeria. In einzelnen Stämmen kann sie weit höher verbreitet sein, bei den nigerianischen Ibo beträgt der Wert sogar 1:1100. Dagegen liegt die entsprechende Rate in der europäischen Bevölkerung zwischen 1:10.000 und 1:20.000.

wandten rascher erreicht und selbst ein finanzieller Verlust ist schneller verschmerzbar. Beziehungen zwischen *Cousin und Cousine*, siehe Problem 3.5, sind deshalb in vielen Teilen der Welt legalisiert.

Umso bemerkenswerter sind Beispiele neuzeitlicher Populationen von Jägern und Sammlern, welche die Inzucht mit einem durchdachten sozialen Regelwerk weitestgehend einschränken. Dazu gehören die Inuit von Thule (Westgrönland) sowie afrikanische Pygmäen. Bei letzteren gewinnen die Männer nur dann neue Jagdrechte, wenn ihre Frauen aus weiter entfernten Territorien stammen.[16] Hier wird ein ökonomischer Anreiz für die genetische Auffrischung versprochen.

Machterhalt durch Scheinehen?

Die *Geschwisterehe* (Beispiel 3.3) ist aufgrund des hohen Gesundheitsrisikos der Nachkommenschaft in den meisten Kulturen verboten. Aus der Antike wurden dennoch einige Fälle überliefert, selbst bis in die hellenistischen Phase hinein. Auch wenn es uns heute befremdet, so dürfte die damalige Bevölkerung kaum schokiert gewesen sein. Die gottgleichen Machthaber benahmen sich nicht anders als die Götter selbst, wo geschwisterlicher Inzest an der Tagesordnung war.[17] Im realen Fall stand oft der Machtausgleich innerhalb von Herrscherfamilien dahinter. So stellt sich die Frage, wann es sich tatsächlich um geschlechtliche Verbindungen oder um Scheinehen handelte.

Überlieferungen zufolge ging die berühmte Kleopatra VII zwei aufeinanderfolgende Ehen mit ihren minderjährigen Brüdern Ptolemaios XIII und Ptolemaios XIV ein. Die zweite Verbindung könnte sogar vom römischen Diktator Gaius Iulius Caesar selbst arrangiert worden sein, dessen Geliebte sie zu diesem Zeitpunkt war.[18]

Dagegen werden Verbindungen zwischen *Onkel und Nichte*, siehe Problem 3.4, in einigen Kulturen durchaus akzeptiert. Die europäische Tradition steht ihr eher skeptisch gegenüber, wenngleich diese Ehe in Deutschland formal erlaubt ist.[19] Bereits in der römischen Geschichte gab es Beschränkungen, die jedoch gelegentlich ignoriert wurden. So heiratete die bezaubernd schöne Aristokratin Iulia Agrippina (16 n. Chr.–59), bekannt als Agrippina die Jüngere, ihren um 25 Jahre älteren Onkel

---

16 Siehe Luca und Francesco Cavalli-Sforza [58, S. 43–44].

17 In der ägyptischen Religion heiratete Osiris seine Schwester Isis, ebenso wie Zeus in der griechischen Mythologie seine Schwester Hera zur Frau nahm.

18 Bei der herrschenden Scheinmoral im republikanisch geprägten Rom trug Caesars offen zur Schau gestellte Beziehung mit Kleopatra wesentlich zu seiner Diskreditierung bei. Seine Gegner schürten die Stimmung, indem sie das römische Publikum mit schlüpfrigen Details belieferten und den moralischen Verfall geißelten. Caesar wurde schließlich ermordet. Als sein Heerführer Marcus Antonius dieselbe Dummheit später wiederholte, riss die Affaire mit der ehrgeizigen Ägypterin auch ihn ins Verderben.

19 Verboten sind nach deutschem Recht nur Verbindungen zwischen Verwandten in gerader Linie (Elternteil-Kind, Großelternteil-Kind) sowie Geschwisterheirat.

Claudius, der als Kaiser herrschte. Dieser ließ dazu vom Senat ein Gesetz aufheben, das die Blutschande verbot. Agrippina nahm die Zügel rasch in die Hand. Sie arrangierte die Vermählung ihres Sohnes Nero mit Claudius Tochter Octavia, wobei ein weiteres Inzestverbot umgangen werden musste, und sorgte schließlich dafür, ihn zum Nachfolger durchzusetzen.

Abb. 3.15: Kleopatra VII (69 v. Chr.–30 v. Chr.) Bereits zur Herrschaft ihres Vaters geriet Ägypten immer mehr in römische Abhängigkeit. Innerhalb der Herrscherdynastie der Ptolomäer tobten heftige Machtkämpfe, wobei sich die Konkurrenten gegenseitig durch Mord auszuschalten versuchten. In einem Kompromiss regierte Kleopatra nacheinander mit ihren Brüdern, welche 10 bzw. 12 Jahre jünger waren. Die Doppelregentschaft wurde höchstwahrscheinlich durch eine formale Eheschließung bekräftigt. Es waren Scheinehen, mit denen Kleopatra de facto als Alleinregentin von Roms Gnaden waltete.

Imperiale Heiratspolitik

Auffällige Häufungen inzestbelasteter Personen findet man ausgerechnet in den Ahnentafeln derjenigen, die sich vor nicht allzu langer Zeit in unbescheidener Vornehmheit für „auserwählt von Gottes Gnaden" hielten und Vermischungen ihres blauen Blutes mit Personen niederer Herkunft sorgsam vermieden.

Das Spanische Habsburgerreich war auf dem Höhepunkt seiner Macht weltumspannt geworden, so dass die Sonne sprichwörtlich niemals über ihm unterging. Erweitert wurde es über die Jahrhunderte durch eine Kombination aus globaler Expansion und vorsichtiger Heiratspolitik. Letztere war dem Umstand geschuldet, dass man Verluste von Territorien durch dreiste Erbansprüche konkurrierender Dynastien vermeiden wollte. Ähnliche Situationen hatten in Europa bereits zum Krieg geführt. So blieb man bei der Partnerwahl bevorzugt unter sich.

Abb. 3.16: Karl II bekam die Herrschaft bereits im Alter von drei Jahren übertragen. Bis zum 15. Lebensjahr stand er unter der Regentschaft seiner Mutter. Die ausgeprägten Inzuchtmerkmale konnte auch der Maler nicht verbergen. Ausschnitt aus einem Gemälde von Juan de Miranda Carreno.

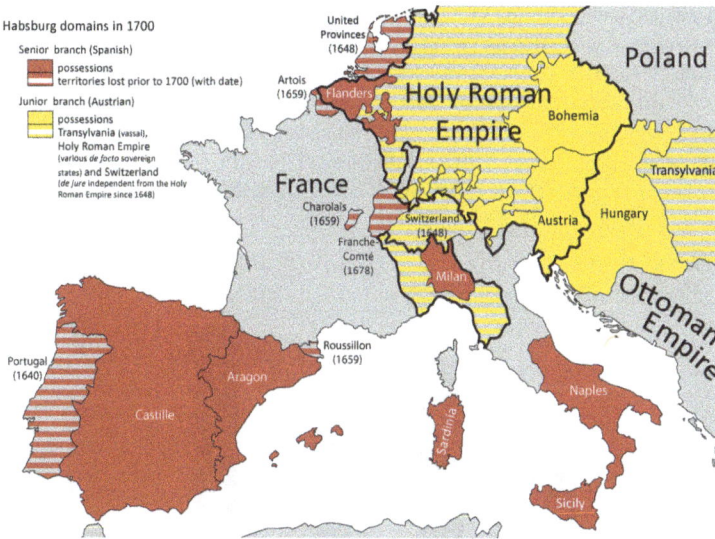

Abb. 3.17: Europäische Territorien unter Kontrolle der Habsburger, um 1700.

Das erscheint umso erstaunlicher, da die katholische Kirche in Fragen der Eheschließung zwischen Verwandten als besonders streng gilt. Bis zum Jahre 1917 verbot sie Ehen sogar noch zwischen Cousins und Cousinen dritten Grades. Doch für die „Katholischen Könige", wie sich die spanischen Herrscher vom Papst nennen ließen, ging die Sondergenehmigung über Generationen zur Norm über.

In fast zwei Jahrhunderten baute sich schrittweise eine Inzucht auf, die in der Person von Karl II (1661–1700) den Höhepunkt erreichte. Für den Monarchen wurde der Inzuchtkoeffizient f= 0,254 berechnet.[20] Das entspricht dem Nachkommen eines leiblichen Geschwisterpaares.

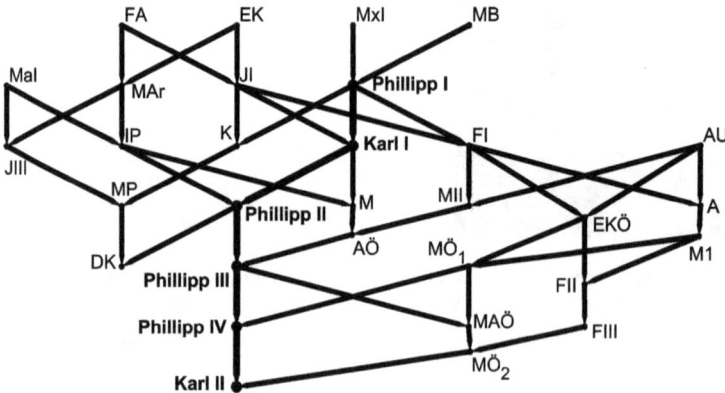

Abb. 3.18: Stammbaum des spanischen Königs Karl II (1661–1700). Die Abkürzungen bezeichnen: FA=Ferdinand von Aragon, EK=Elisabeth von Kastilien, Mx1=Maximilian I, MB=Maria von Burgund, Ma1=Manuel I, MAr=Maria von Aragon, JI=Joanna I, JIII=Johann III, IP=Isabella von Portugal, K=Katharina, FI=Ferdinand I, AU=Anna von Ungarn, MP=Maria von Portugal, M=Maria, MII=Maximilian II, A=Anna, AÖ=Anna von Österreich, EKÖ=Erzherzog Karl II von Österreich, DK=Karl (Don Carlos), MÖ$_1$=Margarete von Österreich, MÖ$_2$=Mariana von Österreich, M1=Marie, MAÖ=Maria Anna von Österreich, FII=Ferdinand II, FIII=Ferdinand III. Quelle: G. Alvarez u. a. [56]

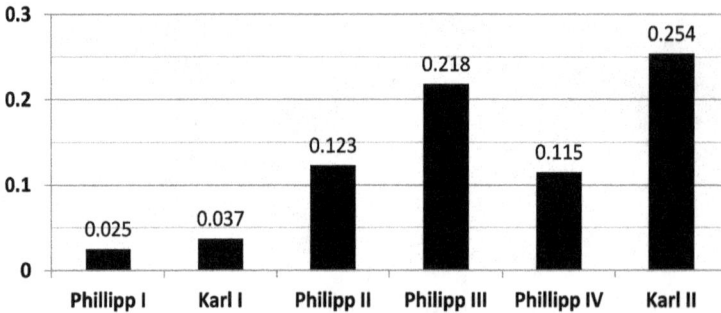

Abb. 3.19: Inzuchtkoeffizienten *f* spanischer Habsburger. Quelle: G. Alvarez u. a. [56]

Erhielt ein Vorfahr vor fünf Generationen noch den Beinamen Phillipp der Schöne, so konnte man beim letzten Nachkommen beim besten Willen keine Spur von Attraktivi-

---

20 Siehe Gonzalo Alvarez, Francisco C. Ceballos, Celsa Quinteiro [56].

tät mehr erkennen. Die genetische Bürde machte sich vielfältig bemerkbar: Sprechen lernte Karl II im relativ späten Alter von vier, das Laufen sogar erst mit acht Jahren. Seine Ausbildung musste gesundheitsbedingt verkürzt werden. Zahlreiche Behinderungen und sein Äußeres brachten ihm den Spitznamen „El Hechizado" (der Verhexte) ein. Nachdem sich medizinische Behandlungsversuche als ergebnislos erwiesen, versuchte man es mit Exorzismus, doch gegen die Gene half auch das nicht.

Niemand wäre zur Wirtschaftskrise passender erschienen als der kränkelnde, geistig zurückgebliebene Herrscher. Insgesamt sah der Hofadel jedoch auch die Vorteile – ein geschwächter König ist leichter manipulierbar –, so dass man sich mit bestmöglicher Pflege bemühte, ihn formell im Amt zu lassen. Karl II führte zwei Ehen, die als Folge seiner Gebrechen kinderlos blieben. Für seine erste Ehefrau war die psychische Belastung so stark, dass sie noch vor ihm starb. Dem Druck verschiedener Hofparteien ausgesetzt, änderte Karl sein Testament und vererbte die Krone letztlich einem Enkel des französischen Sonnenkönigs Ludwig XIV. Doch ein Machtzuwachs Frankreichs schien seinen Konkurrenten nicht zumutbar. Karls Tod am 1. November 1700 bot den Vorwand zum Spanischen Erbfolgekrieg, der zwischen 1701 und 1714 unter den Großmächten Europas tobte.

Der Zweck heiligt die Mittel. Um ihre Kontrahenten in den karibischen Kolonien auszuschalten, legalisierten[21] die beteiligten Seemächte sogar die geächtete Piraterie. Letztlich wurde der französische Kandidat in Spanien durchgesetzt, wo seine Nachfahren bis heute herrschen. Die neue Dynastie strich weitgehende Autonomierechte für Katalonien und das Baskenland, deren Unabhängigkeitsbewegung sich bis jetzt mit den Kriegsfolgen verknüpft sieht. England erlangte die Kontrolle über das Mittelmeer, indem es Spanien zur Abtretung der Inseln Gibraltar und Menorca zwang. Frankreich blieb europäische Großmacht, allerdings mit zerrütteten Staatsfinanzen, die sich bis zur Revolution nicht mehr erholen sollten. Insgesamt endete der Spanische Erbfolgekrieg für jede der Hauptmächte England, Frankreich und Österreich mit Teilerfolgen und einer Kompromisslösung. Ihre kriegerischen Auseinandersetzungen sollten sich noch im Laufe des gesamten Jahrhunderts fortsetzen.

Inzucht durch Gendrift

Wir wollen die Ausbreitung der Inzucht in einer Population über mehrere Generationen $t = 1, 2, \ldots$ modellieren. Vereinfachend setzen wir voraus, dass die Partnerwahl zwar strikt innerhalb dieser Population, dort aber zufällig erfolgen soll. Verwandte werden weder bevorzugt noch vermieden.

---

21 Dass sich das auswuchernde Banditentum nach dem Krieg nicht einfach beseitigen ließ, kümmerte die Strategen damals so wenig wie in heutigen Konflikten, wo man sich zum Sturz unliebsamer Kontrahenten der Handlangerdienste von religiösen Fanatikern und Kriminellen bedient.

Wir greifen auf die *Gesamtheit der Allele (eines festgewählten Genorts)* für eine Population mit N Individuen zurück und untersuchen ihre Übertragung von Generation t zu $t + 1$. Der Ansatz benutzt das Wright-Fisher-Modell, welches sich vom bisherigen individuumsbezogenen Vorgehen unterscheidet.

Unter dem *Inzuchtkoeffizienten* F_t einer Population zur Generation t versteht man die Wahrscheinlichkeit, dass zwei beliebig gewählte Allele (eines festgelegten Genorts) der Generation t ein gemeinsames Allel als Vorfahren besitzen. Letzteres wird als *Vorfahr-Allel* bezeichnet.

Abb. 3.20: Zwei zufällig gewählte Allele gehen mit der Wahrscheinlichkeit $\frac{1}{2N}$ auf ein gemeinsames Elternteil zurück.

Diese beiden Allele gehören
– entweder einer einzigen Person (Inzucht-Allelpaar),
– oder zwei verschiedenen Personen[22] (Geschwistern, Halbgeschwistern bzw. deren Nachkommen)

Bei Geschwistern oder Halbgeschwistern könnte man ein Vorfahr-Allel sogar in der Elterngeneration finden. (Dieses müsste vom selben Elternteil stammen.) Für den letzten Fall beträgt die Wahrscheinlichkeit $\frac{1}{2N}$, wie die Abbildung 3.20 veranschaulicht ist. Die Möglichkeiten, für zwei Allele der Generation $t + 1$ ein Vorfahr-Allel zu finden, werden im Schema 3.21 dargestellt. Nach der Formel der totalen Wahrscheinlichkeit (B.10) ist

$$F_{t+1} = \frac{1}{2N} + \left(1 - \frac{1}{2N}\right) \cdot F_t \qquad (3.32)$$

bzw. nach Umformung

$$1 - F_{t+1} = \left(1 - \frac{1}{2N}\right) \cdot (1 - F_t)$$

---

22 Damit ist eine Population mit F_t geringer belastet, als es seine Individuen mit demselben Zahlenwert für f wären.

Die Zahlenfolge $(1 - F_t)_{t\in\mathbb{N}}$ ist also geometrisch. Somit gilt

$$1 - F_t = \left(1 - \frac{1}{2N}\right)^{t-1} \cdot (1 - F_1)$$

$$F_t = 1 - \left(1 - \frac{1}{2N}\right)^{t-1} \cdot (1 - F_1) \tag{3.33}$$

und wir erhalten als Grenzwert

$$\lim_{t\to\infty} F_t = 1 . \tag{3.34}$$

zwei Allele der Generation t+1

besitzen
unmittelbares Vorfahr-Allel
(gemeinsames Elternteil)

$\frac{1}{2N}$

besitzen kein
unmittelbares Vorfahr-Allel

$1 - \frac{1}{2N}$

Unmittelbare
Vorgänger-Allele
besitzen ein
Vorfahr-Allel

F_t

Unmittelbare Vorgänger-Allele
besitzen kein Vorfahr-Allel

$1 - F_t$

**Vorfahr-Allel
existiert**

**Vorfahr-Allel
existiert**

kein Vorfahr-Allel

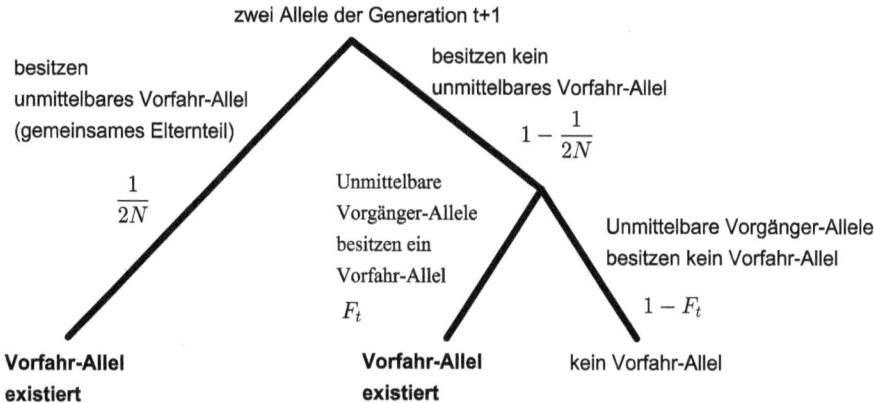

Abb. 3.21: Abstammungsmöglichkeiten zweier Allele bei der Herleitung von (3.32).

Damit haben wir die Gendrift aus Abschnitt 3.4 nachgewiesen:

> Im Wright-Fisher-Modell setzt sich an jedem Genort ein Allel durch, sodass alle Individuen schließlich genetisch identisch werden.
> Ohne regelmäßige Auffrischung durch Neumutationen oder genetischen Zuflusss von außen würde jede Population früher oder später in kompletter Inzucht enden.

Dieses Schicksal bleibt selbst dann nicht erspart, wenn die Population in der Anfangsgeneration $t = 1$ völlig frei von Inzucht war ($F_1 = 0$) und die Paarungen zufällig erfolgen. Man spricht von *Inzucht durch Gendrift*. Je kleiner unsere Population ist, desto schneller setzt sie sich durch. Obwohl unser verwendetes Wright-Fisher-Modell nur neutrale Allele berücksichtigt, lässt es sich auf selektionsrelevante Allele verallgemeinern, wobei die Schlussfolgerungen prinzipiell dieselben bleiben.
- Lebenswichtige Gene erhalten zwar eine höhere Chance, aber keine Garantie zur Durchsetzung. Gehen sie verloren, so ist die gesamte Population vom Aussterben bedroht.
- Genetische Verarmung birgt nicht nur das Risiko einer verringerten Anpassungsfähigkeit an künftige Umweltveränderungen, sondern stellt sogar das Überleben unter gleichbleibenden Umweltbedingungen in Frage.

kleine
Population

gezielte Inzucht

Inzucht durch
genetische Drift

Verlust genetischer
Vielfalt

Verringerung der Lebens-
und Anpassungsfähigkeit

höhere
Sterblichkeit

geringere
Fortpflanzungsrate

kleinere Population

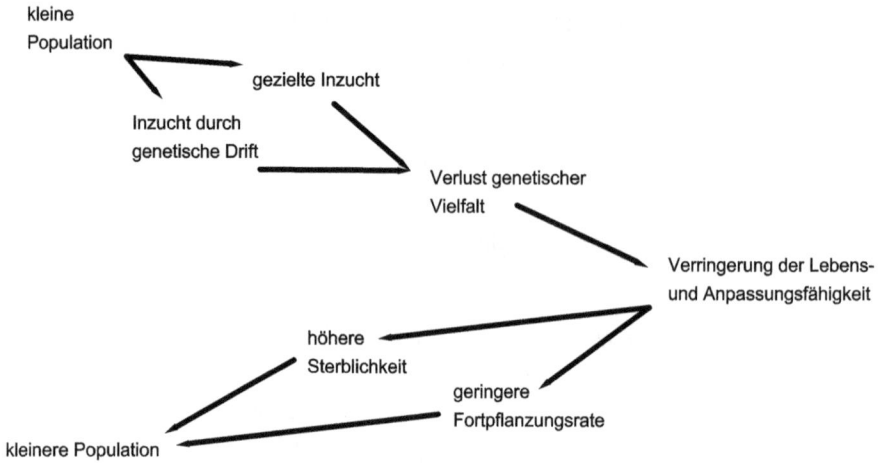

Abb. 3.22: Risiko genetischer Verarmung bei kleineren Populationen.

Überlebenskünstler der Fortpflanzung

Im Grenzfall $N = 1$ spricht man von *Selbstbefruchtung*. Die rasche Konvergenz von
(3.33)

$$F_t = 1 - \frac{1 - F_1}{2^{t-1}}$$

für $t \to \infty$ lässt diese Fortpflanzungsstrategie wenig aussichtsreich erscheinen. Umso erstaunlicher ist, dass sie in der Natur zumindest *gelegentlich* anzutreffen ist. Beispiele sind einige prächtig gedeihende Ackerunkräuter, aber auch Nutzpflanzen wie Gerste und Weizen. Die betreffenden Arten machen keineswegs den Eindruck, in der letzten Generation inzestgeschädigt dahinzusiechen. Ungeachtet aller Risiken hat ihr Fortpflanzungsmodus gute Gründe, denn bekanntlich können Pflanzen nicht auf Partnersuche gehen. Wird ein Samenkorn zufällig an einen entfernten Ort transportiert, so bleibt zumindest auf längere Zeit nur die Möglichkeit der Selbstbestäubung als Überlebensstrategie. Ermöglicht wird die Selbstbefruchtung durch eine lang vorausgegangene strenge Bereinigung des Erbguts, die als *purging* bezeichnet wird. Einige Pflanzen sind außerdem *polyploid*, d. h. sie besitzen mehr als zwei Chromosomensätze. Dadurch erhöht sich die Wahrscheinlichkeit, am Genort wenigstens ein funktionsfähiges Allel zu finden.

3.6 Mutationen vs. Gendrift

Da Neumutationen in gegenläufiger Tendenz zur Gendrift stehen, soll ihr Zusammenspiel untersucht werden. Auf diese Weise können die Auswirkungen genetischer Verarmung besser abgeschätzt werden.

Die Messung der genetischen Vielfalt

Zunächst wollen wir die genetische Reichhaltigkeit einer Population messen. Gehen wir von einem bestimmten Genort A aus, an welchem eines von n Allelen $A_1, \ldots, A_n$ mit Wahrscheinlichkeiten $p(A_i) = p_i$ vorliegen. Entsprechend können n^2 Genotypen (A_i, A_j) mit den Wahrscheinlichkeiten

$$p(A_i, A_j) = p_i p_j \qquad \text{für } i, j = 1, \ldots, n$$

auftreten. Als *Heterozygosität*[23] am Genort A bezeichnet man die Summe

$$h = 2 \sum_{i \neq j} p(A_i, A_j)$$

Wegen $1 = (\sum_i p_i)^2 = \sum_i p_i^2 + h$ kann diese Heterozygosität auch mit der Formel $h = 1 - \sum_i p_i^2$ berechnet werden. Gehen wir von einer Generationsfolge $t = 1, 2, \ldots$ mit Heterozygositäten h_t und den Inzuchtkoeffizienten F_t aus. Da ein heterozygotes Allelpaar grundsätzlich kein Vorfahr-Allel besitzen kann, gilt $h_t \leq 1 - F_t$ und wegen (3.34)

$$\lim_{t \to \infty} h_t = 0 \, .$$

Ohne genetische Auffrischung nimmt die Heterozygosität im Laufe der Generationen beständig ab.

Mutationsraten

Die untenstehende Tabelle zeigt einige Durchschnittswerte *synonymer Substitutionen*. Darunter versteht man Ersetzungen von DNA-Basenpaaren, welche die Funktionsfähigkeit des Allels weder positiv noch negativ beeinflussen. Sie werden als neutral bezeichnet und stellen einen großen Teil an der Gesamtheit aller Mutationen dar.[24]

---

23 Siehe Roderic Page, Edward Holmes [72, S. 92].
24 Neutrale Mutationen werden durch die Art der Codierung unserer DNA begünstigt. Der Code wird aus vier Nukleinbasen A,C,G,T zusammengesetzt, wobei drei aufeinanderfolgende Basen jeweils eine Aminosäure verschlüsseln. Somit stehen $4^3 = 64$ verschiedene Codes zur Verfügung. Da in der

Tab. 3.3: Durchschnittliche Raten synonymer Substitutionen, Quelle: R. Page, E. Holmes [72].

Organismus und Genom	Rate synonymer Substitutionen (pro Genort, pro Jahr)
Chloroplasten-DNA (pflanzlich)	~$1 \cdot 10^{-9}$
Zellkern-DNA (Säugetier)	$3,5 \cdot 10^{-9}$
Zellkern-DNA (pflanzlich)	~$5 \cdot 10^{-9}$
E. coli und Salmonella enterica Bakterien	~$5 \cdot 10^{-9}$
HIV-1	$6,6 \cdot 10^{-3}$
Influenza A Virus	$1,3 \cdot 10^{-2}$

Wie man sieht, können die Mutationsraten beträchtlich voneinander abweichen. Das liegt im Wesentlichen an der Komplexität des jeweiligen Organismus. Höhere Lebensformen sind bei Änderungen störungsanfälliger und besitzen deshalb stärkere Reparaturmechanismen bei der DNA-Vervielfältigung, die sie gegen eventuelle Schäden absichern. Bei einfachen Lebensformen, die zudem kürzere Fortpflanzungszyklen aufweisen, ist dieses Risiko geringer. Da die Fortexistenz von Viren und Bakterien wesentlich von der Flexibilität abhängt, die Immunsysteme ihrer Wirte zu umgehen, sind genetische Innovationen für sie von großem Wert. Einige von ihnen verzichten sogar komplett auf den Reparaturmechanismus, um ihre Mutationsrate hoch zu halten. Mutationen treten dort praktisch in jedem Reproduktionszyklus auf.

In höheren Lebewesen unterscheidet sich die Mutationsrate außerdem zwischen dem codierenden und nichtcodierenden Teil ihrer DNA. Im letzteren ist sie weitaus höher. Da jede Mutation ein hohes Risiko für Funktionsstörungen birgt, wird vermutet, dass die verschlüsselte Information dort weniger lebenswichtig ist.

Gleichgewichte

Im mutationsfreien Modell, siehe Formel (3.32), ist $F_{t+1} = \frac{1}{2N} + (1 - \frac{1}{2N}) \cdot F_t$ die Wahrscheinlichkeit zweier Allele der Generation $t + 1$, ein gemeinsames Vorfahr-Allel zu besitzen. Bei Möglichkeit zur Mutation erhalten wir folgende Erweiterung[25]

Für eine Population aus N Individuen bezeichnen
u die *Mutationsrate*, d. h. die Wahrscheinlichkeit der Mutation eines Allels bei der Übertragung zur nächsten Generation

---

Natur jedoch nur 20 Aminosäuren auftreten, kann jede von ihnen durch mehrere Codes dargestellt werden. Beispielsweise wird die Aminosäure Lysine durch die Basenfolgen AAA und AAG verschlüsselt. Auf diese Weise führt die Mutation von einer der vier Basen häufig zur selben Aminosäure. Siehe Roderic Page, Edward Holmes [72, S. 43].
25 Siehe auch Douglas J. Futuyma [61].

F_t den *Inzuchtkoeffizienten*, d. h. die Wahrscheinlichkeit zweier Allele der Generation t, unmutiert auf ein gemeinsames Vorfahr-Allel zurückzugehen

Letzterer erfüllt die Rekursionsgleichung

$$F_{t+1} = (1 - u)^2 \cdot \left[\frac{1}{2N} + \left(1 - \frac{1}{2N}\right) \cdot F_t \right], \qquad t \in \mathbb{N} \tag{3.35}$$

Der Vorfaktor $(1 - u)^2$ gibt die Wahrscheinlichkeit, dass beide Allele bei der letzten Übertragung $t \to t + 1$ nicht mutiert wurden.

Satz 3.6. *Der Inzuchtkoeffizient des Allelbestands nähert sich für $t \to \infty$ dem Wert*

$$F = \frac{(1 - u)^2}{2N - (1 - u)^2(2N - 1)} \tag{3.36}$$

Beweis. Ausgehend von (3.35) betrachten wir die Funktion

$$g(x) = (1 - u)^2 \cdot \left[\frac{1}{2N} + \left(1 - \frac{1}{2N}\right) \cdot x \right],$$

welche mit der rekursiven Berechnungsvorschrift $F_{t+1} = g(F_t)$ unsere Zahlenfolge bestimmt. Wegen

$$| g(x) - g(y) | \le (1 - u)^2 \cdot \left(1 - \frac{1}{2N}\right) \cdot | x - y |$$

und $(1 - u)^2 \cdot (1 - \frac{1}{2N}) < 1$ erweist sich g als kontrahierende Abbildung (Anhang A.7). Nach dem Fixpunktsatz von Banach (Satz A.7) existiert der Grenzwert $F = \lim_{t \to \infty} F_t$. Vollziehen wir diesen Grenzübergang auf beiden Seiten von (3.35), so erhalten wir

$$F = (1 - u)^2 \cdot \left[\frac{1}{2N} + \left(1 - \frac{1}{2N}\right) \cdot F \right],$$

woraus nach Umstellung (3.36) folgt. □

Die Gegenläufigkeit von Mutation und Gendrift führt zum Gleichgewicht, welches den Inzuchtkoeffizienten der Population beschränkt.

Da Mutationsraten klein sind, lässt sich die Näherung $(1 - u)^2 \approx 1 - 2u$ benutzen und wir bekommen aus (3.36) eine praktische *Approximation des Gleichgewichtszustands*

$$F \approx \frac{1 - 2u}{1 - 2u + 4Nu} \tag{3.37}$$

Bei festem u ist $4Nu$ ein Maß der Bevölkerungszahl und wir erhalten die nachfolgende Graphik 3.23. Berücksichtigen wir, dass $2Nu$ der Erwartungswert für die Anzahl der Mutationen ist, die pro Generation und Genort auftritt. Für $2Nu \gg 1$ folgt $F \ll 1$ aus (3.37). Damit gilt folgende Faustregel:

Zum Erhalt ihrer genetischen Vielfalt muss die Bevölkerungszahl groß genug sein, um pro Generation und Genort mehr als eine neue Mutation hervorzubringen.

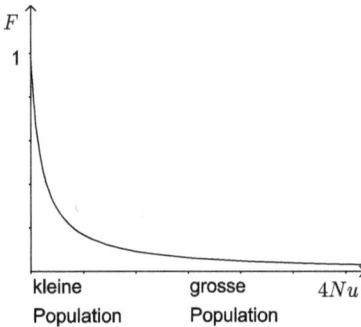

Abb. 3.23: Schematische Darstellung von (3.37) bei konstantem u. Für geringe Bevölkerungszahlen N liegt F nahe bei Eins. Für große N kann jeder noch so kleine Inzuchtkoeffizient F erreicht werden.

3.7 Der Flaschenhals-Effekt

Bei ökologischen Krisen besteht das Risiko, dass größere Populationen plötzlich auf wenige Individuen zusammenschrumpfen. Damit wird auch ihre genetische Vielfalt eingeschränkt. Verbessern sich die Lebensbedingungen später, so kann die Mitgliederzahl wieder anwachsen. Da jedoch Neumutationen selten auftreten, bleibt die genetische Verarmung noch lange bestehen. Diese Nachwirkung wird als *Flaschenhals-Effekt* bezeichnet.

Beispiel 3.3. Der in afrikanischen Savannen beheimatete Gepard ist vermutlich vor 10.000 Jahren durch einen derart engen Flaschenhals gegangen, dass heute sogar Gewebetransplantationen zwischen beliebigen Tieren möglich sind. Das ist sonst nur bei eineiigen Zwillingen möglich. Eine Folge der Inzucht ist eingeschränkte Fruchtbarkeit, sodass die Tiere jetzt vom Aussterben bedroht sind.

Beispiel 3.4. Im Verlauf des 19. Jahrhunderts wurden die nordamerikanischen Bisonherden nahezu ausgerottet. Eines der Ziele war die Vernichtung der Nahrungsgrundlage nordamerikanischer Indianerstämme. Schätzte man zu Beginn des 19. Jahrhunderts noch etwa 60 Millionen Bisons, so überlebten an der Wende zum 20. Jahrhundert nicht mehr als 300, die von Farmern und Viehzüchtern gehalten wurden. Unter Schutz konnte der Bestand auf etwa 500.000 Tiere anwachsen, deren genetische Vielfalt nunmehr wesentlich geringer ist.

Abb. 3.24: The Far West – Shooting Buffalo on Line of the Kansas-Pacific Railroad. Künstler: Ernest Griset.

Abschätzung des Inzuchtkoeffizienten beim Flaschenhals-Effekt

Wir wollen die Zeit zur Wiederherstellung des genetischen Verlusts abschätzen, falls von außen keinerlei Zufluss an frischen Genen erfolgt. Dazu vergleichen wir mit dem idealisierten Reparaturfall, wo die Populationsgröße unmittelbar nach Überwindung der Krise wieder auf ein ausreichendes Niveau gehoben wird. Ausgangspunkt ist das diskrete Modell (3.35) für den Inzuchtkoeffizenten F_t der Generation t:

$$F_{t+1} = (1-u)^2 \cdot \left[\frac{1}{2N_t} + \left(1 - \frac{1}{2N_t} \right) \cdot F_t \right], \qquad t \in \mathbb{N} \tag{3.38}$$

Zum Zeitpunkt $t = 0$ reduziert eine Katastrophe die Population auf N_a Individuen. Der Zustand bleibe für t_1 Generationen bestehen. Unmittelbar danach wird wieder eine ausreichende Populationsstärke $N_b \gg N_a$ erreicht. Dann ist

$$N_t = \begin{cases} N_a & \text{falls } 0 \leq t \leq t_1 \\ N_b & \text{falls } t > t_1 \end{cases} \tag{3.39}$$

– Während der Depression $0 \leq t \leq t_1$ wird die Rekursionsformel (3.38) durch die Terme mit $\frac{1}{2N_a}$ bestimmt, wogegen $(1-u)^2 \approx 1$ gesetzt werden kann. Wir erhalten

$$F_{t+1} = \left[\frac{1}{2N_a} + \left(1 - \frac{1}{2N_a} \right) \cdot F_t \right] \tag{3.40}$$

– Ab Generation $t > t_1$ ist die Bevölkerung erneut stark angestiegen. Deshalb ist $\frac{1}{N_b} \approx 0$, $1 - \frac{1}{N_b} \approx 1$, $(1-u)^2 \approx 1 - 2u$ und aus (3.38) folgt

$$F_{t+1} = (1 - 2u) \cdot F_t \tag{3.41}$$

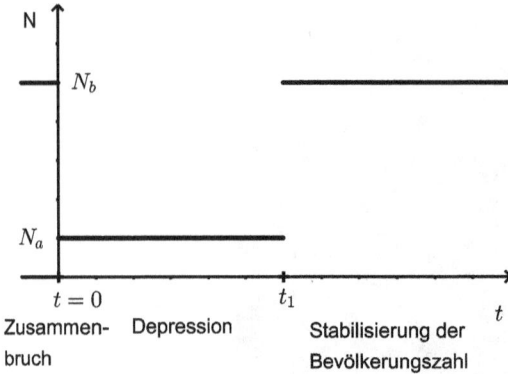

Abb. 3.25: N_t beschreibt eine vorübergehende Reduktion der Populationsstärke.

Gehen wir vom diskreten zum stetigen Modell über. Mit $F_t = F(t)$, $F_{t+1} = F(t) + \frac{dF}{dt}$ erhalten wir die stückweise definierte Differentialgleichung

$$\frac{dF}{dt} = \frac{1}{2N_a} + \left(1 - \frac{1}{2N_a}\right) \cdot F \qquad \text{für } 0 \le t \le t_1 \tag{3.42}$$

$$\frac{dF}{dt} = -2uF \qquad \text{für } t > t_1 \tag{3.43}$$

mit der Anfangsbedingung $F(0) = F_0$.

Problem 3.6. *Gesucht ist die Lösung des Anfangswertproblems* (3.42) *mit* $F(0) = F_0$.

Lösung. Es handelt sich um eine lineare, inhomogene Differentialgleichung, die sich durch *Variation der Konstanten* lösen lässt:

Schritt 1: Die Lösung F_h der zu (3.42) gehörigen homogenen Differentialgleichung

$$\frac{dF}{dt} = \left(1 - \frac{1}{2N_a}\right) \cdot F$$

kann mittels Trennung der Variablen berechnet werden. Es ist

$$\int \frac{dF_h}{F_h} = \left(1 - \frac{1}{2N_a}\right) \int dt$$

$$\ln F_h = \left(1 - \frac{1}{2N_a}\right) t + K \quad \text{mit einer Integrationskonstanten K}$$

$$F_h(t) = Ce^{(1-\frac{1}{2N_a})t} \quad \text{mit der Konstanten } C = e^K \tag{3.44}$$

Schritt 2: Wir erhalten eine spezielle Lösung F_i der inhomogenen Gleichung, indem wir die Konstante C in (3.44) durch eine Funktion ersetzen.

$$F_i(t) = C(t)e^{(1-\frac{1}{2N_a})t}$$

$$F_i'(t) = C'(t)e^{(1-\frac{1}{2N_a})t} - C(t)\frac{1}{2N_a}e^{(1-\frac{1}{2N_a})t}$$

Nach Einsetzen in (3.42) und Vereinfachung folgt

$$C'(t)e^{-\frac{1}{2N_a}t} = \frac{1}{2N_a}$$

$$C'(t) = \frac{1}{2N_a}e^{\frac{1}{2N_a}t} = \left(e^{\frac{1}{2N_a}t}\right)'$$

$$C(t) = e^{\frac{1}{2N_a}t}$$

Damit lautet die spezielle Lösung für (3.42)

$$F_i(t) = C(t)e^{(1-\frac{1}{2N_a})t} = 1 \tag{3.45}$$

Schritt 3: Die allgemeine Lösung wird aus (3.44) und (3.45) zusammengesetzt:

$$F(t) = F_h(t) + F_i(t) = 1 + Ce^{(1-\frac{1}{2N_a})t} \tag{3.46}$$

Mit der Anfangsbedingung $F(0) = F_0$ lässt sich die Konstante C berechnen.

$$F_0 = 1 + Ce^0 = 1 + C$$

$$C = F_0 - 1$$

Die gesuchte Lösung von (3.42) ist nun

$$F(t) = 1 + (F_0 - 1)e^{(1-\frac{1}{2N_a})t} \tag{3.47}$$

$$\square$$

Für eine stetige Lösung der Gleichung (3.42), (3.43) muss außerdem die Übergangsbedingung $F(t_1) = 1 + (F_0 - 1)e^{(1-\frac{1}{2N_a})t_1}$ erfüllt sein, die somit die Anfangsbedingung für (3.43) bildet.

Problem 3.7. *Gesucht ist die Lösung von (3.43) mit der Anfangsbedingung*

$$F(t_1) = 1 + (F_0 - 1)e^{(1-\frac{1}{2N_a})t_1}$$

Lösung. Für Gleichung (3.43) folgt mit Trennung der Variablen

$$\int \frac{dF}{F} = -2ut + K \quad \text{mit einer Integrationskonstanten } K$$

$$F(t) = Ce^{-2ut} \quad \text{mit der Konstanten } C = e^K$$

Die Konstante C lässt sich durch die Anfangsbedingung bestimmen.

$$1 + (F_0 - 1) \cdot e^{-\frac{1}{2N_a}t_1} = C \cdot e^{-2ut_1}$$

$$C = e^{2ut_1} + (F_0 - 1) \cdot e^{(-\frac{1}{2N_a}+2u)t_1}$$

Unsere Lösung ist somit $F(t) = [e^{2ut_1} + (F_0 - 1) \cdot e^{(-\frac{1}{2N_a}+2u)t_1}] \cdot e^{-2ut}$ für $t > t_1$. $\quad\square$

Zusammenfassend erhalten wir für (3.42), (3.43)

$$F(t) = \begin{cases} 1 + (F_0 - 1) \cdot e^{-\frac{1}{2N_a}t} & \text{falls } 0 \le t \le t_1 \\ \left[e^{2ut_1} + (F_0 - 1) \cdot e^{(-\frac{1}{2N_a}+2u)t_1} \right] \cdot e^{-2ut} & \text{falls } t > t_1 \end{cases} \qquad (3.48)$$

Für $t = 1$ folgt aus (3.48) unter Nutzung von (A.20)

$$F(1) = 1 + (F_0 - 1) \cdot e^{-\frac{1}{2N_a}} \approx F_0 + \frac{1}{2N_a} - F_0 \frac{1}{2N_a} \approx F_0 + \frac{1}{2N_a}$$

Dies stimmt mit dem diskreten Modell (3.38) überein, wo der Inzuchtkoeffizient bei kleinen Populationen pro Generation annähernd um $\frac{1}{2N}$ anwächst.

Problem 3.8. *Wieviele Generationen t_2 vom Beginn des Zusammenbruchs wären mindestens nötig, damit der Inzuchtkoeffizient wieder seinen Ausgangswert F_0 erreicht?*

Lösung. Es ist

$$F_0 = \left[e^{2ut_1} + (F_0 - 1) \cdot e^{(-\frac{1}{2N_a}+2u)t_1} \right] \cdot e^{-2ut_2}$$

$$t_2 = \frac{\ln \left[\frac{1}{F_0} e^{2ut_1} + \left(1 - \frac{1}{F_0}\right) e^{(-\frac{1}{2N_a}+2u)t_1} \right]}{2u} \qquad (3.49)$$

$\square$

Da die Mutationsrate u klein ist, können wir sie im Zähler von (3.49) vernachlässigen. Wir setzen $e^{2ut_1} \approx 1$ und benutzen für den zweiten Exponentialausdruck die Approximation (A.20) mit $e^{(-\frac{1}{2N_a}+2u)t_1} \approx 1 - \frac{t_1}{2N_a}$. Dann erhalten wir die Näherungsformel

$$t_2 \approx \frac{\ln \left[\frac{1}{F_0} + \left(1 - \frac{1}{F_0}\right)\left(1 - \frac{t_1}{2N_a}\right) \right]}{2u}$$

$$\approx \frac{\ln \left[1 + \frac{t_1}{2N_a F_0}\right]}{2u} \qquad \text{wegen } \frac{1}{F_0} \gg 1 \qquad (3.50)$$

Beispiel 3.5. Eine isolierte Bevölkerung mit dem Inzuchtkoeffizienten $F_0 = 0{,}05$ wird für $t_1 = 5$ Generationen auf $N_a = 500$ fortpflanzungsfähige Personen reduziert. Bei Mutationsraten $u \approx 1{,}2 \cdot 10^{-5}$ pro Generation und Genort[26] folgt aus (3.50)

$$t_2 \approx 4000 \text{ Generationen}$$

Bei einer Spanne von 20 Jahren zwischen zwei Generationen würde die Population mindestens 80.000 Jahre zur Wiederherstellung der genetischen Vielfalt benötigen.

---

26 Für Einzelnukleotid-Polymorphismen (Single Nucleotide Polymorphism bzw. SNP) bei Menschen ist $u \approx 1{,}2 \cdot 10^{-8}$ pro bp (Basenpaar) und Generation (siehe A. Scally, R. Durbin [75]). Unter der Annahme von 1000 bp pro Gen erhalten wir für u den obenstehenden Wert pro Genort und Generation.

Artensterben und Artenschutz

Der Umfang des Verschwindens natürlicher Lebensräume im Verlauf der letzten 100 Jahre ist beachtlich. Bild 3.26 entstand auf Grundlage von Satellitenaufnahmen und zeigt den Rückgang von tropischem Regenwald im Osten Madagascars. Deutlich erkennbar ist die fortschreitende Zerstückelung des einstmals zusammenhängenden Gebiets. Wildlebende Populationen werden getrennt, womit die Fortpflanzungsmöglichkeiten behindert werden. Derartige Probleme bilden einen der Gründe für das weltweite Artensterben. Aufgrund genetischer Verarmung bei geringen Populationsstärken sind Reservate und Zoos nicht ausreichend im Stande, um den Fortbestand gefährdeter Spezies zu sichern.

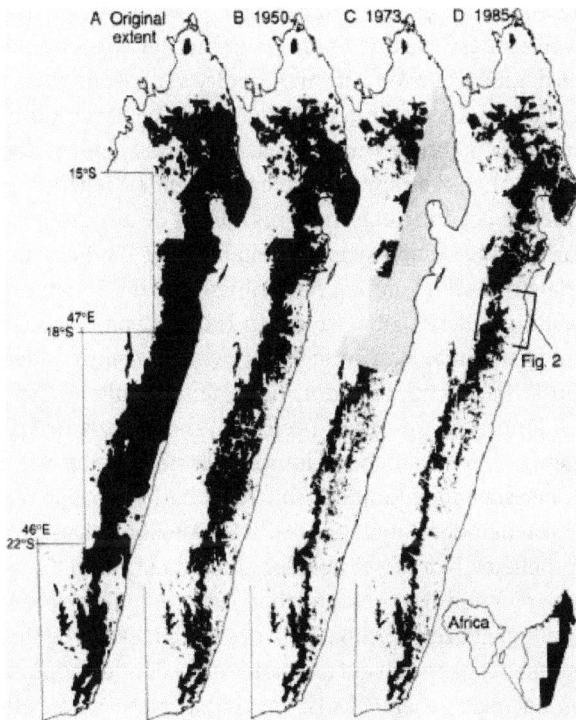

Abb. 3.26: Ausdehnung des tropischen Regenwaldes im Osten von Madagascar. A: Originalzustand, B: 1950, C: 1973, D: 1985. Bei den Aufnahmen im Jahre 1973 war ein Teil des Territoriums aufgrund starker Wolkenbildung nicht sichtbar. Autoren: Glen M. Green, Robert W. Sussman [63]. © AAAS.

Engpässe der Menschheitsgeschichte

Mit Beispiel 3.5 wird vorstellbar, dass sich genetische Flaschenhälse – selbst nach Genzufuhr – auch lange Zeit später nachweisen lassen. Einer davon trat vor 70.000 bis 80.000 Jahren auf und reduzierte die menschliche Population auf etwa 1000 bis 10.000 Individuen, die hauptsächlich in Afrika überlebten. Wahrscheinlich führte der Ausbruch des Supervulkans Toba auf Sumatra vor etwa 74.000 Jahren in vielen Teilen der Welt zu einer mehrtausendjährigen Kälteperiode, die eine Vergletscherung großer Teile Europas zur Folge hatte. Jäger und Sammler konnten nicht mehr genügend Nahrung finden, sodass viele verhungerten. Zuvor trat bereits eine Krise durch eine Kaltzeit auf, die vor 195.000 Jahren begann und vor etwa 123.000 Jahren endete.

Unlängst wurde ein ungewöhnlicher *Y-Chromosomen-Flaschenhals* entdeckt, der auch als „17-weibliche-auf-einen-männlichen-Vorfahren-Rätsel" bekannt ist. Er beschreibt einen drastischen Bevölkerungsrückgang unter Männern, der vor fünf- bis siebentausend Jahren, also nach der Jungsteinzeit auftrat. Als Folge verringerte sich in Afrika, Europa, Asien und dem Mittleren Osten die genetische Vielfalt bei den Y-Chromosomen. Besonders stark sind Bevölkerungen in Europa, Westasien und Indien betroffen, deren Vorfahren im kritischen Zeitraum als nomadisierende Viehzüchter lebten. Bei ihnen ging der männliche Bevölkerungsanteil bis auf ein Zwanzigstel des Wertes vor der Jungsteinzeit zurück. Als Ursache vermutet man Kriege um Ressourcen. Lebenserwartung und Sozialstrukturen könnten Aufschluss über die Schonung weiblicher Gene geben. Wo Macht und Besitz zumeist in den Händen von Männern lag, folgte das Erbe einer männlichen Linie. Man spricht von *patrilinealen Gruppen*. Wenn ein Clan den Krieg gegen seine Nachbarn verlor, riskierten männliche Gene die komplette Auslöschung. Die jüngeren Frauen der Besiegten, deren sozialer Status ohnehin gering war, erhielten größere Überlebenschancen, da sie eine wertvolle Kriegsbeute darstellten. Bei der herrschenden Kindersterblichkeit hatten sie eine immense Bedeutung für das Fortbestehen der Population. So ist vorstellbar, dass sich nach einem längeren Zeitraum heftiger Kämpfe einige der anfänglich vielen Clans durchsetzen konnten. Die Sieger räumten ihren männlichen Genen damit eine dominante Stellung ein und nahmen gleichzeitig große Teile des weiblichen Erbgutes ihrer Konkurrenten auf. Die Hypothese stützt sich auf archäologische Funde und lässt sich mit Computersimulationen nachvollziehen.[27] Es ist vorstellbar, dass die Morde eine Episode in der Transformation kleinerer zu größeren Stammesverbänden darstellte, die nun auf Augenhöhe zu den gleichzeitig entstehenden Staaten gelangten und später in der Antike mit dem Sammelbegriff Barbaren[28] bezeichnet wurden.

---

27 Bei Ausgrabungen in Deutschland und Österreich wurden Massengräber entdeckt, deren Opfer hingerichtet wurden. Junge Frauen fehlten unter den Opfern, siehe Harald Meller [69]. Die Modellrechnungen wurden von Tian Chen Zeng, Alan J. Aw und Marcus W. Feldman [80] durchgeführt.
28 Siehe James C. Scott [76].

Mittelalterliche Judenpogrome

Auch die Häufung der Tay-Sachs-Krankheit unter ashkenasischen Juden (Abschnitt 2.6) lässt sich als Flaschenhals-Effekt[29] erklären. Eine Krise vor etwa 600 bis 800 Jahren reduzierte die Population damals auf einige Hundert Menschen. Möglicherweise lässt sich die Tragödie mit dem Ausbruch der Pest in Verbindung bringen, als die jüdische Bevölkerung zu Sündenböcken gestempelt und zusätzlich zur Seuchensterblichkeit einer erbarmungslosen Verfolgung von Seiten ihrer christlichen Nachbarn ausgesetzt war. In vielen mitteleuropäischen Städten wurden die jüdischen Gemeinden regelrecht ausgelöscht. Befand sich unter den Überlebenden zufällig eine Person mit der Tay-Sachs-Krankheit, so hatte diese in der kleinen Restpopulation weitaus größere Chancen zur Weitergabe des Allels (Gründereffekt, Abschnitt 3.1).

Abb. 3.27: Zeitgenössische Darstellung eines Judenpogroms während der Pestepidemie von 1349.

---

29 Siehe Shai Carmi u. a. [57] sowie Roderic Page, Edward Holmes [72, S. 110].

4 Endemien, Epidemien und Virulenz

Unter einer *Epidemie* versteht man die Ausbreitung einer ansteckenden Krankheit, bei welcher ein Erkrankter im Mittel mehr als eine weitere Person infiziert. Unter realen Bedingungen ist diese Ausbreitung nur in einer bestimmten Phase möglich. Ab einem gewissen Zeitpunkt muss die Anzahl der Neuinfektionen wieder abnehmen, möglicherweise aufgrund einer erheblichen Dezimierung oder des Aussterbens der Population.

Als *Immunität* bezeichnet man die Unempfindlichkeit eines Organismus gegenüber gewissen Krankheitserregern. Sie kann nach Krankheiten erworben werden, aber auch durch Medikamente verursacht worden sein. Je nach Situation schwankt dabei die Immunitätsdauer zwischen wenigen Tagen und Jahren. Bei Medikamenten ist die entsprechende Wirkung eher kurz, wie wir bei Pentamidin (Beispiel 1.3, Abschnitt 1.6) gesehen haben. Über Antikörper erworbene Abwehrkräfte können dagegen den Überlebenden einer Krankheit sogar einen lebenslangen Schutz verschaffen. Dieser Effekt wurde 1846 auf den Färöer-Inseln sichtbar, als bei einer Masern-Epidemie fast 97 % der Bevölkerung unter 65 Jahren betroffen war. Erstaunlicherweise erkrankte keine einzige ältere Person, obwohl diese sonst anfälliger gegenüber Infektionen sind. Da der letzte Masernausbruch genau 65 Jahre zurück lag, schlussfolgerte der dänische Physiologe Peter Ludvig Panum (1820–1885) eine lebenslange Immunität infolge dieser Krankheit.

Bei Schutzimpfungen werden Bakterien oder Viren mit abgeschwächter Wirkung injiziert, welche den Organismus zur Bildung von Abwehrstoffen anregen. Wie sich zeigen wird, ist es zur Verhinderung von Epidemien jedoch keineswg notwendig, alle Mitglieder zu immunisieren. Ist der ungeimpfte Teil klein genug, so profitiert er zumindest in gewisser Weise von der Immunität der geimpften Mehrheit.

4.1 Das SIR-Modell und die Herdenimmunität

Das folgende Modell beschreibt eine nicht lebensbedrohliche Infektionskrankheit ohne Inkubationszeit,[1] welche den Genesenen eine dauerhafte Immunität bietet. Der Prozess startet bei $t = 0$. Zum Zeitpunkt t bezeichnet
- $s(t)$ den Anteil der *Gefährdeten* (susceptibles),
- $i(t)$ den Anteil der *Infizierten* (infectives),
- $r(t)$ den Anteil der *Geschützten* (recovered), darunter alle Personen, welche die Krankheit überstanden haben.

---

1 Eine angesteckte Person kann die Krankheit sofort übertragen.

https://doi.org/10.1515/9783110706314-004

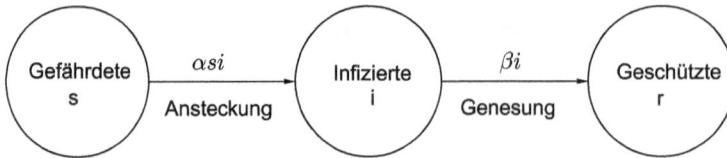

Abb. 4.1: Einteilung und Übergänge beim SIR-Modell ohne Schutzimpfung.

Unser Modell beruht auf einer konstanten Gesamtbevölkerung (Ausgleich von Todesfällen durch Geburten), die in drei veränderliche Anteile unterteilt wird. Es ist also

$$s(t) + i(t) + r(t) = 1 \qquad \text{für alle } t \geq 0 \tag{4.1}$$

und demnach

$$\frac{ds}{dt} + \frac{di}{dt} + \frac{dr}{dt} = 0 \qquad \text{für alle } t \geq 0 \tag{4.2}$$

Dabei darf keine unserer gesuchten Funktionen jemals negativ werden:

$$s(t) \geq 0, \quad i(t) \geq 0, \quad r(t) \geq 0 \qquad \text{für alle } t \geq 0 \tag{4.3}$$

Die Ansteckungsrate der Gefährdeten ist proportional zur Anzahl der Kontakte zwischen ihnen und den bereits Infizierten. Bezeichnen wir die zugehörige Proportionalitätskonstante mit $\alpha > 0$, dann ist

$$\frac{ds}{dt} = -\alpha si \tag{4.4}$$

Der Wert α kennzeichnet die *Ausbreitungsstärke*. Er hängt nicht nur von der Krankheit selbst, sondern auch vom Gesundheitszustand und Lebensbedingungen der Population ab. Man schätzt ihn aus statistischen Daten vergleichbarer Epidemien.

Die Zuwachsrate der Geschützten ist proportional zum Anteil der Infizierten

$$\frac{dr}{dt} = \beta i, \tag{4.5}$$

wobei die *Genesungsrate* $\beta > 0$ ebenfalls durch die konkrete Krankheit sowie den allgemeinen Gesundheitszustand der Bevölkerung bestimmt ist. Auch dieser Wert wird aus den statistischen Daten vorangegangener Epidemien geschätzt.

Der Anteil der Infizierten vergrößert sich zwar durch die Ansteckung ehemals Gefährdeter, verringert sich jedoch gleichzeitig durch Genesungen:

$$\frac{di}{dt} = \alpha si - \beta i$$

$$= i(\alpha s - \beta) \tag{4.6}$$

Die Gleichungen (4.4),(4.5),(4.6) bilden ein System von Differentialgleichungen, welches die Bedingung (4.2) erfüllt.

Wegen (4.3) ist die rechte Seite von Gleichung (4.4) stets negativ. Folglich ist die Funktion $s(t)$ für $t \geq 0$ monoton fallend und nimmt ihren größten Wert bei $t = 0$ an.

$$s(0) = \max_{t \geq 0} s(t) \tag{4.7}$$

Solange der Anteil der Infizierten stets abnimmt, ist ein Epidemieausbruch unmöglich. Aus

$$0 > \frac{di}{dt} = i(\alpha s - \beta) \qquad \text{für alle } t \geq 0$$

folgt wegen $i \geq 0$ (Bedingung (4.3))

$$\alpha s(t) - \beta < 0$$

$$s(t) < \frac{\beta}{\alpha} \qquad \text{für alle } t \geq 0$$

Kombinieren wir die letzte Ungleichung mit (4.7), so erhalten wir als *Bedingung zum Schutz vor Epidemieausbrüchen*

$$s(0) < \frac{\beta}{\alpha} \tag{4.8}$$

Zur Charakterisierung der Dynamik einer Krankheit unter bestimmten gesellschaftlichen Bedingungen dient die *Kontaktzahl*

$$\gamma := \frac{\alpha}{\beta} \tag{4.9}$$

Epidemien drohen erst dann, wenn der Anteil der Gefährdeten den Schwellenwert

$$s^* = \frac{1}{\gamma}$$

erreicht bzw. überschritten hat. Die Absicherung einer Bevölkerung bei $s(0) < s^*$ wird als *Herdenimmunität* bezeichnet. Dabei sorgt der hohe Anteil von Immunisierten für eine Isolation der Erkrankten, sodaß es im Mittel keine Neuinfektionen mehr gibt.

Die Formulierung „im Mittel" bedeutet, daß es sich bei $s(t)$, $i(t)$ und $r(t)$ um Erwartungswerte (Abschnitt B.5) handelt. Sie liefern lediglich eine wahrscheinliche Schätzung, jedoch keine konkrete Vorhersage.

Herdenimmunität bedeutet damit für die nichtgeimpfte Minderheit zwar ein deutlich verringertes Risiko, ist jedoch – im Gegensatz zur Immunität für den Einzelfall -keine Garantie. Für Gefährdete bleibt eine Ansteckung jederzeit möglich, nur die Bedrohung der Gesellschaft durch Weiterverbreitung wird weniger wahrscheinlich. Durch eine ungünstige Bevölkerungsverteilung können sich lokale Epidemien trotz theoretisch vorhandener Herdenimmunität ereignen. Damit könnten auch im Zeitraum zwischen 1781 und 1846 auf den eingangs erwähnten Färöer-Inseln einzelne Masernfälle aufgetreten sein, die sich aufgrund der nach 1781 verbliebenen Immunität nicht ausgeweitet haben.

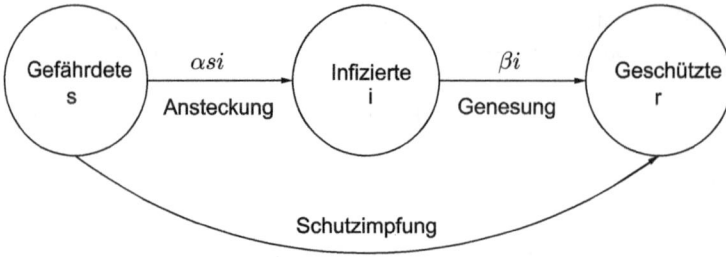

Abb. 4.2: Eine Schutzimpfung verringert den Anteil der Gefährdeten, indem sie den Anteil der Geschützten erhöht.

Der Schwellenwert kann durch Schutzimpfungen erhöht werden. Wird dabei die Herdenimmunität erreicht, so kommt der Schutz sogar denjenigen zugute, die – beispielsweise aus gesundheitlichen Gründen – nicht an der Impfung teilnehmen konnten. Die folgende Graphik verdeutlicht, welches Risiko bei ungenügender Beteiligung an Impfkampagnen droht.

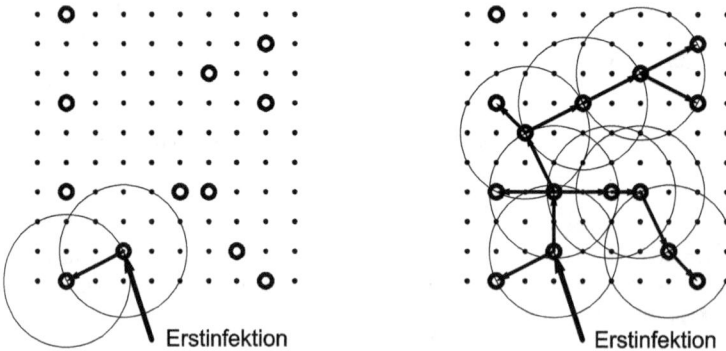

Abb. 4.3: Links: Durch eine ausreichende Anzahl Immunisierter (kleine Punkte) werden die Erkrankten isoliert und Neuinfektionen weitgehend verhindert. Rechts: Wird die Anzahl Ungeschützter (große weiße Punkte) über einen Schwellenwert hinaus erhöht, so kann eine Epidemie unter ihnen ausbrechen. Der Radius der Kreise veranschaulicht die Infektionsstärke (Kontaktzahl).

Problem 4.1 (D. Smith, L. Moore [119]). *Von 1912 bis 1928 betrug in den USA die Kontaktzahl für Masern $y = 12,8$. Nehmen wir an, dieser Wert wäre bis jetzt unverändert geblieben.*

Welcher Bevölkerungsanteil müsste zur Verhinderung einer Epidemie geimpft sein, falls eine Masern-Impfung den lebenslangen Schutz vor der Erkrankung

- *garantiert,*
- *nur zu 95 % absichert?*

Lösung. Betrachten wir zunächst den garantierten Impfschutz. Der Schwellenwert $s^* = \frac{1}{\gamma} = 0{,}078$ ist bei einem geschützten Anteil $r > 1 - s^* = 0{,}922$ gewährleistet. Somit müssen mehr als 92,2 % der Bevölkerung über einen Impfschutz verfügen. Sollte die Impfung nur in 95 % aller Fälle wirksam sein, so gilt

$$\frac{\text{Anteil Geschützte}}{\text{Anteil Geimpfte}} = 0{,}95 \Rightarrow \text{Anteil Geimpfte} = \frac{92{,}2\,\%}{0{,}95} = 97\,\% \qquad \square$$

Impfungen mit Langzeitschutz haben dazu beigetragen, daß verheerende Krankheiten wie Pocken, Tuberkulose oder Masern im Laufe des 20. Jahrhunderts aus großen Teilen der Welt nahezu verschwanden. Dieser Fortschritt war jedoch zugleich einer Verbesserung der Lebensbedingungen zu verdanken. Im Laufe der Geschichte hat sich oft gezeigt, daß auch Seuchen wieder auftauchen, sobald Hunger und Not zurückkehren.

Tab. 4.1: Kontaktzahlen und Schwellenwerte der Kinderkrankheiten, welche durch die Kombinationsimpfung MMR abgedeckt werden. Quelle: Joanna Nicho [114]

	Kontaktzahl	Schwellenwert
Masern	12,3	8,1 %
Mumps	8,1	12,3 %
Röteln	7,0	14,3 %

Das Wirkprinzip der Herdenimmunität lässt sich auch auf Krankheiten mit tödlichem Ausgang, längeren Inkubationszeiten und komplizierteren Übertragungswegen erweitern.

> Bei Kombination von Ausheilung mit einer (selbst zeitweisen) Immunisierung lässt sich die Dynamik der Seuchenausbreitung wesentlich abbremsen. Die Nachhaltigkeit der Maßnahmen hängt allerdings davon ab, wie stark der Krankheitsherd unterdrückt werden kann.

4.2 Eine Episode aus der Kolonialmedizin

Lücken im theoretischen Verständnis können zur Fehlinterpretation ganzer Versuchsreihen führen. Im folgenden wird geschildert, wie eine jahrzehntelange Kampagne zur Massenprophylaxe im kolonialen Afrika auf einer solchen Fehlerkette aufgebaut wurde, welche die Wirkung eines Medikaments überschätzte.

Die Schlafkrankheit gehört zu den großen Bedrohungen des afrikanischen Kontinents. Bis heute sind mehr als 500.000 Menschen[2] von der lebensgefährlichen Seuche

---

2 Es besteht ein direkter Zusammenhang zwischen Ausbeutung, Kriegen und den Opferzahlen der Schlafkrankheit, der bei Peter de Raadt [91] sowie Lea Berrang Ford [84] erläutert wird. Im letztge-

betroffen. Von Parasiten hervorgerufen und ausschließlich durch Tsetse-Fliegen verbreitet, bleibt sie auf diejenigen Gebiete des Tropengürtels beschränkt, welche den Lebensraum der Fliegen bilden.

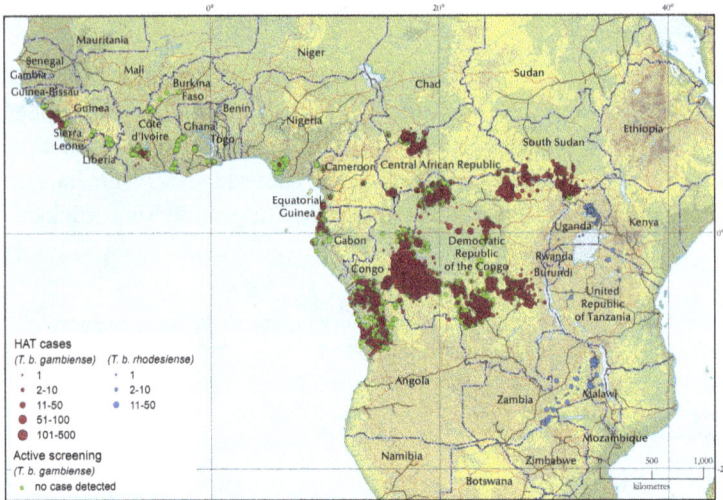

Abb. 4.4: Verbreitung der Afrikanischen Schlafkrankheit (HAT) im Zeitraum 2010–2014. In Abhängigkeit vom Erreger unterscheidet man die west- und die ostafrikanische Variante. Quelle: José R. Franco u. a. [96]

Obwohl die Krankheit seit der frühesten Menschheitsgeschichte in Teilen Afrikas verbreitet war, trat sie in der vorkolonialen Zeit in wesentlich geringem Ausmaß auf. Das Reservoir des Parasiten bildeten hauptsächlich Wild- und Haustiere in wohlbekannten und gut eingegrenzten Regionen. Die Übertragung des Krankheitserregers auf den Menschen geschah also zumeist vom Tier auf den Menschen und nur selten[3] von Mensch zu Mensch.

Die gegen Ende des 19. Jahrhunderts abgeschlossene Kolonialisierung sollte diesen Zustand drastisch ändern. Zur Erschließung der Reichtümer des Landes wurden Arbeitskräfte benötigt und so zwangen die neuen Herren einen Teil ihrer afrikanischen

---

nannten Artikel findet man dazu eine eindrückliche Statistik für Uganda über den Zeitraum von 1905 bis 2000.

3 Ein Indiz für die verhältnismäßig geringe Gefährdung in vorkolonialer Zeit war die schwache Ausprägung biologischer Schutzfaktoren bei Einheimischen, ganz im Gegensatz zur Vielfalt und Verbreitung entsprechender Schutzmechanismen gegen Malaria (Abschnitt 2.5).

Untertanen zum Aufgeben der bisherigen[4] Lebensweise. Oftmals wurden sie zur Roh-stoffgewinnung (Kautschuk, Erze) oder zum Bau von Straßen bzw. Eisenbahnen in Regionen verschickt, die zuvor aufgrund ihrer Verseuchung gemieden wurden. Eine höhere Besteuerung entzog dem bisherigem System der ländlichen Selbstversorgung zunehmend die Grundlage. Durch die Landflucht entstanden nun Orte mit einer hohen Bevölkerungsdichte, welche die Seuchenausbreitung begünstigten. Armut und Mangelernährung verstärkten die Anfälligkeit.

Nachdem sich die Fliegen in unmittelbarer Nähe menschlicher Siedlungen einnisten konnten, wurde der Mensch selbst zum Reservoir des Parasiten und es kam zum Ausbruch von Epidemien. Diese führten zu Beginn des 20. Jahrhunderts zur Entvölkerung[5] ganzer Landstriche und stellten damit die wirtschaftliche Ausbeutung in Frage. Zugleich war abzusehen, daß Infektionen von den Afrikanern früher oder später auf die weiße Minderheit übergreifen mussten, deren Immunsystem wesentlich schneller nachgibt. Sollte man das Problem nicht in Griff bekommen, so wäre das gesamte Herrschaftsprojekt gefährdet. In den Machtzentren der europäischen Kolonialimperien erklärte man die Seuchenbekämpfung zur vordringlichen Aufgabe, der sich führende Mediziner zuwandten.

Der Wirkstoff Pentamidin wurde 1937 von Chemikern der Liverpool School of Tropical Medicine entwickelt. Schnell erkannten sie vielversprechende Einsatzmöglichkeiten gegen die Schlafkrankheit sowie *Leishmaniose*, eine ebenfalls von Parasiten hervorgerufenen Erkrankung. Zusammen mit dem Syphilis-Medikament Salvarsan und dem Penicillin erwarb sich Pentamidin den Ruf einer „wonder drug" oder „magischen Kugel" der Chemotherapie. Im Jahre 1939 gelang es damit erstmals, eine Epidemie der Schlafkrankheit im britischen Sierra Leone unter Kontrolle zu bringen.

Eine Kettenreaktion von Irrtümern

Zur damaligen Zeit waren die mathematischen Gesetzmäßigkeiten beim Abbau von Medikamenten noch weitgehend unbekannt. Die Wirksamkeit von Drogen wurde experimentell erforscht. Doch bei der Untersuchung prophylaktischer Wirkungen gab es einige technische Probleme, die zu gravierenden Fehlinterpretationen führten.[6]

Einer der ersten Tests zur Prophylaxe wurden im Jahre 1941 vom belgischen Militärarzt Lucien Van Hoof am Institut für Tropenmedizin von Léopoldville, der Haupt-

---

4 Peter de Raadt [91] erläutert, wie die vorkoloniale Lebensweise innerhalb der Siedlungen und zwischen den Stammesterritorien bewusst oder unbewusst Isolationszonen schuf und zur Krankheitsprophylaxe beitrug.

5 Für das Ende des 19. Jahrhunderts gibt Peter de Raadt [91] allein im Kongobecken eine halbe Million und in Uganda zwischen 200.000 und 300.000 Todesopfer der Schlafkrankheit an.

6 Die Geschichte des Pentamidins und sein Einsatz in den afrikanischen Kolonien werden ausführlich im Buch von Guillaume Lachenal [105] beschrieben.

stadt des damaligen Belgisch-Kongo, durchgeführt. Zwei aus der lokalen Bevölkerung stammende Versuchspersonen erhielten eine Einmaldosis Pentamidin injiziert.[7] Anschließend wurden sie alle zwei Tage den Stichen von Tsetsefliegen aus dem Institutslabor ausgesetzt, deren Infektionsstärke jedoch nicht kontrolliert wurde. Es dauerte 10 bzw. 12 Monate, bis der Erreger der Schlafkrankheit im Blut der Probanden nachgewiesen werden konnte, worauf man sie ausheilte. Van Hoof schlussfolgerte eine prophylaktische Wirkung über die Dauer von mindestens 10 Monaten.[8]

Wegen des Krieges konnten die Ergebnisse erst 1944 veröffentlicht werden. Doch selbst in den folgenden zwei Jahrzehnten stießen sie in der Fachwelt kaum auf Widerspruch. Theoretische Ansätze zum Abbau der Wirkung waren noch unbekannt. Einzig die Entwickler aus Liverpool gaben zu Bedenken, daß die Probanden während des Versuchs möglicherweise nicht ununterbrochen einem Infektionsrisiko ausgesetzt waren.

Bereits vor der Veröffentlichung seiner Resultate entschied sich Van Hoof im Dezember 1942 zur Fortsetzung im Massenexperiment. Als *Médecin en Chef du Congo belge* im militärischen Rang eines Generals genoss er eine hohe Entscheidungsfreiheit und stand zugleich unter Handlungsdruck.[9] Wegen des Krieges war die Nachfrage nach Kautschuk stark gestiegen und mit der Zunahme des Kautschuksammeln in den Wäldern stieg zugleich der Anteil Erkrankter. Verstärkte Epidemien in mehreren Kolonien drängten zu Gegenmaßnahmen. Für den ersten Massenversuch wurden zwei Dörfer auserwählt, die regelmäßig von Epidemien heimgesucht wurden. Aus den vermeintlich gesunden Dorfbewohnern – die Mikroskopie erkannte Infektionen nur mangelhaft – wurden tausend Personen ausgesucht. Davon wurden nun zwei Drittel „immunisiert", während das verbleibende Drittel als Kontrollgruppe[10] belassen wurde. In dieser fand man nach Ablauf von 6 Monaten einige Krankheitsfälle, während die „Immunisierten" gesund blieben. Wieder einmal schien der Erfolg offensichtlich.

---

7 Die Dosis betrug 2 mg pro kg bzw. 3 mg pro kg und lag damit tiefer als die heutige Tagesdosis einer zehntägigen Behandlung (Beispiel 1.3, Abschnitt 1.6).

8 Heute erscheint es paradox, daß die fehlerhaften Resultate van Hoofs [123] nahezu gleichzeitig durch unabhängige Forschungen des französischen Biologen Leon Launoy [107] „bestätigt" wurden, womit der Grundstein für einen langjährigen Prioritätsstreit gelegt wurde.

9 Zwar wurde Belgien während des Zweiten Weltkriegs von deutschen Truppen besetzt, jedoch nicht seine Kolonien. Als enger Verbündeter der Alliierten gewann die Kolonialverwaltung von Belgisch-Kongo eine hohe Autonomie und strategische Bedeutung als Lieferant kriegswichtiger Rohstoffe wie Kautschuk und Uran.

10 Der Versuchsverlauf ist ungenügend dokumentiert. Es gibt jedoch Hinweise, daß die Kinder in der Kontrollgruppe überrepräsentiert waren. Wegen ihres höheren Infektionsrisikos erlaubt ein Vergleich der Gruppen keinen Rückschluss auf die Wirksamkeit des Medikaments (Guillaume Lachenal [105], S. 44 und 253]). Medikamententests mit einer robusten behandelten Gruppe und einer krankheitsanfälligeren Kontrollgruppe können die Ergebnisse durch das sogenannte Simpson-Paradoxon verzerren.

Ein Kontinent als Großraumlabor

Nach Ende des Zweiten Weltkrieges beschloss die Mehrzahl der Kolonialmächte ein breitangelegtes Programm zur Ausrottung der Afrikanischen Schlafkrankheit durch Pentamidin. In den französischen Kolonien wurde es unter dem Namen Lomidin eingesetzt, weshalb man die dortige Kampagne als *Lomidinisierung* (lomidinisation) bezeichnete. Mobile Sanitätsbrigaden untersuchten, meist im Abstand eines oder zweier Jahre, die Bevölkerung potenziell gefährdeter Gebiete. Für Einheimische bestand Teilnahmepflicht.[11] Krankheitsfälle wurden mit Pentamidin kuriert und die Gesunden mit einer etwas geringeren Dosis immunisiert. Auf die zeitraubende und komplizierte Mikroskopie musste oft verzichtet werden. Vom Ende des Zweiten Weltkriegs bis zur Unabhängigkeit der afrikanischen Staaten wurden insgesamt 12–13 Millionen präventive Injektionen verabreicht.

Abb. 4.5: Kampagne zur Bekämpfung der Schlafkrankheit in Pagouda (ehemals Französisch-Togoland, jetzt Togo). Zwischen 1940 und 1950. Quelle: Agence économique de la France d'Outre-Mer. © ANOM.

Die Brigaden, meist aus vier einheimischen Hilfskräften unter der Leitung eines europäischen Sanitäters bestehend, hatten dabei ein hohes Arbeitspensum zu bewältigen. Für die Injektionslösung musste Wasser filtriert werden. Pro Vormittag wurden im Durchschnitt 250 Injektionen verabreicht. Aufgrund des Zeitdrucks, der geringen Qualifikation, der sparsamen Ausrüstung (5 Spritzen, 10 Nadeln) sowie mangelhafter Sterilisierung vor Ort war es nicht erstaunlich, wenn bei den Geimpften regelmä-

---

11 Da sich die Verantwortlichen der Risiken und Nebenwirkungen sehr wohl bewusst waren, gaben sie für Weisse genau die entgegengesetzte Richtlinie. Hier wurde von einer allgemeinen prophylaktischen Injektion abgeraten. Falls sie aufgrund besonderer Umstände trotzdem ratsam wäre, müsse sie unbedingt durch einem weißen Arzt aus der Kolonialverwaltung erfolgen.

ßig tödliche Komplikationen auftraten. Zu deren Behandlung waren die Teams weder ausgebildet noch mit Medikamenten ausgerüstet.[12]

Obwohl Pentamidin nach Beispiel 1.3 zur Prophylaxe ungeeignet ist, zeigte die Behandlung eine Wirkung. Selbst nach ein- oder zweijähriger Pause blieb die Anzahl der Neuinfektionen oft noch bemerkenswert tief. Die Gesamtzahl der Erkrankungen sank merklich, wenn auch die Krankheit nie völlig verschwand. Das nährte die Hoffnung auf eine Ausrottung der Seuche und war der Hauptgrund für die jahrzehntelange Fortsetzung der Kampagnen.

Wirkungen und Spätfolgen

Im Rückblick stellt sich die Frage, warum Pentamidin – trotz seiner geringen Halbwertzeit – bei der massenhaften Anwendung überhaupt eine Langzeitwirkung zeigte. Die Antwort fand sich erst durch bessere Diagnosen und ein tieferes Verständnis der Übertragungsmechanismen. Zu Beginn der 1960er Jahre wurde die Technik Beta-2-M entwickelt, welche einen genaueren Nachweis des Parasiten ermöglicht. Dabei offenbarte sich, daß Mikroskopie nur eine Erfolgsquote von etwa 30 % aufweist. 70 % der Krankheitsfälle bleiben unentdeckt. Die angeblich so effektive Prophylaxe war also in vielen Fällen eine – tatsächlich wirkungsvolle – Krankheitsbehandlung. Außerdem ist meist nur ein geringer Teil der Tsetse-Fliegen infiziert, nämlich diejenigen, welche sehr rasch nach dem Schlüpfen zu einer infizierten Blutmahlzeit[13] gelangen. Verabreicht man der Bevölkerung die vorgeschriebene Dosis Pentamidin, so ist sie zumindest für einige Tage gesund und versorgt in dieser Zeit geschlüpfte Fliegen mit sauberem Blut. Dadurch nimmt der Anteil infizierter Fliegen merklich ab. Die kurzzeitige Immunisierung verlangsamte die Krankheitsausbreitung, wie am Ende von Abschnitt 4.1 angesprochen wird.

Unter Einheimischen war die Prävention wegen ihrer schweren Komplikationen gefürchtet. Zur Kostenbegrenzung ignorierten die Verantwortlichen die Sicherheits- und Hygienestandards, wie es in Europa selbst für damalige Verhältnisse unvorstellbar gewesen wäre. Die Risiken schienen tragbar, solange sie auf die einheimische Bevölkerung beschränkt blieben. Wie der französische Historiker Guillaume Lachenal [105] nachwies, wurden Todesfälle zu Pannen heruntergespielt, ihre Ursachen ignoriert oder den Opfern selbst angelastet. Gleichzeitig unternahm die Forschung über Jahrzehnte keinen Versuch zur Überprüfung der mysteriösen Prophylaxewirkung, der den Irrtum aufgeklärt hätte.

---

12 Hauptgründe der Todesfälle waren allergische Schockreaktionen sowie bakteriell verschmutzte Einstichstellen. Es sind mehrere schwere Zwischenfälle mit Dutzenden von Toten durch bakterienverseuchtes Wasser dokumentiert. Statistiken über die Gesamtzahl der Todesfälle wurden nicht geführt.
13 Siehe Deirdre P. Walshe, Michael J. Lehane, Lee R. Haines [126].

Von den Organisatoren wurde in Kauf genommen, daß mangelhaft sterilisierte Spritzen gleichzeitig Wege zur Übertragung neuer Krankheiten schufen.[14] Nachgewiesen ist die Förderung von Hepatitis C im südlichen Kamerun und von HIV-2 in Guinea-Bissau[15] Zu den Kerngebieten der französischen Lomidisierung gehörte der südöstliche Teil von Kamerun, welcher als Ursprungsterritorium des weltweit verbreiteten HIV-1 M gilt. Im Zeitraum zwischen 1908 und 1933 wurde die Urform des Virus dort vom Schimpansen auf den Menschen übertragen.[16] Obwohl es noch andere Wege gibt, könnten die jahrzehntelangen flächendeckenden Zwangslomidinisierungen zur Verbreitung von AIDS beigetragen haben.

Mit der Verbreitung blutübertragbarer Infektionen werfen die fast vergessenen Gesundheitskampagnen einen langen Schatten in die Gegenwart. Die Ursachen dieses Desasters sollten weder im Irrtum einzelner Entscheidungsträger wie General Van Hoff noch in vereinfachten wissenschaftlichen Modellansätzen oder gar einem unzureichenden zeitgenössischen Wissensstand gesucht werden. Bei der Komplexität des Problems ist davon auszugehen, daß ihr auch heutige Konzepte nicht gerecht werden, solange sie eine rein technologische Lösung suchen. Es waren Netzwerke aus Investoren, Politikern, Administratoren und Wissenschaftlern, welche im 19. und 20. Jahrhundert die kolonialen Großprojekte vorantrieben, gigantisch in ihren Profitversprechen und unvorhersehbar in ihren Auswirkungen auf Mensch und Natur. Bei neuen Problemen griffen sie wiederum auf dieselben Methoden zurück. Anstelle des Gewinnverzichts zugunsten der Gesundheit der Einheimischen, deren Wohlergehen vorgeblich als Kolonisierungsgrund galt, kam zur Lösung nur ein neues Großprojekt in Betracht, diesmal als hochprofitabler Staatsauftrag für die Pharmaindustrie.

---

14 Dasselbe Problem trat in den Armeen des Zweiten Weltkriegs auf und wurde unmittelbar nach Kriegsende intensiv erforscht, siehe R. J. Evans, E. T. C. Spooner [92].

15 HIV-2 ist hauptsächlich auf Westafrika beschränkt. Die Krankheit ist sexuell weniger übertragbar und verläuft leichter als HIV-1, sodaß die Erkrankten länger überleben. Da die Gesundheitskampagnen im damals portugiesischen Guinea-Bissau erst zwischen 1950 und 1970 intensiviert wurden, ließ sich bei den Geimpften noch eine höhere HIV-Rate nachweisen (Jacques Pépin [115]).

16 Nach DNA-Analysen handelte es sich um einem einmaligen Übertragungsakt, vermutlich durch eine Verletzung bei der Jagd oder Zubereitung von Schimpansenfleisch. Der Virusstamm wurde in einer Schimpansenpopulation in den Regenwäldern von Südkamerun nachgewiesen, wo zwangsrekrutierte Afrikaner zu Beginn des 20. Jahrhunderts Kautschuk und Elfenbein sammeln mussten. Man ernährte die Arbeiter vor Ort mit geschossenem Wild, womit Übertragungsmöglichkeiten für das Virus gegeben wären. Der Brennpunkt der frühen Weitergabe von Mensch zu Mensch lag im entfernten Léopoldville (Jacques Pépin [115]). Das Handels- und Verwaltungszentrum von Belgisch-Kongo diente als Hauptwarenumschlagplatz im Flussnetz des Kongo-Beckens. Die Hunderte Kilometer lange Wegstrecke aus den spärlich besiedelten Regenwäldern Südkameruns war am einfachsten über die Flüsse Sangha und Kongo zu überwinden – eine Freihandelsroute, die bereits in der deutschen (1884–1916) und nachfolgenden französischen Herrschaftsperiode zum Rohstofftransport genutzt wurde (siehe Nuno R. Faria [93]). Da Fähren für die Strecke nur etwa 14 Tage benötigten, hätte auch die erstinfizierte Person sehr schnell nach Léopoldville gelangen können.

4.3 Optimale Virulenz

Unter dem Sammelbegriff *Parasiten* verstehen wir nun Mikroorganismen wie Viren, Bakterien, Würmer und Pilze, deren Stoffwechsel und Vermehrung auf der Ausbeutung ihrer Wirte beruht. Hier wird untersucht, warum die zerstörerische Kraft von Parasiten unterschiedlich ausgeprägt ist und bei besseren Verbreitungsmöglichkeiten, beispielsweise in Krankenhäusern, aggressivere[17] Mutationen gefördert werden.

Das Dilemma des Parasiten besteht darin, daß er seinen Wirt umso mehr schädigt, desto intensiver er sich vervielfältigt:

– Bei einer zu intensiven Vervielfältigung besteht das Risiko, daß der Wirt stirbt, bevor sich der Parasit eine neue Heimat suchen konnte.
– Bei einer zu moderaten Vervielfältigung wird er vom Immunsystem des Wirtes ausgeschaltet.

In beiden Fällen droht dem Parasiten ebenfalls das Ende, da seine Fortexistenz außerhalb des Wirtskörpers oft unmöglich ist. Unter der Vielzahl seiner Mutationen werden also diejenigen bevorzugt, die einen Mittelweg ermöglichen. Wir werden sehen, daß es die Umweltbedingungen sind, welche den optimalen Weg teils aggressiver und teils moderater ausfallen lassen. Da die Wechselwirkungen äußerst komplex sind, werden hier nur einfache Modellansätze vorgestellt, die einzelne Aspekte sichtbar machen.

In einem logistischen Modell betrachteten Anderson und May [81] eine Wirtspopulation, welche von Parasiten so stark dezimiert wird, daß ihre Gesamtzahl konstant bleibt. Dabei ist die Ausheilung eines Wirtes möglich. Aufgrund ihrer kurzen natürlichen Lebensdauer bleibt jedoch der Anteil Immunisierter für die Modellierung belanglos. Die Autoren geben Beispiele für Insekten, die von Viren, Bakterien, Protozoa oder Pilzen befallen werden. In der Wirtspopulation bezeichnet zum Zeitpunkt t

– $s(t)$ die Anzahl der *Gefährdeten* (susceptibles),
– $i(t)$ die Anzahl der *Infizierten* (infectives).

Todesfälle werden durch Geburten ausgeglichen, sodaß die Wirtspopulation konstant bleibt. Damit ist die Geburtenrate implizit in der folgenden Gleichung enthalten.

$$s(t) + i(t) = N = \text{konst.} \qquad \text{für } t \geq 0$$

Die Dynamik der Krankheitsausbreitung wird durch folgende Konstanten bestimmt:

– b die *natürliche Sterblichkeitsrate*, wie sie ohne Krankheit auftritt,
– α die *Virulenz*, d.h. die zusätzliche Sterblichkeitsrate, welche allein durch die Infektion bedingt ist,

---

[17] Krankenhausepidemien werden häufig durch Salmonellen, Staphylokokken und Streptokokken hervorgerufen, obwohl die meisten Formen dieser Bakterienstämme außerhalb von medizinischen Einrichtungen bei Menschen harmlos sind (siehe S. Frank [97, S. 64]).

- γ die *Genesungsrate*,
- β die *Übertragungsstärke* der Infektion.

Sämtliche Parameter hängen hochgradig von vorhandenen Immunitäten, dem Ernährungsstand und der Hygiene, also gesellschaftlichen bzw. Umweltbedingungen ab. Deshalb ist Vorsicht geboten, wenn Ergebnisse aus Modellrechnungen zwischen verschiedenen Ländern oder historischen Zeitabschnitten übertragen werden.

Die Raten beziehen sich auf einen fixierten Zeitschritt, meist eine Woche oder einen Tag. Die ersten drei Größen geben für jeden erkrankten Wirt unabhängig von seinem Alter die Wahrscheinlichkeiten, innerhalb des Zeitintervalls zu sterben oder zu genesen. Damit ist $b + a$ die Sterblichkeitsrate eines infizierten Wirtes (pro Zeitschritt) und $\beta i \cdot s$ die Anzahl Neuinfizierter. Wir erhalten

$$\frac{di}{dt} = \beta is - (\alpha + b + \gamma)i \qquad \text{für } t \geq 0$$

bzw. nach Ersetzung von $s = N - i$

$$\frac{di}{dt} = [(\beta N - \alpha - b - \gamma) - \beta i]i \qquad \text{für } t \geq 0 \qquad (4.10)$$

Das Zusammenwirken der Parameter β, a und b lässt sich durch Einführung neuer Variabler untersuchen. Es seien

$$x = (\alpha + b + \gamma)t\,, \qquad y(x) = \frac{i(t)}{N}$$

Hier ist x die renormierte Zeit und y der Anteil Infizierter an der Wirtspopulation. Alle Parameter werden zusammengefasst. Die Konstante $R = \frac{\beta N}{\alpha + b + \gamma}$ bezeichnet die *Reproduktionsrate* des Parasiten in der Wirtspopulation. Zur Interpretation benötigen wir zunächst folgende Aussage.

Satz 4.1. *Der Erwartungswert der Verweilzeit in der Gruppe der Infizierten ist* $\frac{1}{\alpha+b+\gamma}$.

Beweis. In unserem Modell ändert ein infizierter Wirt pro Zeitschritt mit der Wahrscheinlichkeit $p = \alpha + b + \gamma$ seinen Status, indem er entweder stirbt oder gesund wird. Seine Verweilzeit in der Gruppe der Infizierten lässt sich durch eine geometrische Verteilung (Anhang B.6) mit dem Erwartungswert $\frac{1}{\alpha+b+\gamma}$ beschreiben. $\qquad\square$

Die erwartete Verweildauer eines Infizierten in seinem Zustand kann gleichzeitig als Maß für die *Wirkdauer des Krankheitserregers* betrachtet werden. Andererseits ist βN ein Maß für die Ausbreitungsstärke der Infektion. Damit erhalten wir für ihr Produkt:

Die Reproduktionsrate

$$R = \frac{\beta N}{\alpha + b + \gamma} \qquad (4.11)$$

beschreibt die Vitalität (Fitness) des Parasiten in der Wirtspopulation.

Dann ist

$$\frac{di}{dt} = N\frac{dy}{dx}\frac{dx}{dt} = N\frac{dy}{dx}(\alpha + b + \gamma) = \frac{\beta N^2}{R}\frac{dy}{dx}$$

sowie

$$[(\beta N - \alpha - b - \gamma) - \beta i]i = \left[\left(\beta N - \frac{\beta N}{R}\right) - \beta N y\right]Ny = \left[\left(1 - \frac{1}{R}\right) - y\right]\beta N^2 y\,,$$

sodaß wir aus (4.10) die folgende Gleichung erhalten

$$\frac{\beta N^2}{R}\frac{dy}{dx} = \left[\left(1 - \frac{1}{R}\right) - y\right]\beta N^2 y$$

Nach Umstellung erhalten wir

$$\frac{dy}{dx} = [(R - 1) - Ry]y \tag{4.12}$$

Wenn die eckige Klammer negativ wird, kann sich die Infektion nicht ausbreiten:

> Für Reproduktionsraten $R \leq 1$ stirbt der Parasit aus.

Die Bedeutung der Reproduktionsrate geht weit über das Modell (4.10) hinaus. Größere Reproduktionsraten bedeuten für den Parasiten eine höhere Fitness. Aus (4.11) folgt:

> **P1** Parasiten mit geringeren Übertragungsstärken β sind nur in größeren Wirtspopulationen überlebensfähig, während sie mit höheren Übertragungsstärken auch in kleineren Wirtspopulationen bestehen können.
> **P2** Hochpathogene Krankheitserreger mit großem α können nur in großen Wirtspopulationen fortexistieren.

Hier wird deutlich, wie die industrielle Landwirtschaft mit Monokulturen und Massentierhaltung der Evolution von Parasiten ungeahnte Wege eröffnet.

Grundsätzlich können Parasiten ihre geringere Übertragungsstärken durch höhere Wirkdauern $\frac{1}{\alpha+b+\gamma}$ ausgleichen. Letzteres bedeutet, den Wirt möglichst lange im erkrankten Zustand zu lassen, indem sie sowohl seinen Tod als auch seine Ausheilung hinauszögern. Wir werden jedoch sehen, daß diese Strategie meist auch die Übertragungsrate β verkürzt, sodaß der Vorteil verloren geht.

Solange die körpereigene Abwehr des Wirtes die Eindringlinge bekämpft, lässt sich keine Kooperation finden. Bei verringerter Virulenz α hätte das Immunsystem bessere Chancen, die Infektion zu besiegen. Damit steigt γ, während β sinkt. Eine Optimierung von (4.11) aus Sicht des Parasiten mit $\alpha \to 0$, $\gamma \to 0$ und $\beta \to 1$ wird also wegen der Verkopplung dieser Parameter unmöglich. Das gilt grundsätzlich – wenngleich in unterschiedlicher Ausprägung – für alle Infektionen. Suchen wir nach optimalen Strategien für Krankheitserreger, so müssen wir konkrete Beispiele betrachten.

Myxoma-Viren gegen Wildkaninchen

Ein Zusammenhang von Virulenz α und Genesungsrate γ wurde von Anderson und May [82] am Beispiel des Myxoma-Virus bei ausgewilderten Kaninchen in Australien untersucht. Vorangegangen war eine dramatische Tierinvasion. Im Jahre 1859 hatte ein Schiff 24 Wildkaninchen mitgebracht, die im Südosten des Kontinents freigelassen wurden. Weitere Aussetzungen folgten. Wenig später sah sich das Land mit ihrer sprunghaften Vermehrung konfrontiert. Die Nager konkurrierten mit den Schafen um Futter und durchwühlten den Boden, wodurch er der Erosion preisgegeben wurde. Nachdem sich andere Gegenmaßnahmen als nutzlos erwiesen hatten, versuchten die Behörden um die Mitte des 20. Jahrhunderts, die Kaninchenplage mit der gezielten Verbreitung eines Pockenvirus einzudämmen, der von südamerikanischen Nagetieren stammte und sich in Labortests für Kaninchen als extrem tödlich erwiesen hatte.

Der zur Dezimierung eingeführte Stamm I, siehe Tabelle 4.2, lässt erkrankte Kaninchen im Mittel nach 11 Tagen sterben. Für verschiedene Unterarten des Virus wurden die nachstehenden Werte von α und γ gemessen.

Tab. 4.2: Laborwerte für Virulenz und Genesungsrate verschiedener Stämme des Myxoma-Virus bei australischen Wildkaninchen nach F. Fenner, F. N. Ratcliffe [95].

Virusstamm	mittlere Überlebenszeit $\frac{1}{\alpha}$ in Tagen	Virulenz α pro Tag	Genesungsrate γ pro Tag
I (eingeführt)	11,0	0,091	0,0001
II	14,5	0,069	0,0022
III A	19,5	0,051	0,0042
III B	25,5	0,039	0,0100
IV	39,5	0,025	0,0169
V	118,0	0,008	0,0301

Problem 4.2. *Gesucht ist die Sterbewahrscheinlichkeit bei einer Infektion mit Stamm I.*

Lösung. Nach Tabelle 4.2 sind die täglichen Raten des Überlebens $\alpha = 0{,}091$ und der Genesung $\gamma = 0{,}0001$. Bezeichnen wir mit p_i die Wahrscheinlichkeit, daß die Genesung am i-ten Tag eintritt, so ist $p_i = (1-\alpha)^{i-1}\gamma$. Damit beträgt die Wahrscheinlichkeit einer Genesung

$$p(\text{Genesung}) = \sum_{i=1}^{\infty} p_i = \gamma \sum_{i=1}^{\infty}(1-\alpha)^{i-1} = \gamma \cdot \frac{1}{\alpha} \quad \text{mit Anhang A.6, (A.15)}$$

$$= 1{,}1 \cdot 10^{-3}$$

und ein infiziertes Kaninchen stirbt mit der Wahrscheinlichkeit von 99,89 %. $\square$

Anderson und May [82] approximierten die Abhängigkeit von α und γ aus Tabelle 4.2 als an der Abszisse gespiegelten und nach unten verschobenen Logarithmus:

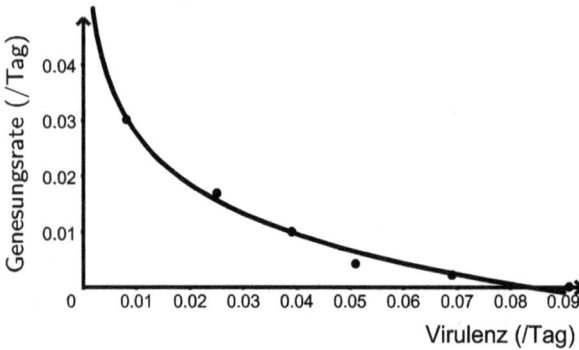

Abb. 4.6: Punkte: Tabellenwerte aus 4.2 für α und γ bei verschiedenen Stämmen des Myxoma-Virus. Kurve: Bestapproximation der Form $\gamma(\alpha) = c + d \ln \alpha$ nach Problem 4.3.

Problem 4.3. *Für den Ansatz $y(\alpha) = c + d \ln \alpha$ sind die bestmöglichen Parameter c und d zu bestimmen.*

Lösung. Mit den untenstehenden Werten wird eine lineare Regression durchgeführt.

Virusstamm	ln α	γ
I	−2,3969	0,0001
II	−2,6736	0,0022
III A	−2,9759	0,0042
III B	−3,2442	0,0100
IV	−3,6889	0,0169
V	−4,8283	0,0301

Dabei erhält man $c = -0,032$ aus (A.5) sowie $d = -0,0129$ aus (A.4). ☐

Folglich lässt sich die Abhängigkeit der Genesungsrate γ von der Virulenz α durch

$$\gamma(\alpha) = -0,032 - 0,0129 \ln \alpha \tag{4.13}$$

beschreiben. Nach Einsetzen von (4.13) in (4.11) erhält man

$$R = \frac{\beta N}{\alpha + b + c + d \ln \alpha} \tag{4.14}$$

Da allein der Einfluss der Virulenz auf die Reproduktionsrate untersucht werden soll, wird die Populationsstärke N als konstant betrachtet. Für die weitere Rechnung nahmen Anderson und May vereinfachend an, daß die Übertragungsraten β verschiedener Myxoma-Stämme keinen wesentlichen Einfluss auf die Virulenz hätten. Damit ist

β konstant. In (4.14) setzten sie

$$b = 0{,}011/\text{Tag}\,, \quad c = -0{,}032\,, \quad d = -0{,}0129\,, \quad \beta N = 0{,}2/\text{Tag} \qquad (4.15)$$

wobei der Wert βN willkürlich gewählt wurde.

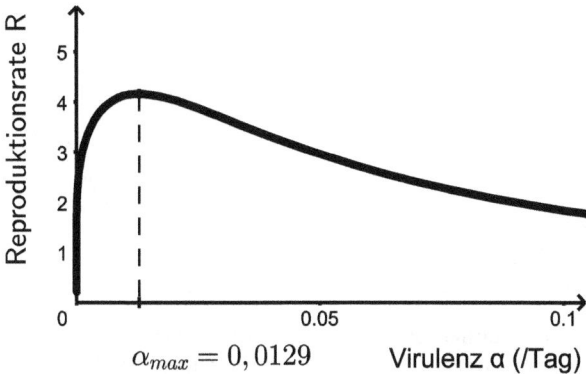

Abb. 4.7: Abhängigkeit der Reproduktionsrate R von der Virulenz α nach (4.14), (4.15) für verschiedene Stämme des Myxoma-Virus bei australischen Wildkaninchen.

Problem 4.4. *Zu berechnen ist das Optimum der Virulenz α für Problem* (4.14), (4.15).

Lösung. Aus $R(\alpha) = \beta N(\alpha + b + c + d \ln \alpha)^{-1}$ folgt mit der Kettenregel

$$R'(\alpha) = -\beta N(\alpha + b + c + d \ln \alpha)^{-2}\left(1 + \frac{d}{\alpha}\right)$$

Die Bedingung $R'(\alpha) = 0$ führt zu

$$1 + \frac{d}{\alpha} = 0$$
$$\alpha = -d = 0{,}0129$$

Weiterhin ist

$$R''(\alpha) = 2\beta N(\alpha + b + c + d \ln \alpha)^{-3}\left(1 + \frac{d}{\alpha}\right)^2 - \beta N(\alpha + b + c + d \ln \alpha)^{-2}\left(-\frac{d}{\alpha^2}\right)$$
$$R''(-d) = \frac{\beta N}{d}(-d + b + c + d \ln(-d))^{-2} < 0 \quad \text{wegen } d < 0$$

Für $\alpha = 0{,}0129$ nimmt die Reproduktionsrate ihren maximalen Wert an. $\qquad \square$

Dieses optimale Verhalten entspricht ungefähr den Virusstämmen III B und IV aus Tabelle 4.2. Gegenüber dem aggressivsten Stamm I erhöht sich bei ihnen die Überlebensrate der Opfer um mehr als das 100fache.

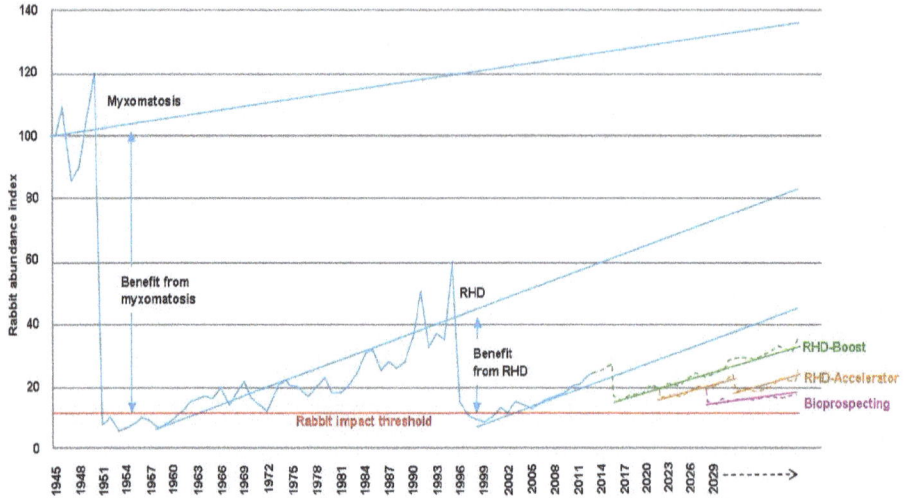

Abb. 4.8: Verringerung der australischen Kaninchenpopulation durch künstlich eingeführte Viren. Die rote Linie zeigt den Höchstwert einer ökologisch und landwirtschaftlich verträglichen Populationsstärke. Graphik: Tanya E. Cox u. a. [90].

Die obenstehende Graphik 4.8 zeigt, daß die Kaninchenpopulation nur für ein knappes Jahrzehnt unter den Zielvorgaben gehalten werden konnte. Unsere Rechnung erklärt die Ursachen. Nachdem der ursprüngliche Stamm I seine Wirte maßgeblich dezimiert hatte, passten sich Kaninchen und das Myxoma-Virus einander an, wobei ein wesentlicher Schritt vonseiten des Virus erfolgte. Durch bessere Reproduktionsraten wurden unter neuentstandenen Mutationen die milderen Varianten begünstigt, womit die Kaninchenpopulation schrittweise wieder anwuchs. Dagegen rottete sich der als biologische Waffe vorgesehene Stamm I zusammen mit seinem Wirt aus, sodaß er heute in Australien nicht mehr anzutreffen ist (Tabelle 4.3).

Ähnliches wiederholte sich einige Jahrzehnte später. Auch die Einführung des RHD-Virus (China-Seuche) gegen Ende des 20. Jahrhunderts konnte kein künstliches Gleichgewicht schaffen. Stattdessen zeigt Bild 4.8 im zeitlichen Verhalten eine deutliche Analogie zwischen RHD und Myxomatose. Bedenkt man, daß mutierte Viren auch auf andere Tiere oder Menschen überspringen können, so klingt es verharmlosend, derartige Versuche nur als nutzlos zu bezeichnen.

Höchste oder beste Übertragbarkeit?

Im letzten Abschnitt wurde die Übertragungsrate β als konstant angenommen. Die Vereinfachung erlaubte zwar die Berechnung, ist aber biologisch kaum begründbar. Aggressivere Virusmutanten verursachen gefährlichere Wunden, womit die übertragenden Moskitos den Erreger besser aufnehmen. In Ermangelung von Messdaten ließ sich dieser Effekt nicht beziffern, doch der hohe Restanteil von Stamm III A im Zeitraum 1963–1964 (Tabelle 4.3) weist darauf hin, daß die optimale Virulenz des Myxoma-Virus etwas höher als bei $\alpha = 0{,}0129$ liegt.

Tab. 4.3: Häufigkeit des prozentualen Auftretens verschiedener Stämme des Myxoma-Virus bei australischen Wildkaninchen nach R. Anderson, R. May [82].

Zeitraum	I	II	III A	III B	IV	V
1950–1951	100	0	0	0	0	0
1958–1959	0	25,0	29,0	27,0	14,0	5,0
1963–1964	0	0,3	26,0	34,0	31,3	8,3

Bei einer Kopplung von Übertragungsrate β und Virulenz α kann man vermuten, daß eine optimale Reproduktionsrate R auch Schranken für die Übertragungsrate vorgibt. Dieses Problem wurde von Van Baalen und Sabelis [122] untersucht. Vereinfachend gingen sie von einer unheilbaren Infektionskrankheit aus, deren Wirtspopulation dadurch konstant gehalten wird. Für einen festen Wert N und die Genesungsrate $y = 0$ untersuchten sie die aus (4.11) hergeleitete Reproduktionsrate

$$R = \frac{\beta N}{\alpha + b} \tag{4.16}$$

Die Abhängigkeit zwischen Virulenz α und Übertragungsrate β lässt sich durch die Einführung eines Kopplungsparameters τ beschreiben, dessen biologische Interpretation nicht hinterfragt wird. Stattdessen genügen zwei formale Beziehungen als differenzierbare Funktionen

$$\alpha = \alpha(\tau)\,, \qquad \beta = \beta(\tau) \tag{4.17}$$

Damit ist auch die Reproduktionsrate (4.16) eine Funktion von τ, deren Optimum berechnet werden kann. Es ist

$$R' = \frac{\beta' N\mu + \beta'\alpha N - \beta\alpha' N}{(\mu + \alpha)^2} \tag{4.18}$$

$$R'' = \frac{N[\beta''(\mu + \alpha)^2 - \beta\alpha''(\mu + \alpha) - 2\beta'(\mu + \alpha) + 2\beta\alpha']}{(\mu + \alpha)^3} \tag{4.19}$$

Aus der notwendigen Bedingung $R' = 0$ folgt

$$\beta' N\mu + \beta'\alpha N - \beta\alpha' N = 0$$

$$\frac{\beta'}{\alpha'} = \frac{\beta}{\mu + \alpha} \tag{4.20}$$

bzw.

$$\beta' = \frac{\beta}{\mu + \alpha}\alpha' \tag{4.21}$$

Zur Überprüfung der hinreichenden Bedingung unseres Optimums ersetzen wir in der zweiten Ableitung (4.19) für β' den Term (4.21). Nach der Vereinfachung bleibt

$$R'' = \frac{N[\beta''(\mu + \alpha) - \beta\alpha'']}{(\mu + \alpha)^2}$$

Für

$$\beta''(\mu + \alpha) - \beta\alpha'' < 0 \tag{4.22}$$

folgt $R'' < 0$. Demnach liegt ein Maximum der Reproduktionsrate vor, falls (4.20) und (4.22) erfüllt sind. Die Bedingungen lassen sich im zweidimensionalen Koordinatensystem mit

$$x = \text{Sterblichkeitsrate}, \qquad y = \text{Übertragungsrate}$$

graphisch veranschaulichen, wo man aus (4.17) eine parametrisierte Kurve erhält:

$$\vec{r}(\tau) = \begin{pmatrix} \mu + \alpha(\tau) \\ \beta(\tau) \end{pmatrix} \tag{4.23}$$

Satz 4.2. *Die aus (4.20), (4.22) berechnete optimale Übertragungsrate lässt sich graphisch durch den Kurvenpunkt $P = (\mu+\alpha, \beta)$ bestimmen, welcher folgende Bedingungen erfüllt (Bild 4.9):*
G1 *Der Anstieg der Geraden vom Koordinatenursprung zu P ist gleich dem Tangentenanstieg in P.*
G2 *In einer Umgebung von P ist die Kurve (4.23) konkav.*

Beweis. Zu G1: Es ist $\frac{\beta'}{\alpha'}$ der Tangentenanstieg und $\frac{\beta}{\mu+\alpha}$ der Anstieg der Geraden vom Koordinatenursprung zu einem Kurvenpunkt. Gemäß Bedingung (4.20) sind im Punkt der optimalen Reproduktionsrate beide Werte gleich.

Zu G2: Aus den Vektoren $\vec{r}' = \begin{pmatrix} \alpha' \\ \beta' \end{pmatrix}$ und $\vec{r}'' = \begin{pmatrix} \alpha'' \\ \beta'' \end{pmatrix}$ lässt sich die Matrix

$$A = [\vec{r}', \vec{r}''] = \begin{bmatrix} \alpha' & \alpha'' \\ \beta' & \beta'' \end{bmatrix}$$

zusammensetzen. Für die lokale Konkavität der ebenen, parametrisierten Kurve (4.23) muss ihre Determinante in einer Umgebung von P negativ werden:[18]

$$\det A = \beta''\alpha' - \alpha''\beta' < 0 \tag{4.24}$$

---

[18] Eine ebene Kurve $\vec{r}(t) = (x(t), y(t))$ besitzt die Krümmung $\kappa = \frac{x'y'' - x''y'}{(x'^2 + y'^2)^{\frac{3}{2}}}$. Für $\kappa < 0$ im Intervall $t \in (a, b)$ ist die Kurve dort konkav. Entsprechend ist die Kurve für $\kappa > 0$ konvex.

Aus (4.22) folgt jedoch mit (4.20)

$$\beta(\beta''\alpha' - \alpha''\beta') < 0$$

$$\beta''\alpha' - \alpha''\beta' < 0 \quad \text{im Punkt } P$$

Somit ist (4.24) in einer Umgebung von P erfüllt und die Kurve ist lokal konkav. □

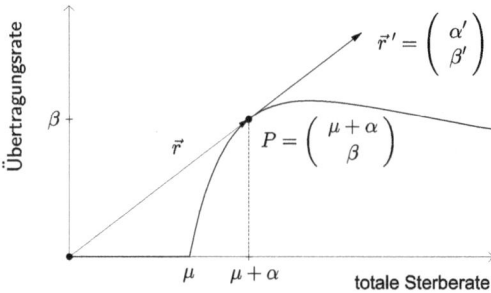

Abb. 4.9: Unter den Bedingungen von Satz 4.2 lässt sich die optimale Übertragungsrate bei gegebener Kurve (4.23) konstruieren.

Wie man in Bild 4.9 erkennt, ist unsere optimale Übertragungsrate keinesfalls die höchstmögliche. Stattdessen ist es für den Parasiten günstiger, sowohl die Übertragungsrate als auch die Virulenz zu senken. Indem er das Überleben der Wirte sicherstellt, verbessert er seine Reproduktionsrate.

4.4 Konkurrenz unter Parasiten

Bisher beschränkten wir uns auf die Wechselwirkung einer einzigen Parasitenart mit seiner Wirtspopulation. Nun soll das gleichzeitige Auftreten unterschiedlicher Infekte untersucht werden. Wir betrachten verschiedene Parasitenarten, welche dieselbe Wirtspopulation ausbeuten. Ihre optimale Strategie wird durch das Verhalten der Kontrahenden mitbestimmt. Die zu Kapitelanfang erwähnte Aggressivität von Krankenhauskeimen legt nahe, daß Konkurrenz hier auf Kosten der Wirte gehen kann.[19]

Um die Konfliktsituation als *Mehrpersonenspiel* mit n konkurrierenden Parasiten darzustellen, definierten Bremermann und Pickering [85] folgende Größen:

- $\lambda_i \geq 0$ die *Ausstoßrate*, mit welcher ein infizierter Wirt krankheitserregende Teilchen (Sporen oder Viralpartikel) des Parasiten i produziert.
- $\Lambda_i \geq 0$ die *Gesamtmenge krankheitserregender Teilchen*, die vom Parasiten i in einem infizierten Wirt freigesetzt wurden. Ihre Veränderung dient als Maß, ob die Gefährdung durch die jeweilige Krankheit zu- oder abnimmt.

---

19 Dasselbe Muster lässt sich in Kriegs- und Nachkriegszeiten beobachten, wenn sich schwere Epidemien rasch nacheinander abwechseln. Oft überstieg dabei die Zahl der Seuchentoten die direkten Kriegsverluste.

- $\alpha \geq 0$ die *Virulenz*, d. h. durch Infektion mit mehreren Parasiten hervorgerufene Erhöhung der Sterblichkeitsrate.[20]
- $\gamma \geq 0$ die *Rate der vollständigen Genesung* eines Wirtes bei Infektion durch mehrere Parasiten. Zur Vereinfachung nehmen wir ihren Wert als konstant an.

Der Wirt setzt die Erreger im Zeitraum vom Erkrankungsbeginn bis zu seinem Tod oder seiner kompletten Genesung frei. Mit Satz 4.1 (Abschnitt 4.3) folgt für die Gesamtmengen der produzierten Krankheitserreger

$$\Lambda_i = \frac{\lambda_i}{\alpha + b + \gamma} \quad \text{für die Parasiten } i = 1, \dots, n \tag{4.25}$$

Untersuchen wir nun die Abhängigkeit der Virulenz von den Ausstoßraten.

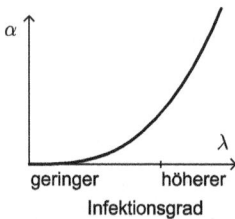

Abb. 4.10: Schematische Abhängigkeit von Virulenz α und Ausstoßrate λ.

Über geeignete Mutationen kann ein Parasit seine Ausstoßrate verändern. Bei vielen Infektionen, beispielsweise Malaria oder ansteckenden Durchfallerkrankungen, steigt die Viralität mit der Ausstoßrate, sodaß eine monoton wachsenden Funktion

$$\alpha = \alpha(\lambda_1, \dots, \lambda_n)$$

vorliegt. Bei nur einer Infektion stellt sich die Abhängigkeit prinzipiell wie im vorangegangenen Bild 4.10 dar und lässt sich durch den Ansatz

$$\alpha = c\lambda^p \quad \text{mit einem ganzzahligen Exponenten } p \geq 2$$

modellieren. Nach Ersetzung in (4.25) erhalten wir

$$\Lambda = \frac{\lambda}{c\lambda^p + b + \gamma}$$

Seine graphische Darstellung in Bild 4.11 zeigt, daß bei λ_{opt} ein Optimum an Krankheitserregern produziert wird. Man unterscheidet folgende Fälle:

---

20 Eine Verlängerung der Lebensdauer ($\alpha < 0$) wäre bei parasitärer Kastration möglich, siehe Kevin D. Lafferty, Armand M. Kuris [106]. Allerdings sollen diese Erkrankungen hier nicht untersucht werden.

– Für $\lambda < \lambda_{opt}$ ist $\frac{\partial \Lambda}{\partial \lambda} > 0$. Durch eine Steigerung der Ausstoßrate könnte der Parasit mehr Krankheitserreger freisetzen. Entsprechende Mutationen des Parasiten werden von der natürlichen Selektion begünstigt.

– Für $\lambda > \lambda_{opt}$ ist $\frac{\partial \Lambda}{\partial \lambda} < 0$. Bei zu hohen Ausstoßraten verkürzt der Parasit die Lebensdauer seines Wirtes übermässig stark. Bei der natürlichen Selektion werden deshalb Mutationen mit geringeren Ausstoßraten bevorzugt.

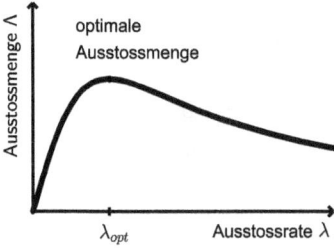

Abb. 4.11: Schematische Abhängigkeit der Ausstossmenge Λ von der Ausstoßrate λ.

Bei mehreren Infektionen ($n \geq 2$) untersuchten Bremermann und Pickering [85] die untenstehenden Ansätze für die Virulenz. (Für die Konstanten gilt $c_1, \ldots, c_n > 0$.)

Fall 1: $\alpha = c_1 \lambda_1^2 + \ldots + c_n \lambda_n^2$

Fall 2: $\alpha = (c_1 \lambda_1 + \ldots + c_n \lambda_n)^2$

(Die Ausstoßraten der Konkurrenten beeinflussen die Virulenz stärker als bei 1.)

Fall 3: $\alpha = c_1 \lambda_1^p + \ldots + c_n \lambda_n^p$ mit ganzzahligem $p \geq 2$

(Im Vergleich zu 1 ist die Virulenz für kleinere Ausstoßraten geringer, während sie für größere Ausstoßraten stärker zunimmt.)

Strategien, Erträge und Nash-Gleichgewichte

Durch Mutationen können die Parasiten ihre Ausstoßraten λ_i verändern. In unserem Modell stellen sie die *Strategien* dar. Dagegen werden die *Erträge* der Kontrahenden mittels (4.25) durch die Ausstossmengen Λ_i gegeben. Ihre Optimierung geschieht im Prozess der natürlichen Selektion.

Produziert einer der Parasiten nichts, dann überlässt er seinen Kontrahenden die Ressourcen des Wirtes. Folglich wird Λ_i optimal, falls für die verbleibenden Parasiten $\lambda_k = 0$ gilt. Zweckmässig wäre eine Aufteilung der gemeinsamen Ressourcen, um diese nicht vorzeitig zu ruinieren. Das ist jedoch kaum zu bewerkstelligen, da die Parasiten ihre Strategien nicht bewusst wählen können. Eine Mutation, welche die eigene Reproduktion auf Kosten des Konkurrenten erhöht, setzt sich automatisch durch. Realistischer wäre folgende Situation:

Das Strategie-Tupel $(\lambda_1^*, \ldots, \lambda_n^*)$ wird als *Nash-Gleichgewicht* bezeichnet, falls gilt

$$\Lambda_1(\lambda_1, \lambda_2^*, \ldots, \lambda_n^*) \leq \Lambda_1(\lambda_1^*, \ldots, \lambda_n^*) \qquad \text{für alle } \lambda_1$$
$$\Lambda_2(\lambda_1^*, \lambda_2, \ldots, \lambda_n^*) \leq \Lambda_2(\lambda_1^*, \ldots, \lambda_n^*) \qquad \text{für alle } \lambda_2 \qquad (4.26)$$
$$\ldots$$
$$\Lambda_n(\lambda_1^*, \lambda_2^*, \ldots, \lambda_n) \leq \Lambda_2(\lambda_1^*, \ldots, \lambda_n^*) \qquad \text{für alle } \lambda_n$$

Das Gleichgewicht wurde nach dem Mathematiker John Forbes Nash (1928–2015) benannt, der es in seiner Dissertation für eine breite Klasse von Spielen nachweisen konnte. Zwar muss ein Nash-Gleichgewicht nicht die höchstmögliche Ausbeute garantieren, aber es begrenzt die Verluste. In der Terminologie der Spieltheorie wird die Aussage der i-ten Zeile von (4.26) wie folgt formuliert. Wählen die Kontrahenden $k \neq i$ jeweils die Strategie λ_k^*, so gibt es für Spieler i keine bessere Strategie als λ_i^*.

Nash-Gleichgewichte dienen als Ausgangsbasis für Kompromisse und Kooperation. Solange niemand bereit ist, sich selbst Schaden zuzufügen, bieten sie allen Seiten eine Garantie. Existiert hingegen kein Nash-Gleichgewicht, so droht möglicherweise eine Eskalation. In unserem Fall könnten die Kontrahenden jeder Spielstufe ihre Ausstoßraten erhöhen, um vor dem drohenden Kollaps des Wirtes die größtmögliche Menge von Krankheitserregern zu produzieren.

Suche nach dem Nash-Gleichgewicht

Da $\Lambda_i(\lambda_1^*, \ldots, \lambda_{i-1}^*, \cdot, \lambda_{i+1}^*, \ldots, \lambda_n^*)$ in (4.26) sein Maximum bei λ_i^* annimmt, muss die entsprechende partielle Ableitung gleich Null gesetzt werden. Damit lauten die notwendigen Bedingungen

$$\frac{\partial \Lambda_i}{\partial \lambda_i} = 0 \quad \text{für } i = 1, \ldots, n \qquad (4.27)$$

Untersuchung von Fall 1: Durch Einführung neuer Variabler

$$\tilde{\lambda}_i = c_i \lambda_i , \quad \tilde{\Lambda}_i = \frac{1}{c_i} \frac{\tilde{\lambda}_i}{(\tilde{\lambda}_1 + \ldots + \tilde{\lambda}_n)^2 + b + \gamma_i}$$

lässt sich die Rechnung auf den Spezialfall $\alpha = \lambda_1^2 + \ldots + \lambda_n^2$ zurückführen. Dann erhalten wir aus (4.25)

$$\frac{\partial \Lambda_i}{\partial \lambda_i} = \frac{\partial}{\partial \lambda_i} \frac{\lambda_i}{\lambda_1^2 + \ldots + \lambda_n^2 + b + \gamma} = \frac{b + \gamma - \lambda_i^2 + \sum_{k \neq i} \lambda_k^2}{[\lambda_1^2 + \ldots + \lambda_n^2 + b + \gamma]^2} \qquad (4.28)$$

Aus der notwendigen Bedingung (4.27) folgt das Gleichungssystem

$$b + \gamma - \lambda_i^2 + \sum_{k \neq i} \lambda_k^2 = 0 \quad \text{für } i = 1, \ldots, n \qquad (4.29)$$

Nach Addition der Gleichungen erhält man

$$n(b + y) + (n - 2) \sum_i \lambda_i^2 = 0$$

Wegen $n \geq 2$, $y \geq 0$ und $b > 0$ besitzt diese Gleichung und auch das System (4.29) keine Lösung. Deshalb existiert kein Nash-Gleichgewicht. Nun gibt es zwei Möglichkeiten:

1a: Nicht alle Ausstoßraten λ_k sind gleich.

Für $\lambda_i = \min_k \lambda_k$ folgt aus (4.28) $\frac{\partial \Lambda_i}{\partial \lambda_i} > 0$. Von den Mutationen dieses Parasiten bevorzugt die Selektion nun diejenigen, deren Ausstoß an Krankheitserregern zunimmt, sodaß die entsprechende Erkrankung aggressiver verläuft. (Dabei ist es nicht ausgeschlossen, daß auch die Aggressivität weiterer Parasiten zunimmt.)

1b: Alle Ausstoßraten sind gleich. Aus $\lambda_1 = \ldots = \lambda_n$ folgt mit (4.28) $\frac{\partial \Lambda_i}{\partial \lambda_i} > 0$ für $i = 1, \ldots, n$. Sämtliche Parasiten werden aggressiver.

Zusammenfassend lässt sich feststellen, daß kein Nash-Gleichgewicht existiert und mindestens einer der Parasiten zu verstärkter Aggressivität tendiert.

Untersuchung von Fall 2: Mit neuen Variablen

$$\tilde{\lambda}_i = c_i \lambda_i , \quad \tilde{\Lambda}_i = \frac{1}{c_i} \frac{\tilde{\lambda}_i}{(\tilde{\lambda}_1 + \ldots + \tilde{\lambda}_n)^2 + b + y_i}$$

lässt sich die Untersuchung auch hier auf den Spezialfall $\alpha = (\lambda_1 + \ldots + \lambda_n)^2$ zurückführen. Wir erhalten aus (4.25)

$$\frac{\partial \Lambda_i}{\partial \lambda_i} = \frac{\partial}{\partial \lambda_i} \frac{\lambda_i}{(\lambda_1 + \ldots + \lambda_n)^2 + b + y} = \frac{b + y - \lambda_i^2 + \left(\sum_{k \neq i} \lambda_k\right)^2}{[(\lambda_1 + \ldots + \lambda_n)^2 + b + y]^2} \tag{4.30}$$

Aus der notwendigen Bedingung (4.27) folgt das Gleichungssystem

$$b + y - \lambda_i^2 + \left(\sum_{k \neq i} \lambda_k\right)^2 = 0 \quad \text{für } i = 1, \ldots, n \tag{4.31}$$

Wegen $\lambda_k \geq 0$ ist $\sum_{k \neq i} \lambda_k^2 \leq (\sum_{k \neq i} \lambda_k)^2$. Schätzen wir die linken Seiten in (4.31) nach unten ab, so erhalten wir das folgende Ungleichungssystem:

$$b + y - \lambda_i^2 + \sum_{k \neq i} \lambda_k^2 \leq 0 \quad \text{für } i = 1, \ldots, n \tag{4.32}$$

In Analogie zu Fall 1 folgt bei Addition der Ungleichungen

$$n(b + y) + (n - 2) \sum_i \lambda_i^2 \leq 0$$

Wegen $n \geq 2$, $y \geq 0$ und $b > 0$ ist die linke Seite positiv. Damit besitzt auch das System (4.31) keine Lösung und es existiert kein Nash-Gleichgewicht. Ähnlich wie bei Fall 1 lässt sich nachweisen, daß mindestens einer der Parasiten aggressiver wird.

Untersuchung von Fall 3: Auch diese Situation lässt sich mit einer Variablentransformation auf den Spezialfall $\alpha = \lambda_1^p + \ldots + \lambda_n^p$ zurückführen. Wir erhalten aus (4.25)

$$\frac{\partial \Lambda_i}{\partial \lambda_i} = \frac{\partial}{\partial \lambda_i} \frac{\lambda_i}{\lambda_1^p + \ldots + \lambda_n^p + b + \gamma} = \frac{b + \gamma - (p-1)\lambda_i^p + \sum_{k\neq i}\lambda_k^p}{[\lambda_1^p + \ldots + \lambda_n^p + b + \gamma_i]^2} \tag{4.33}$$

Aus der notwendigen Bedingung (4.27) folgt das Gleichungssystem

$$b + \gamma - (p-1)\lambda_i^p + \sum_{k\neq i}\lambda_k^p = 0 \quad \text{für } i = 1, \ldots, n \tag{4.34}$$

Nach Addition der Gleichungen erhält man $n(b + \gamma) + (n - p)\sum_i \lambda_i^p = 0$. Für Exponenten $n < p$ ist die letzte Gleichung lösbar. Dasselbe betrifft das System (4.32), dessen Lösungen durch die Formeln

$$\lambda_i = \left(\frac{b + \gamma}{p - n}\right)^{1/p}$$

gegeben sind. In diesem Fall könnten die Parasiten ihre Ausstoßraten auf ein Nash-Gleichgewicht einstellen, welches die Belastung ihres Wirtes begrenzt. Dagegen existiert für $n \geq p$ kein Nash-Gleichgewicht und mindestens einer der Parasiten tendiert zu verstärkter Aggressivität.

Schlussfolgerungen

Treten verschiedene Parasiten in Konkurrenz um Ressourcen eines Wirtes, so zeigt das Modell in den Fällen 1 und 2 zumindest bei einigen die Tendenz zur Durchsetzung aggressiverer Mutationen.

Im Fall 3 wäre eine Koexistenz möglich, solange die Anzahl n der Parasiten unterhalb des Exponenten p bleibt. Für höhere Anzahlen ($n \geq p$) nimmt jedoch die Aggressivität einiger Parasiten unvermeidlich zu.

4.5 Von der Neolithischen Transition zur Globalisierung

In Kapitel 2 ging es um Erbkrankheiten, deren Allele einen Schutz vor Seuchen bieten. Doch wann und warum wurden Tuberkulose, Typhus, Malaria oder Pocken zu „Geisseln der Menschheit"? Ein entscheidender Schub fällt in den Umbruch der Produktions- und Lebensweise, der mit einem radikalen Eingriff in die Ökologie verbunden war. Zugleich markiert er den Übergang zur Klassengesellschaft und wird von der Geschichtsschreibung als Beginn der Zivilisation gefeiert. Seine Erforschung ist von mehr als historischem Interesse, da wir infolge industrialisierter Landwirtschaft, Umweltverschmutzung und einer drastischen Umstellung der Ernährung vor einer vergleichbaren Situation stehen. Gleichzeitig mit der Verelendung ganzer Landstriche durch Kriege werden Bedingungen für Bakterien und Viren „optimiert", die in ihrer Evolution unvorhersehbare Wege gehen.

Wie im vorangegangenen Kapitel sichtbar wurde, kann die Aggressivität von Krankheitserregern unter verschiedenen Umweltbedingungen unterschiedlich ausgeprägt sein. Bei *höheren Bevölkerungsdichten* werden agressivere Mutationen begünstigt, die durch hohe Infektionsraten und schnelle Übertragbarkeit gekennzeichnet sind. Die Einschleppung unbekannter Krankheiten ist durch neue Kontakte möglich, beispielsweise bei der Erschließung neuer Lebensräume oder Nahrungsquellen (Abschnitt 4.2). Eine wichtige Rolle spielt die Versorgungslage. Solange ein Organismus ausreichend und ausgewogen ernährt wird, ist sein Immunsystem besser zur Abwehr imstande. Zu Beginn des Holozän vor etwa 12.000 Jahren begannen sich diese Voraussetzungen zu Ungunsten[21] unserer Vorfahren zu verändern. Die nomadisierenden Jäger und Sammler zuvor mussten sich wenig um die Entsorgung von Tierexkrementen kümmern. Beim Ortswechsel gelangten sie regelmäßig in eine neue, saubere Umgebung. Erst die *Sesshaftigkeit* führte zu mangelhafter Hygiene, die bei größeren Bevölkerungsdichten schließlich Seuchenausbrüche begünstigte. Der Politikwissenschaftler James C. Scott [118] bemerkte dazu:

> „Das Haus als Modul der Evolution besaß eine unwiderstehliche Anziehungskraft auf buchstäblich Tausende ungebetene Trittbrettfahrer, die in seinem kleinen Ökosystem gediehen. An erster Stelle standen die Kommensalen, die sogenannten Tischgenossen: Sperlinge, Mäuse, Ratten, Krähen und die (quasi-geladenen) Hunde, Schweine und Katzen, für die diese neue Arche eine veritable Nährquelle war. Jeder dieser Kommensalen brachte wiederum ein eigenes Gefolge von Mikroparasiten mit: Flöhe, Zecken, Blutegel, Moskitos, Läuse und Milben – sowie ihre Fressfeinde; die Hunde und Katzen waren weitgehend für die Mäuse, Ratten und Spatzen da."

Diese Phase fällt in die Jungsteinzeit und wird als *Neolithische Transition* bezeichnet. Weltweit verlief der Prozess -in Abhängigkeit von den regionalen Bedingungen- über einen Zeitraum von mehreren Tausend Jahren.[22]

Bereits zirkulierende Krankheiten wie Tuberkulose[23] nahmen bedrohlichere Formen an. Mit der *Domestizierung unserer Nutztiere* wurden gleichzeitig neue Krankheitskeime zwischen Tier und Mensch übertragen.[24] *Mehrfachinfektionen* (Abschnitt 4.4) befeuerten die Konkurrenz unter Krankheitserregern, womit aggressive Mutationen gefördert wurden. Nunmehr erhielten Erbkrankheiten mit Schutzfunktion entscheidende Selektionsvorteile, sodaß sie bei prähistorischen Skeletten der entsprechenden Periode häufiger anzutreffen sind.[25]

---

21 Als Auslöser wird das Versiegen natürlicher Ressourcen, insbesondere von Großwild, eine Rolle gespielt haben. Die Tiere fanden trotz Klimaerwärmung weniger Nahrung, da die neue Pflanzenwelt von ungeniessbaren und giftigen Arten dominiert wurde.

22 Im Vorderen Orient, China und Nordafrika bildeten sich die ersten Zentren bereits vor 10.000 Jahren, während sie in Europa erst vor 7000 bis 5000 Jahren durch Einwanderer aus dem Nahen Osten begründet wurden.

23 Tuberkulose, wenngleich in milderer Form, konnte bei Menschen schon vor 70.000 Jahren nachgewiesen werden. Zu Ursprung und Evolution siehe Inaki Comas u. a. [87].

24 Hierzu gehörten die Masern (wahrscheinlich von Schafen und Ziegen), Pocken (von Kamelen und einem kuhpockentragendem Nagetier) sowie Influenza (von Wasservögeln), siehe J. C. Scott [118].

25 Siehe Vanessa Samantha Manzon [109].

Abb. 4.12: Das Untergeschoss blieb für Tiere und die oberen Etagen für Menschen reserviert. Wie in der Höhlensiedlung Chufut Kale (Halbinsel Krim) lebten Mensch und Tier oft dicht beieinander. Foto: Alexostrov.

Auf Grundlage der Sesshaftigkeit setzte sich einige Jahrtausende später in Asien und Europa der Getreideanbau als pflanzliche Hauptnahrungsquelle durch, woraus neue Probleme entstanden. Die *Nahrungsumstellung* war mit Mangelerscheinungen – insbesondere bei Proteinen, Vitaminen, Spurenelementen – verbunden, die eine Verschlechterung des Gesundheitszustand zur Folge hatte. Außerdem waren die neuen Züchtungen weitaus empfindlicher gegenüber Fressfeinden, Konkurrenten und Parasiten, was regelmäßig zu Ausfällen und Versorgungsengpässen führte. Chronische Mangelernährung – sowohl qualitativ als auch quantitativ – förderte die Krankheitsausbreitung maßgeblich. Schließlich begünstigte die Feldbewirtschaftung auch die Malariaverbreitung (Abschnitt 2.5).

Lebenserwartung und Gesundheit im Neolithikum

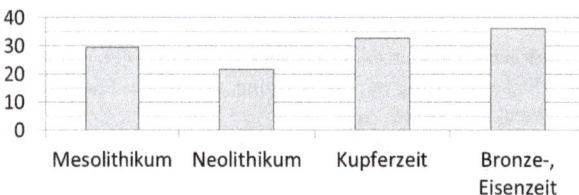

Abb. 4.13: Durchschnittliche Lebenserwartung ab Geburt (in Jahren). Im Neolithikum erfolgte der Übergang zur Landwirtschaft und Sesshaftigkeit. Quelle: Oded Galor, Omer Moav [98]

Durch die neue Lebensweise wurde die Lebenserwartung drastisch herabgesetzt. Die tiefen Durchschnittswerte kamen hauptsächlich durch Säuglings- und Kindersterblichkeit zustande.[26] Währenddessen stagnierte die Weltbevölkerung über längere Zeiträume. Schätzungen gehen von folgenden Werten aus.

Tab. 4.4: Entwicklung der Weltbevölkerung, Quelle: J. C. Scott [118].

Zeitpunkt	Anzahl in Mio.
um 10.000 v. u. Z.	3 ± 1
um 5.000 v. u. Z.	5
um 2.000 v. u. Z.	25
um 1.000 v. u. Z.	50
um 0	170

Beispiel 4.1. Für den Zeitraum von 10.000 v. u. Z. bis 5.000 v. u. Z. soll das mittlere prozentuale Wachstum pro Generation (20 Jahre) berechnet werden. Wir setzen $x = 0$ für den Zeitpunkt 10.000 v. u. Z. Aus dem Ansatz $f(x) = a \cdot b^{x/20}$ folgt mit Tabelle 4.4

$$a = \frac{f(0)}{b^0} = 3 \cdot 10^6 \,, \quad b = \left(\frac{f(x)}{a}\right)^{20/x} = \left(\frac{5}{3}\right)^{20/5000} = 1,002$$

Somit wuchs die Weltbevölkerung zwischen 10.000 v. u. Z. und 5.000 v. u. Z. pro Generation etwa um 0,2 %.

Für die Bevölkerungsstagnation lassen sich unterschiedliche Ursachen finden. Bei Jägern und Sammlern, die in kleineren Gruppen lebten und sich durch abwechslungsreiche Kost auch einer etwas besseren Gesundheit erfreuten, handelte es sich mehr um bewusste Regulierung, um die Übernutzung ihrer Ressourcen zu vermeiden. Nach Meinung des Genetikers Luigi Cavalli-Sforza, der die traditionelle Lebensweise von Nomadenvölkern studierte, war die Aufrechterhaltung des Gleichgewichts bereits in der Frühzeit möglich:

> „Die Jäger und Sammler von damals verhielten sich vermutlich nicht viel anders als die von heute, die im Durchschnitt fünf Kinder bekommen – ungefähr alle vier Jahre eines. Mit einer Pause von vier Jahren zwischen den Geburten können sie immer umherziehen und das zuletzt geborene Kind im Arm oder auf dem Rücken mit sich tragen, während die älteren Kinder bereits selbst gehen können, zwar nicht sehr schnell, aber sie können auf den Wanderzügen der Gruppe doch mithalten. Durch die großen Abstände zwischen den Schwangerschaften kann die Stillperiode bis zum vierten Lebensjahr des Kindes ausgedehnt werden, was die Wahrscheinlichkeit einer unmittelbar folgenden Schwangerschaft weiter vermindert. Mit durchschnittlich fünf Kindern pro

---

26 Wer im Neolithikum die Kindheit überlebte, hatte reale Chancen, ein Alter von 37 Jahren zu erreichen. Siehe Oded Galor, Omer Moav [98, Appendix 2, Table A1].

Frau hält sich die Bevölkerung ungefähr konstant, weil von diesen fünf Kindern mehr als die Hälfte noch vor Erreichen des Erwachsenenalters, im allgemeinen schon in den ersten Lebensjahren, stirbt. So hat jedes Paar praktisch nur zwei Kinder, die das Erwachsenenalter erreichen und sich ihrerseits fortpflanzen; auf diese Weise bleibt die Population konstant, das heißt, sie wächst nicht oder nur sehr langsam." [86]

Bei Bedarf wurden auch Abtreibungen praktiziert. Im Ausnahmefall konnte die Geburtenkontrolle äußerst grausame Züge annehmen. Kindesmord und Aussetzungen waren an der Tagesordnung (siehe auch Roland und Miriam Garve [99]).

Beim Übergang zur Landwirtschaft kehrte sich die Situation um. Boden gab es genügend und Kinderreichtum wurde zum Vorteil, denn dadurch standen mehr Arbeitskräfte zur Verfügung. Die Vermehrung bei den neuen Siedlern, deren Geburtenraten wesentlich höher lagen, wurde durch die hohe Kindersterblichkeit gebremst.[27]

Eine effizientere Gesellschaft?

In seinem fundamentalen Werk „Die Mühlen der Zivilisation" [118] beschreibt James C. Scott ein scheinbares Paradoxon. Der schwerwiegende Übergang zur landwirtschaftlichen Ernährung erfolgte im Vorderen Orient erst nach mehreren Jahrtausenden Sesshaftigkeit, obwohl entsprechende Techniken längst bekannt, aber nur behelfsweise genutzt wurden. Offensichtlich hatten die Menschen frühzeitig begriffen, daß die einseitige Nahrungsgrundlage hohe Risiken barg. Hier stellt sich die Frage, warum sich das Wirtschaftssystem trotz verschlechterter Lebensqualität überhaupt durchsetzen konnte. Die neue Lebensweise – insbesondere der Getreideanbau – begünstigte die Steuererhebung[28] und damit auch die Konzentration von Privateigentum und Macht. Einige Autoren[29] betonen die militärische Stärke und Aggressivität der Sesshaften, welche die Jäger und Sammler mehr und mehr zurückweichen ließ. Ausgehend vom Schutz des angehäuften Besitzes muss es in Siedlungen zum regelrechten Wettrüsten[30] gekommen sein, zumal vor Ort mehr Menschen verfügbar waren. Kriege konnten von zentralisierten Gesellschaften besser organisiert und intensiver geführt werden.

---

27 Der gleichzeitige Anstieg von Geburts- und Sterblichkeitsrate ließ sich nicht nur bei Siedlern, sondern auch bei ihren Nutztieren beobachten, siehe J. C. Scott [118]. Möglicherweise führte die Kopplung von Zykluslängen (Abschnitt 1.5) über mehrere Generationen zur Erhöhung der Fertilität. Weil die Lebensdauer eher kurzfristig, die Fertilitätsrate jedoch längerfristig auf Veränderungen der Umwelt reagiert, wurden sprunghafte Wechsel zwischen Anwachsen und Bevölkerungseinbrüchen begünstigt. Schätzungen zur frühzeitlichen Demographie findet man bei H. Jabran Zahid u. a. [127].

28 Aus diesem Grund versuchten die mesopotamischen Stadtstaaten eine Selbstversorgung durch schlechter besteuerbare Nahrungsquellen möglichst zu unterbinden. Bei der Wahl zwischen Versorgungssicherheit und eigenem Machterhalt entschieden die Eliten strikt nach ihren Privatinteressen.

29 Siehe Robert Rowthorn, Paul Seabright [117].

30 Die frühen Ackerbauern waren keineswegs immer so friedlich, wie man es sich vorstellen möchte. Grabungen in Deutschland und Österreich legten die Spuren systematischer Massaker frei, sie-

Raubzüge gegen unterlegene Nachbarn -schließlich sind 200 schwächliche Bauern und Hirten immer noch schlagkräftiger als 20 trainierte Jäger – wurden zum festen Bestandteil der neuen Ökonomie.

Endemien und der Erwerb von Immunitäten

Das folgende SIS-Modell illustriert, wie Infektionskrankheiten bei höheren Bevölkerungskonzentrationen zum Dauerzustand werden. Es beschreibt eine lebensbedrohliche Infektionskrankheit ohne Inkubationszeit[31] in einer konstanten Bevölkerung.

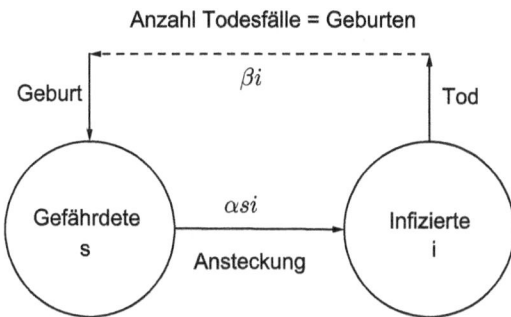

Anzahl Todesfälle = Geburten

Geburt $\qquad$ βi $\qquad$ Tod

Gefährdete s $\qquad$ $\alpha s i$ $\qquad$ Infizierte i

Ansteckung

Abb. 4.14: Einteilung und Übergänge beim SIS-Modell.

Der Prozess startet bei $t = 0$. Zum Zeitpunkt t bezeichnet
- $s(t)$ die Anzahl der *Gefährdeten* (susceptibles),
- $i(t)$ die Anzahl der *Infizierten* (infectives).

Wir nehmen an, daß sämtliche Todesfälle nicht mehr natürlich, sondern nur noch krankheitsbedingt auftreten. Mit den Konstanten
- α *Ansteckungsrate* der Gefährdeten
- β *Todesrate* der Infizierten

---

he [111, 112]. In Herxheim wurden die Überreste einer neolithischen Siedlung gefunden, deren Einwohner neben der Landwirtschaft in der weiten Umgebung regelmäßig ausgedehnte Menschenjagden veranstalteten. Die Opfer wurden fachgerecht geschlachtet und verzehrt, siehe Andrea Zeeb-Lanz [128]. In verschiedenen Regionen Deutschlands konnten die Archäologen für die Jungsteinzeit einen massiven Anstieg von Waffenfunden nachweisen, obwohl die Siedler nachweislich weniger Jagd als ihre nomadisierenden Vorgänger betrieben (siehe Rheinisches Landesmuseum Trier). Junge Frauen stellten eine begehrte Kriegsbeute dar (siehe Y-Chromosomen-Flaschenhals in Abschnitt 3.7).
31 Eine angesteckte Person kann die Krankheit sofort übertragen.

erhalten wir das Gleichungssystem

$$\frac{di}{dt} = \alpha si - \beta i \tag{4.35}$$

$$\frac{ds}{dt} = \beta i - \alpha si \tag{4.36}$$

In (4.35) beschreibt αsi die Neuinfektionen und βi die Todesfälle. Bei einer als konstant vorausgesetzten Gesamtbevölkerung werden diese durch Geburten ausgeglichen, sodaß sich die Anzahl der Nichtinfizierten (=Gefährdeten) gemäß (4.36) verändert. Durch Addition von (4.35) und (4.36) erhalten wir

$$\frac{ds}{dt} + \frac{di}{dt} = 0 \quad \text{für alle } t \geq 0 \tag{4.37}$$

Bei einer anfänglichen Bevölkerungszahl von N Individuen ist also tatsächlich

$$s(t) + i(t) = N \quad \text{für alle } t \geq 0 \tag{4.38}$$

Mit $s = N - i$ folgt aus (4.35)

$$\frac{di}{dt} = \alpha i \left[s - \frac{\beta}{\alpha} \right] = \alpha i \left[N - i - \frac{\beta}{\alpha} \right] = \alpha i \left(N - \frac{\beta}{\alpha} \right) \left(1 - \frac{i}{N - \frac{\beta}{\alpha}} \right)$$

Die zeitliche Entwicklung der Anzahl Infizierter wird durch die logistische Gleichung

$$\frac{di}{dt} = r \left(1 - \frac{i}{K} \right) i \tag{4.39}$$

mit den Konstanten $K = N - \frac{\beta}{\alpha}$ und $r = \alpha(N - \frac{\beta}{\alpha})$ gegeben.

Satz 4.3. *Für Anfangswerte $i(0) > 0$ besitzt Gleichung (4.39) die Lösung*

$$i(t) = \frac{K \cdot i(0)}{i(0) + [K - i(0)] \cdot e^{-r \cdot t}} \quad \text{für } t \geq 0 \tag{4.40}$$

Beweis. Durch Trennung der Variablen erhalten wir

$$\frac{di}{i \cdot (K - i)} = \frac{r}{K} dt$$

Unter Benutzung der Identität $\frac{1}{i \cdot (K-i)} = \frac{1}{K} \cdot (\frac{1}{i} + \frac{1}{K-i})$ folgt nach Integration

$$\int \left(\frac{1}{i} + \frac{1}{K - i} \right) di = \int r dt$$

$$\ln i - \ln(K - i) = r \cdot t + C \quad \text{mit einer Konstanten } C$$

$$\frac{i}{K - i} = e^{r \cdot t + C}$$

$$\frac{K}{i} - 1 = e^{-r \cdot t} \cdot e^{-C} \tag{4.41}$$

$$i = \frac{K}{e^{-C} \cdot e^{-r \cdot t} + 1} \tag{4.42}$$

Wir bestimmen e^{-C} aus der Anfangsbedingung, indem wir $t = 0$ in (4.41) einsetzen:

$$\frac{K}{i(0)} - 1 = e^{-C}$$

Ersetzen wir diesen Ausdruck in (4.42), so folgt (4.40). $\qquad\qquad\square$

Damit lässt sich die zeitliche Entwicklung vorhersagen.

Satz 4.4. *Für die Lösung von Gleichung* (4.39) *zum Anfangswert* $i(0) > 0$ *gilt*

$$\lim_{t\to\infty} i(t) = \begin{cases} 0 & \text{\textit{falls} } N < \frac{\beta}{\alpha} \\ i(0) & \text{\textit{falls} } N = \frac{\beta}{\alpha} \\ N - \frac{\beta}{\alpha} & \text{\textit{falls} } N > \frac{\beta}{\alpha} \end{cases}$$

Beweis. Für $N < \frac{\beta}{\alpha}$ ist $r < 0$. Für $t \to \infty$ wird $e^{-r \cdot t} \to \infty$ sowie mit (4.40) $i(t) \to 0$. In den verbleibenden Fällen ist $r = 0$ und $r > 0$, womit wir die Grenzwerte auf ähnlichem Wege berechnen. $\qquad\qquad\square$

Eine Bevölkerung mit dem exakten Wert $N = \frac{\beta}{\alpha}$ ist praktisch unvorstellbar. Dagegen sind die restlichen Fälle möglich, solange das Modell einer fortexistierenden Population aufrechterhalten werden kann. Ein gemeinsames β für Geburten- und Sterberate setzt allerdings voraus, daß sich die Sterblichkeit nicht über den Wert erhöht, der die Geburtenrate aufgrund biologischer Gegebenheiten beschränkt. Anderenfalls stirbt die Population aus, was jedoch über den Rahmen des SIS-Modells hinausgeht. Mit Satz 4.4 können wir den Einfluss der Bevölkerungsstärke N bei konstanten Parametern α und β diskutieren.

- Für eine hinreichend kleine Population ($N < \frac{\beta}{\alpha}$) verschwindet die Infektion aus der Population. Dabei gibt es die Alternativen, daß die Population entweder gesund weiterbesteht oder ebenfalls ausgelöscht wird.
- Dagegen bleibt in einer großen Population ($N > \frac{\beta}{\alpha}$) ständig ein konstanter Bevölkerungsanteil $N - \frac{\beta}{\alpha}$ infiziert. Die Krankheit wird *endemisch*.

In den ersten Jahrtausenden des Übergangs zu größeren, festen Siedlungen bildeten sich unter den Überlebenden auf diese Weise gewisse Immunitäten aus. Krankheitsverläufe nahmen leichtere, *subklinische* Formen an, die gleichzeitig schwerer erkennbar wurden. Damit wird der schrittweise Bevölkerungsanstieg zwischen 5.000 v. u. Z. und 0 u. Z. (Tabelle 4.4) verständlich.

Für die kleineren Populationen der Jäger und Sammler, welche nicht über die entsprechenden Immunitäten verfügten, müssen die Kontakte zu den Sesshaften oft tödlich gewesen sein. Der weltweite Bevölkerungsanstieg erfolgte eindeutig zugunsten der Siedler und trug damit zur Durchsetzung der Landwirtschaft bei.

Von den frühen Getreidestaaten zur Globalisierung der Krankheitsherde

Nach dem Ende des Neolithikums sollte sich die Lage noch verschärfen. Ausser dem Hinzukommen neuer Infektionskrankheiten verstärkte sich die Dynamik der Ausbreitung. Aufgrund der hohen Sterblichkeit benötigten alle frühen Staaten, von Mesopotamien, Ägypten und China bis in die Antike, einen ständigen Zufluss an billigen Arbeitskräften, der durch Beutezüge und Sklavenimporte gewährleistet wurde. Krankheit ist von alters her mit der sozialen Problematik verbunden. Arbeitssklaven aus entfernten Territorien waren nicht nur unterernährt, sondern oftmals auch mit einer drastischen Ernährungsumstellung konfrontiert, die ihre Anfälligkeit erhöhte. Durch ihre ohnehin geringere Immunität gegenüber regionalen Krankheiten waren sie einer höheren Sterblichkeit unterworfen. In der Gesellschaft bildeten sie ein reiches Reservoir und eine Ausgangsbasis für Krankheitserreger. Zugleich kamen mit den Armeen, Flüchtlingen sowie Massentransporten von Gefangenen und deren Vieh auch neue Erreger ins Land. Je nach Übertragungsweg (fäkal-oral, aerogen, Insektenbiss u. a.) blieben sie stärker lokal begrenzt oder verbreiteten sich schneller. Mit der Zeit stellte der eurasische Raum aus epidemiologischer Perspektive einen dichten Fleckenteppich lokaler Keimökologien dar. Mehrfachinfektionen und Mangelversorgung schwächten das Immunsystem der Bevölkerung und bereiteten die Bühne für den Auftritt der Global Player unter den Krankheiten.

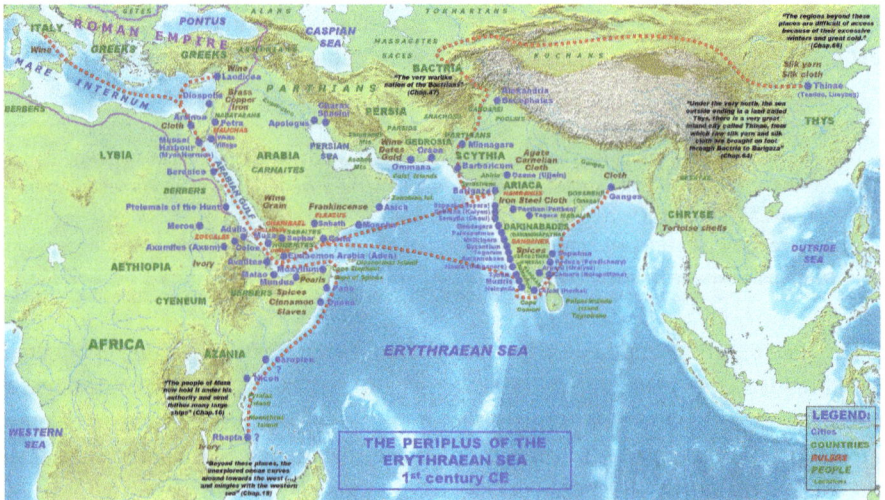

Abb. 4.15: Fernhandelsverbindungen im 1. Jahrhundert. Auf diese Weise wurden zugleich die Erreger der Pandemien transportiert, welche das Römische Reich in seiner Endphase verwüsteten.

Als wesentlicher Faktor der Seuchenausbreitung erwies sich die Ausweitung des Handels. Bereits ab 3500 v. u. Z. stimulierte der Ressourcenbedarf in den mesopotamischen Stadtstaaten den Ausbau eines Handelsnetzes vom Kaukasus bis zum Persischen Golf sowie vom Iranischen Hochland bis zum östlichen Mittelmeer. In den folgenden Jahrtausenden führte die steigende Nachfrage nach Luxusgütern zum transkontinentalen Fernhandel, dessen Schiffe und Karawanen auch unbemerkt Krankheitskeime importierten. Die kontinuierliche Expansion von Handel und Krieg vereinigte bis zu Beginn des römischen Kaiserreichs die chinesischen, indischen, vorderasiatischen, afrikanischen und mediterranen Krankheitspools und schuf damit die Voraussetzung für Pandemien in der Alten Welt. Der Niedergang des Imperiums[32] wurde von schweren Epidemien begleitet, deren Höhepunkt die *Justinianische Pest* im 6. Jahrhundert darstellte. Sie kostete zwischen dreissig und fünfzig Millionen Menschen das Leben. Bis in die Neuzeit zirkulierende Infektionskrankheiten führten neben hohen Opferzahlen auch zu einer gewissen Immunisierung der Überlebenden. Eine Reihe von Krankheiten verlief stärker subklinisch, also weniger ausgeprägt. Die Seuchenbekämpfung konnte erst mit den Fortschritten der Mikrobiologie spürbare Erfolge vorweisen. Dabei spielten verbesserte Ernährung und Hygiene eine ebensolche Rolle wie Schutzimpfungen oder Medikamente.

Die Kolonisierung der Neuen Welt

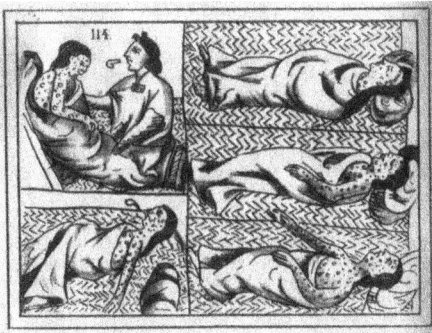

Abb. 4.16: Eine aztekische Heilerin betreut Pockenkranke. Zeitgenössische Darstellung um 1520.

Auf dem amerikanischen Kontinent blieben den Ureinwohnern viele Seuchen der Alten Welt bis zur Entdeckung durch Kolumbus im Jahre 1492 erspart. Da ihre Vorfah-

---

32 Der Historiker Kyle Harper [102] beschreibt den Zerfall der Weltmacht Rom durch das Zusammenwirken klimabedingter Hungersnöte innerhalb und außerhalb der Reichsgrenzen, die mit der Völkerwanderung einen Ansturm von Klimaflüchtlingen auslösten. Nach dem „römischen Klimaoptimum" (200 v. Chr. – 150 n. Chr.) hatte sich auch im Reich die Versorgungslage verschlechtert. Mangelernährung trug einen wesentlichen Anteil an der Erhöhung der Sterblichkeit während der Epidemien.

ren bereits um 13.000 v. u. Z. in kleinen Gruppen über die Beringstraße eingewandert waren, hatten sie keinerlei Immunität gegen die neolithischen Infektionskrankheiten erworben. Die rasche Eroberung durch die europäischen Kolonialmächte ist weniger einer waffentechnischen oder gar zivilisatorischen Überlegenheit zu verdanken. Eingeschleppte Krankheiten rafften viele Indianer dahin, sodaß ihre Gesellschaft zusammenbrach.[33] Die Überlebenden hatten genug zu tun, um ihre unmittelbare Existenz zu sichern und waren kaum noch zum Widerstand in der Lage. Als den Kolonisatoren schließlich die Zwangsarbeiter vor Ort ausgingen, wurden diese aus Afrika importiert. Letztere teilen mit den Europäern viele Immunitäten, was ihre Versklavung profitabel machte.

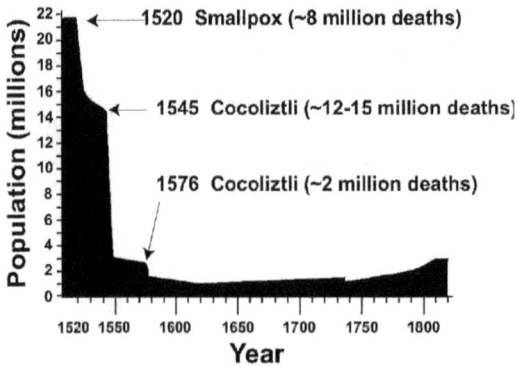

Abb. 4.17: Bevölkerungskollaps in Mexiko durch eingeschleppte Seuchen. Die erste Welle erfolgte durch Pocken, die beiden folgenden durch die Cocoliztli-Krankheit. Bei dieser nach einer aztekischen Gottheit benannten Seuche handelt es sich um eine Salmonellenerkrankung (S Paratyphi C), die zuvor nur in Europa nachgewiesen wurde. Siehe Sarah Gibbens [100] sowie Ashild J. Vagene u. a. [121]. Bildquelle: Wikipedia [113]

Das Massensterben blieb für den Rest der Welt nicht folgenlos. Durch überreichliche Verbreitungsmöglichkeiten mutierte das Pockenvirus in eine aggressivere Form, die etwa 200 Jahre später nach Europa zurückgelangte und weltweit bis ins 20. Jahrhundert wütete.

Ökologie und Gesellschaft

Wenn die Globalisierung bis zur Gegenwart in vielerlei Hinsicht durch ähnliche Merkmale wie in ihrer antiken Frühform bestimmt wird, dann ist selbstverständlich auch mit vergleichbaren Risiken zu rechnen. Aus evolutionärer Sicht sind uns Mikroorga-

---

33 Siehe Noble David Cook [88] S. 1–14, George Cowley [89] sowie Wikipedia [113, 116].

nismen mit ihren hohen Vermehrungs- und Mutationsraten längerfristig überlegen. Ihre Stärke liegt in der schnellen Anpassungsfähigkeit bei veränderten Umweltbedingungen. Komplexe Organismen, darunter der Mensch sowie Pflanzen und Tiere im Umfeld seiner Ernährung, benötigen dafür deutlich größere Zeiträume (Abschnitt 2.3) und sind bei radikalen Umweltveränderungen überfordert.

Parasiten bilden seit Anbeginn einen festen Bestandteil der lebenden Welt, sodaß von ihrer Ausrottung nicht die Rede sein kann. Bestenfalls lässt sich versuchen, ihren Schaden einzugrenzen. Produziert die Gesellschaft jedoch im globalen Massstab ausschließlich zur Profitmaximierung, so werden negative Folgen bei Mensch und Natur zweitrangig. Raubbau, Umweltzerstörung und rücksichtslose Kriege[34] schaffen Bedingungen, die aus allgegenwärtigen, unscheinbaren Lebewesen – Viren und Bakterien – mächtige Feinde erwachsen lassen. Wie die Geschichte zeigt, erhöhen Klimaveränderungen die Risiken, indem sie gleichzeitig die Vermehrung gewisser Krankheitsüberträger[35] und Hungersnöte begünstigen.

Unseren Vorfahren mussten derartige Zusammenhänge verborgen bleiben. Wenn Technologien jedoch ökologische Gleichgewichte[36] verschieben können, sollten wir uns bewusst werden, daß sich die Spielregeln der Natur nicht geändert haben.

Abb. 4.18: Lager für Flüchtlinge des Darfur-Konflikts im Tschad, März 2005. Autor: Mark Knobil.

---

34 Zu den Extrembeispielen nachhaltiger Zerstörung gehört die Verwendung von abgereichertem Uran für die Erhöhung der Durchschlagskraft von Geschossen. In den Einsatzgebieten führt es zu Strahlenbelastungen, die noch Millionen von Jahren andauern werden. Siehe Frieder Wagner [124].

35 Im breiten Spektrum der Infektionen finden sich genügend Krankheitserreger, Überträger und Zwischenwirte, die bei Extremwetterereignissen gefördert werden. Eine historische Übersicht und Erklärung der Wirkmechanismen findet man bei Antony J. McMichael [110].

36 Schon unter mesopotamischen Stadtstaaten finden sich Beispiele, wie Zivilisationen durch von Menschenhand provozierte ökologische Katastrophen aufgelöst wurden.

A Grundlegende Definitionen und Formeln

In der folgenden Übersicht werden häufig benutzte Begriffe, Formeln und Aussagen zusammengestellt. Ihre Herleitungen findet man in zahlreichen Lehrbüchern der Mathematik, von denen eine Auswahl im Literaturverzeichnis gegeben wird.

A.1 Skalengesetze

Eine Proportionalität $x \sim y$ bezeichnet eine lineare Abhängigkeit $y = c \cdot x$ mit einer Konstanten c.

Sie genügen den folgenden Rechenregeln:
P1 Aus $x \sim y$ und $y \sim z$ folgt $x \sim z$,
P2 Aus $x \sim y$ folgt $x^r \sim y^r$ für beliebige zulässige Exponenten r,
P3 Aus $x \sim y$ und $u \sim v$ folgt $x \cdot u \sim y \cdot v$,
P4 Aus $x \sim y$ und $u \sim v$ folgt $\frac{x}{y} \sim \frac{u}{v}$.

Eine zentrische Streckung ist eine maßstäbliche Vergrößerung oder Verkleinerung. Figuren, die durch eine zentrische Streckung ineinander übergehen, werden als *ähnlich* bezeichnet.

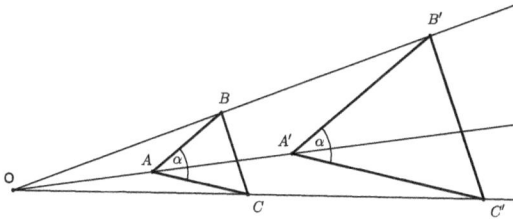

Abb. A.1: Zentrische Streckung.

Bezeichnen wir bei zentrischer Streckung mit dem Faktor x für die gestreckte Figur die Längen mit l, Oberflächen mit S und Volumina mit V, so folgt

$$l \sim x, \quad S \sim x^2, \quad V \sim x^3 \tag{A.1}$$

Beispiel A.1. In Bild A.2 ist die Höhe des kleinen Elefanten $x_0 = 1$. Mit S_0 bzw. V_0 bezeichnen wir sein Volumen und seine Oberfläche. Bei einem Streckungsfaktor x suchen wir eine Beziehung zwischen Oberfläche S und Volumen V des großen Elefanten in Form einer Proportionalität. Dann ist $S = x^2 S_0$ und $V = x^3 V_0$. Hieraus folgt nach

https://doi.org/10.1515/9783110706314-005

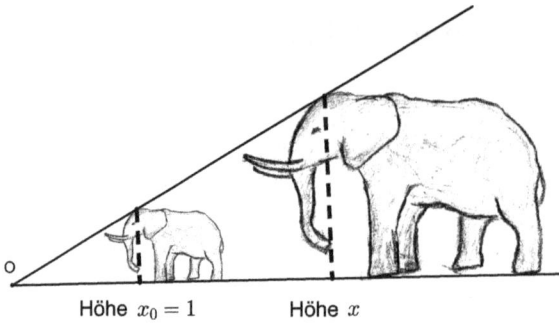

Abb. A.2: Streckungsfaktor als Verhältnis von tatsächlicher zu normierter Höhe.

Umstellung $S = \frac{S_0}{V_0^{\frac{2}{3}}} \cdot V^{\frac{2}{3}}$ und wir erhalten die Abhängigkeit

$$S \sim V^{\frac{2}{3}} , \tag{A.2}$$

wobei die Konstante $S_0/V_0^{\frac{2}{3}}$ von der Figur, aber nicht vom Maßstab abhängt.

Bei zentrischer Streckung eines Körpers konstanter Dichte $\rho = \frac{m}{V}$ folgt unmittelbar

$$m \sim V \tag{A.3}$$

Formeln vom Typ $y = a \cdot x^b$ bzw. $y \sim x^b$ werden als *Skalengesetze* bezeichnet.

A.2 Ausgleichsrechnung

Das Problem, zu n gegebenen Punkten $A_1, \ldots, A_n$ mit den Koordinaten $A_k = (x_k, y_k)$ eine *Ausgleichs- bzw. Regressionsgerade* zu bestimmen, wird mit der *Methode der kleinsten Quadrate* gelöst.

Mit der Forderung, dass die Ausgleichsgerade $f(x) = bx + d$ die Summe der quadratischen Abweichungen zu den Messpunkten minimiert,

$$\sum_{k=1}^{n} (f(x_k) - y_k)^2 = \sum_{k=1}^{n} (bx_k + d - y_k)^2 \to \min$$

erhalten wir die

Bestimmungsgleichungen der Regressionsgeraden $y = bx + d$:

$$b = \frac{\left(\sum_{k=1}^{n} y_k x_k\right) - n\overline{x}\overline{y}}{\left(\sum_{k=1}^{n} x_k^2\right) - n\overline{x}^2} \tag{A.4}$$

$$d = \overline{y} - b\overline{x} \tag{A.5}$$

Problem A.1. *Gegeben sei ein Datensatz von n Messwerten*

$$A_k = (x_k, y_k) \qquad k = 1, \dots, n$$

welche nur aus positiven x- bzw. y-Werten bestehen. Wir setzen voraus, dass ihr Zusammenhang durch ein Skalengesetz, d. h., eine Potenzfunktion vom Typ

$$y = a \cdot x^b \tag{A.6}$$

für $a > 0$ gegeben ist. Aus den logarithmierten Messwerten $X_k = \log_{10} x_k$, $Y_k = \log_{10} y_k$ sind die folgenden Berechnungformeln für a und b mit der Methode der kleinsten Quadrate herzuleiten.

$$b = \frac{\left(\sum_{k=1}^{n} Y_k X_k\right) - n\overline{XY}}{\left(\sum_{k=1}^{n} X_k^2\right) - n\overline{X}^2}, \qquad a = 10^{\overline{Y} - b\overline{X}} \tag{A.7}$$

Lösung. Logarithmieren wir (A.6) und bezeichnen

$$X = \log_{10} x, \quad Y = \log_{10} f(x), \quad d = \log_{10} a,$$

so erhalten wir die Geradengleichung

$$Y = b \cdot X + d \tag{A.8}$$

Logarithmieren wir die Messdaten ebenfalls, so bestimmen wir neue Punkte

$$A_k' = (X_k, Y_k) \qquad \text{mit } X_k = \log_{10} x_k, Y_k = \log_{10} y_k \tag{A.9}$$

Anschließend berechnen wir deren Mittelwerte $\overline{X}$, $\overline{Y}$. Nach der Methode der kleinsten Quadrate werden die Koeffizienten der Regressionsgeraden (A.8) durch die Gleichungen

$$b = \frac{\left(\sum_{k=1}^{n} Y_k X_k\right) - n\overline{XY}}{\left(\sum_{k=1}^{n} X_k^2\right) - n\overline{X}^2}$$

$$d = \overline{Y} - b\overline{X}$$

gegeben. Nach der Umrechnung $a = 10^d$ erhalten wir die gesuchten Konstanten für unser Skalengesetz (A.6) in der Form (A.7). □

A.3 Mengenlehre und Kombinatorik

Kartesisches Produkt

Gegeben seien n endliche Mengen $A_1, \dots, A_n$. Als ihr *kartesisches Produkt*

$$A_1 \times \dots \times A_n$$

bezeichnet man die Menge aller endlichen Folgen $(a_1, \dots, a_n)$, wobei $a_i \in A_i$ ist.

Satz A.1. *Die Anzahl der Elemente von $A_1 \times \dots \times A_n$ erhält man als Produkt aller Anzahlen der Elemente der A_i.*

Fakultät und Permutationen

Für alle natürlichen Zahlen n wird die Funktion $n!$ (sprich: n Fakultät) wie folgt definiert. Es ist $0! = 1$ sowie

$$(n + 1)! = (n + 1) \cdot n!$$

Eine einheitliche Definition unter Einschluss des Sonderfalls $n = 0$ ist möglich, indem $n!$ als Anzahl der Bijektionen einer n-elementigen Menge auf sich selbst erklärt wird. Damit ist $0! = 1$, denn es gibt genau eine Bijektion $f : \emptyset \rightarrow \emptyset$.

Die Fakultät kann in der folgenden Situation angewendet werden.

Unter einer *Permutation* versteht man eine Anordnung von Objekten in einer bestimmten Reihenfolge. Die *Anzahl aller Permutationen eines Wortes aus n verschiedenen Buchstaben* bezeichnen wir mit perm(n).

Satz A.2. *Die Anzahl aller Permutationen von n Elementen beträgt*

$$\mathrm{perm}(n) = n!$$

Variationen

Es seien k verschiedene Objekte auf n Plätze aufzuteilen, wobei $n \geq k$ ist und jeder Platz höchstens ein Objekt zugewiesen bekommt. Damit bleiben also $n - k$ Plätze unbesetzt.

Jede derartige Zuteilung wird *Variation* genannt. Die *Anzahl der Variationen* wird mit Var(n, k) bezeichnet.

Satz A.3. *Die Anzahl der Variationen für n $\geq$ k beträgt*

$$\mathrm{Var}(n, k) = \frac{n!}{(n - k)!} \tag{A.10}$$

Binomialkoeffizient und Kombinationen

Die für alle natürlichen Zahlen n und k definierte Funktion

$$\binom{n}{k} = \begin{cases} \frac{n!}{k!(n-k)!} & \text{für } 0 \leq k \leq n \\ 0 & \text{für } 0 \leq n < k \end{cases}$$

heißt *Binomialkoeffizient*.

Eine Anwendung findet man in der folgenden Situation.

Gegeben sei eine Menge aus n Elementen. Für ein vorgegebenes $k \leq n$ bezeichnet man die Auswahl einer Teilmenge von k Elementen als *Kombination* der Ordnung k. Die *Anzahl dieser Kombinationen* wird mit $C(n, k)$ bezeichnet.

Satz A.4. *Die Anzahl der Kombinationen wird berechnet als*

$$C(n, k) = \binom{n}{k} \qquad \text{(A.11)}$$

Im Zusammenhang mit den Binomialkoeffizienten tritt der binomische Lehrsatz auf.

Satz A.5. *Für alle $x, y \in \mathbb{R}$ und $n \in \mathbb{N}$ ist*

$$(x + y)^n = \sum_{k=0}^{n} \binom{n}{k} \cdot x^k \cdot y^{n-k} \qquad \text{(A.12)}$$

A.4 Zahlenfolgen und Summenformeln

Unendliche Zahlenfolgen $n \mapsto a_n$ für $n \in \mathbb{N}$ werden mit (a_n) bezeichnet. In diesem Zusammenhang benötigen wir folgende Definitionen.

- *Monoton wachsende und fallende Zahlenfolgen*
  Für eine *monoton wachsende Folge* ist $a_n \leq a_{n+1}$ für alle $n \in \mathbb{N}$.
  Für eine *monoton fallende Folge* ist $a_n \geq a_{n+1}$ für alle $n \in \mathbb{N}$.
- *Arithmetische Zahlenfolge*
  Bei einer *arithmetischen Folge* ist die Differenz aufeinanderfolgender Glieder konstant.

$$a_{n+1} - a_n = d \qquad \text{für alle } n \in \mathbb{N}$$

- *Geometrische Zahlenfolge*
  Bei einer *geometrischen Folge* ist der Quotient aufeinanderfolgender Glieder konstant.

$$\frac{a_{n+1}}{a_n} = q \qquad \text{für alle } n \in \mathbb{N}$$

Für endliche Teilsummen erhält man die Formeln:
- *Summenformel von Gauß*

$$\sum_{k=1}^{n-1} k = \frac{n(n-1)}{2} \qquad \text{(A.13)}$$

- *Summenformel der (endlichen) geometrischen Folge*
  Für $q \neq 1$ ist

$$\sum_{k=0}^{n} a_0 \cdot q^k = a_0 \cdot \frac{q^{n+1} - 1}{q - 1} \qquad \text{(A.14)}$$

A.5 Grenzwerte

Oft erhalten wir die Lösung eines mathematischen Problems durch Annäherung mit einer Folge von Zahlen oder Funktionen. Dann muss die Existenz eines Grenzwerts abgesichert sein.

Grenzwert einer Zahlenfolge
Eine Zahlenfolge (a_n) besitzt den *Grenzwert a*, falls zu jedem $\epsilon > 0$ ein Folgenindex n_ϵ existiert, sodass gilt:
$$a_n \in (a - \epsilon, a + \epsilon) \qquad \text{für alle } n \geq n_\epsilon$$
Man bezeichnet die Folge auch als *konvergent gegen a*. Symbolik: $a = \lim_{n \to \infty} a_n$.

Eine häufig benötigte Aussage ist der folgende

Satz A.6. *Jede monoton wachsende und nach oben beschränkte Zahlenfolge besitzt einen Grenzwert. Dasselbe gilt auch für jede monoton fallende und nach unten beschränkte Zahlenfolge.*

A.6 Reihenentwicklungen und Näherungsformeln

Reihenentwicklungen sind ein beliebtes Mittel zur Darstellung reeller oder komplexer Funktionen.

- *Geometrische Reihe und ihre Ableitung*
  Für $|x| < 1$ ist

$$\sum_{k=1}^{\infty} x^k = \frac{x}{1-x} \tag{A.15}$$

$$\sum_{k=1}^{\infty} kx^{k-1} = \frac{1}{(1-x)^2} \tag{A.16}$$

- *Reihendarstellung der Exponentialfunktion*
  Für alle reellen Zahlen x gilt

$$e^x = \sum_{k=0}^{\infty} \frac{x^k}{k!} \tag{A.17}$$

- *Reihendarstellung des Logarithmus*
  Für $x \in (-1, 1]$ gilt

$$\ln(1 + x) = \sum_{k=1}^{\infty} (-1)^{k+1} \frac{x^k}{k} \tag{A.18}$$

Hieraus folgt für $x \in [-1, 1)$

$$\ln(1 - x) = -\sum_{k=1}^{\infty} \frac{x^k}{k} \tag{A.19}$$

Für $x \approx 0$ gelten folgende *Näherungsformeln*.

– *Exponentialfunktion*

$$e^{\pm x} \approx 1 \pm x \tag{A.20}$$

– *Logarithmus*

$$\ln(1 - x) \approx -x \tag{A.21}$$

– *Potenzfunktion*

$$(1 \pm x)^n \approx 1 \pm nx \tag{A.22}$$

Ihr Nachweis geschieht über entsprechende Reihenentwicklungen, indem Potenzen höherer Ordnung vernachlässigt werden.

A.7 Fixpunktsatz von Banach

Hier wird eine Bedingung angegeben, sodass die *Fixpunktgleichung*

$$f(x) = x , \qquad x \in M \tag{A.23}$$

durch *sukzessive Approximation* mit der Zahlenfolge

$$x_{n+1} = f(x_n) \qquad \text{mit } x_1 \in M \tag{A.24}$$

gelöst werden kann.

> Unter einer *kontrahierenden Abbildung* $f \colon M \rightarrow M$ versteht man eine reelle Funktion auf einer nichtleeren, abgeschlossenen Menge $M \subset \mathbb{R}$ mit folgender Eigenschaft:
>
> Für eine Konstante $0 < k \leq 1$ und beliebige $x, \in M$ gilt
>
> $$| f(x) - f(y) | \leq k | x - y | \tag{A.25}$$

Satz A.7. *Für eine kontrahierende Abbildung besitzt die Gleichung* (A.23) *genau eine Lösung. Sie wird durch die Folge* (A.24) *angenähert:*

$$\lim_{n \to \infty} x_n = x .$$

A.8 Stabilität von Fixpunkten

Eine Zahlenfolge (x_n) wird über die reelle Funktion $f \colon \mathbb{R} \rightarrow \mathbb{R}$ und den Startwert x_1 vorgegeben:

$$x_{n+1} = f(x_n) \qquad \text{mit } x_1 \in \mathbb{R} \tag{A.26}$$

Nehmen wir an, dass f einen Fixpunkt x^* besitzt. Man bezeichnet ihn als *lokal stabil*, falls er eine Umgebung $U = (x^* - \epsilon, x^* + \epsilon)$ besitzt, sodass sich die Zahlenfolge (x_n) für jeden Startwert $x_1 \in U$ zu x^* nähert:

$$\lim_{n \to \infty} x_n = x^*$$

Gilt die Annäherung sogar für beliebige $x_1 \in \mathbb{R}$, so liegt ein *global stabiler* Fixpunkt vor. Nützlich ist das folgende Kriterium.

Satz A.8. *Angenommen, die durch (A.26) definierte Folge (x_n) besitze einen Fixpunkt x^* und die Funktion f lasse sich in einer gewissen Umgebung von x^* in der Form*

$$f(x^* + \Delta x) = f(x^*) + f'(x^*) \cdot \Delta x + O(\Delta x^2)$$

darstellen. Dann ist der Fixpunkt x^* lokal stabil für $| f'(x^*) |< 1$ und lokal instabil für $| f'(x^*) |> 1$.

B Überblick zu Wahrscheinlichkeiten

B.1 Ereignisse und Wahrscheinlichkeiten

Die Wahrscheinlichkeitsrechnung untersucht Gesetzmäßigkeiten zufälliger Ereignisse. Mathematisch werden diese als Mengen dargestellt. Dazu folgende Grundbegriffe.

– Zu jedem Zufallsexperiment gehört eine Menge Ω, die *Grundgesamtheit* oder *Ergebnisraum* genannt wird. Ihre Elemente ω werden als *Ergebnisse* bezeichnet.
  Es wird bei jeder Durchführung des Zufallsexperiments genau ein Ergebnis beobachtet.
– Teilmengen von Ω werden dagegen als *Ereignisse* bezeichnet und zumeist mit Großbuchstaben beschriftet. Wir sprechen davon, dass bei der Durchführung des Zufallsexperiments ein *Ereignis* $A \subset \Omega$ *eintritt*, falls ein zugehöriges *Ergebnis* $\omega \in A$ beobachtet wird.
  Dabei bezeichnet man die einelementigen Teilmengen $\{\omega\}$ als *Elementarereignisse*.

Die Grundgesamtheit Ω wird als *sicheres Ereignis* bezeichnet. Zur weiteren Modellierung erweisen sich Mengenoperationen als notwendig, die zu den untenstehenden Begriffen führen.

– Die Schnittmenge $A \cap B$ wird als Ereignis des *gleichzeitigen Eintreffens* von A und B bezeichnet.
– Die Vereinigungsmenge $A \cup B$ wird als das Ereignis bezeichnet, dass *mindestens eines der Ereignisse A, B eintritt*.
  Es sei $A_1, A_2, \ldots$ eine Folge von Ereignissen. In Verallgemeinerung wird nun $\bigcup_{i=1}^{\infty} A_i$ als das Eintreten mindestens eines dieser Ereignisse bezeichnet.
– Die Differenzmenge $B \setminus A$ bezeichnet das Ereignis, dass *zwar B, aber nicht A eintritt*.
– $\Omega \setminus A$ nennt man das *Gegenereignis* zu A. Sein Symbol ist $\overline{A}$.

Ein Mengensystem $\mathfrak{A}$ heißt σ-Algebra, wenn es folgende Bedingungen erfüllt.

$\Sigma 1$ Es ist $\Omega \in \mathfrak{A}$.
$\Sigma 2$ Für $A \in \mathfrak{A}$ ist auch $\overline{A} \in \mathfrak{A}$.
$\Sigma 3$ Für jede Folge $A_1, A_2, \ldots$ aus $\mathfrak{A}$ ist auch $\bigcup_{i=1}^{\infty} A_i \in \mathfrak{A}$.

Das Ereignissystem eines Zufallsexperiment muss stets eine σ-Algebra sein. Es enthält die leere Menge $\emptyset$, denn aus $\Sigma 1$ und $\Sigma 2$ folgt $\emptyset \in \mathfrak{A}$. Die leere Menge wird als *unmögliches Ereignis* bezeichnet. Wenn bei jedem Versuch eines der Ergebnisse $\omega \in \Omega$ beobachtet wird, so kann $\emptyset \subset \Omega$ nie eintreten.

Beispiel B.1 (*diskreter Wahrscheinlichkeitsraum*). Hier ist Ω abzählbar. Als Ereignissystem verwendet man das System aller Teilmengen von Ω, welches die Bedingungen einer σ-Algebra automatisch erfüllt.

https://doi.org/10.1515/9783110706314-006

Weiterhin benötigen wir die folgenden Begriffe.

- Für $A \subset B$ sagen wir, dass aus dem Ereignis A das Ereignis B folgt.
- Für $A \cap B = \emptyset$ spricht man von *unvereinbaren* bzw. von *sich gegenseitig ausschließenden Ereignissen*.
- Die Darstellung einer Menge $A = \bigcup_i A_i$ mittels paarweise unvereinbarer Teilmengen A_i wird als *Zerlegung* von A bezeichnet.

Die *Wahrscheinlichkeit für ein Ereignis* A soll den Grad der Gewissheit charakterisieren, mit der sein Eintreten zu erwarten ist. Dieser Grad wird in der Mathematik durch eine reelle Zahl angegeben und mit $p(A)$ beschrieben. Zu seiner vollständigen Formulierung genügen drei Forderungen, welche als *Axiome* bezeichnet werden.

Axiom I Jedem zufälligen Ereignis A entspricht eine bestimmte Zahl $p(A)$, seine Wahrscheinlichkeit, welche die Ungleichung

$$0 \leq p(A) \leq 1$$

erfüllt.

Unsere Zuordnung p ist also eine Funktion aus der Menge aller Teilmengen von Ω in das Intervall $[0, 1]$.

Axiom II Die Wahrscheinlichkeit der Grundgesamtheit Ω ist gleich eins.

$$p(\Omega) = 1$$

Axiom III Die Wahrscheinlichkeit einer Vereinigung von endlich oder abzählbar vielen zufälligen Ereignissen $A_1, A_2, \ldots$, die einander paarweise ausschließen, ist gleich der Summe der Wahrscheinlichkeiten dieser Ereignisse.

$$p\left(\bigcup_i A_i\right) = \sum_i p(A_i) \tag{B.1}$$

Anmerkungen
- Wahrscheinlichkeiten sind nur für Ereignisse $A \subset \Omega$, nicht aber für Ergebnisse $\omega \in \Omega$ definiert.
- Die korrekte Schreibweise für die Wahrscheinlichkeiten von Elementarereignissen wäre $p(\{\omega\})$. Stattdessen benutzt man dafür allgemein $p(\omega)$.
- In (B.1) muss die Gleichheit nicht erfüllt sein, falls sich die Ereignisse A_i nicht paarweise ausschließen.

Aus den Axiomen lassen sich sämtliche Aussagen über Wahrscheinlichkeiten herleiten.

Satz B.1 (Wahrscheinlichkeit des unmöglichen Ereignisses). *Für die leere Menge ist*

$$p(\emptyset) = 0$$

Beweis. Wegen $\emptyset \cap \Omega = \emptyset$ und $\Omega = \Omega \cup \emptyset$ folgt nach Axiom III

$$p(\Omega) + p(\emptyset) = p(\Omega \cup \emptyset) = p(\Omega) = 1$$

sodass wir

$$1 + p(\emptyset) = 1$$

und hieraus die Behauptung erhalten. □

Problem B.1. *Für $A \subset B$ ist die Ungleichung $p(A) \le p(B)$ zu beweisen.*

Beweis. Die Darstellung $B = A \cup (B \setminus A)$ ist eine Zerlegung von B wegen

$$A \cap (B \setminus A) = \emptyset$$

Hieraus folgt

$$
\begin{aligned}
p(B) &= p(A) + p(B \setminus A) \qquad \text{nach Axiom III} \\
&\ge p(A) \qquad \text{nach Axiom I, d. h. wegen } p(B \setminus A) \ge 0
\end{aligned}
$$
□

Spezialfall diskreter Wahrscheinlichkeitsräume
Unser Schwerpunkt liegt auf Grundgesamtheiten aus höchstens abzählbar vielen Ergebnissen $\omega \in \Omega$. Die Wahrscheinlichkeiten $p(\omega)$ der Elementarereignisse müssen wegen Axiom II und III der Bedingung

$$\sum_{\omega \in \Omega} p(\omega) = 1$$

genügen. (Summation ist möglich, weil die Grundgesamtheit aus höchstens abzählbar vielen *Ergebnissen* $\omega \in \Omega$ besteht.) Nun folgt für beliebige $A \subset \Omega$ aus Axiom III

$$p(A) = \sum_{\omega \in A} p(\omega) \tag{B.2}$$

Satz B.2 (Formel von Laplace). *Falls nur endlich viele Elementarereignisse möglich sind und diese mit der gleichen Wahrscheinlichkeit eintreten, so berechnet man die Wahrscheinlichkeit eines Ereignisses E mit*

$$p(E) = \frac{\textit{Anzahl der Elementarereignisse in E}}{\textit{Anzahl aller Elementarereignisse}} \tag{B.3}$$

Beweis. Für eine Grundgesamtheit aus n gleich wahrscheinlichen Elementarereignissen ist deren Wahrscheinlichkeit $\frac{1}{n}$, sodass (B.3) aus Axiom III folgt. □

B.2 Bedingte Wahrscheinlichkeit und Unabhängigkeit

Wahrscheinlichkeiten lassen sich bedeutend genauer vorhersagen, wenn vorab nützliche Informationen bekannt sind. Dazu wird der folgende Begriff definiert.

Ein Ereignis B trete mit positiver Wahrscheinlichkeit auf. Die *bedingte Wahrscheinlichkeit* von Ereignis A unter der Bedingung B ist dann

$$p(A \mid B) = \frac{p(A \cap B)}{p(B)} \tag{B.4}$$

Man bezeichnet sie auch als *Wahrscheinlichkeit für A, falls B eingetroffen ist.*

Problem B.2. *Es ist nachzuweisen, dass die bedingte Wahrscheinlichkeit den Forderungen von Axiom I genügt.*

Beweis. Da die rechte Seite von (B.4) positiv ist, gilt auch $p(A \mid B) \geq 0$. Wegen $A \cap B \subset B$ folgt mit Problem B.1 die Ungleichung

$$p(A \cap B) \leq p(B)$$

und somit $\frac{p(A \cap B)}{p(B)} \leq 1$. Es ist also $p(A \mid B) \leq 1$. $\qquad\square$

Man bezeichnet die Ereignisse A und B als *unabhängig* voneinander, falls gilt

$$p(A \cap B) = p(A) \cdot p(B) \tag{B.5}$$

Falls beide Ereignisse mit positiver Wahrscheinlichkeit auftreten, folgt aus (B.4)

$$p(A \mid B) = p(A) \quad \text{und} \quad p(B \mid A) = p(B)$$

Die Ereignisse A und B beeinflussen sich also nicht. Die Definition (B.5) lässt sich auf endlich viele Ereignisse verallgemeinern.

Man bezeichnet die Ereignisse $A_1, \ldots, A_n$ als *(in ihrer Gesamtheit) unabhängig*, wenn

$$p(A_{i_1} \cap \ldots \cap A_{i_m}) = p(A_{i_1}) \cdot \ldots \cdot p(A_{i_m}) \tag{B.6}$$

für die Ereignisse A_{i_k} jeder endlichen Index-Teilfolge $(i_1, \ldots, i_m)$ mit

$$1 \leq i_1 < \ldots < i_m \leq n \quad \text{für } m = 2, \ldots, n$$

gilt.
   Die Wahrscheinlichkeit des gleichzeitigen Eintreffens jeder Auswahl von Ereignissen ist also gleich dem Produkt ihrer Wahrscheinlichkeiten.

Im Falle unendlich vieler Ereignisse fasst man diese zur Familie $(A_j)_{j \in J}$ zusammen.

Die Ereignisse A_j der Familie $(A_j)_{j \in J}$ heißen *(in ihrer Gesamtheit) unabhängig*, wenn jede endliche Teilmenge dieser Familie aus (in ihrer Gesamtheit) unabhängigen Ereignissen besteht.

Demgegenüber steht der folgende, nicht zu verwechselnde Begriff.

Die Ereignisse A_j der Familie $(A_j)_{j \in J}$ heißen *paarweise unabhängig*, wenn

$$p(A_j \cap A_k) = p(A_j) \cdot p(A_k) \quad \text{für alle } j, k \in J \text{ mit } j \neq k$$

gilt.

Aus der paarweisen Unabhängigkeit der Ereignisse A_j, $j \in J$ folgt nicht die Unabhängigkeit dieser Ereignisse (in ihrer Gesamtheit).

B.3 Formel von Bayes

Die *Formel von Bayes* verbindet zwei bedingte Wahrscheinlichkeiten miteinander:

Satz B.3. *Für beliebige Ereignisse A und B ist*

$$p(A \mid B) \cdot p(B) = p(B \mid A) \cdot p(A) \tag{B.7}$$

Beweis. Man erhält sie auf direktem Wege aus (B.4):

$$p(A \mid B) \cdot p(B) = p(A \cap B) = p(B \cap A) = p(B \mid A) \cdot p(A) \qquad \square$$

Beim *gleichzeitigen Eintreten* von Ereignissen ist die folgende Formel nützlich.

Satz B.4. *Es seien $A_1, \ldots, A_n$ beliebige Ereignisse. Dann ist*

$$p(A_1 \cap \ldots \cap A_n) = p(A_1) \cdot p(A_2 \mid A_1) \cdots p(A_{k+1} \mid A_1 \cap \ldots \cap A_k) \cdots$$
$$\cdots p(A_n \mid A_1 \cap \ldots \cap A_{n-1}) \tag{B.8}$$

Wenn die Ereignisse $A_1, \ldots, A_n$ unabhängig sind, so folgt für die Faktoren der rechten Seite

$$
\begin{aligned}
p(A_{k+1} \mid A_1 \cap \ldots \cap A_k) &= \frac{p(A_1 \cap \ldots \cap A_k \cap A_{k+1})}{p(A_1 \cap \ldots \cap A_k)} \quad \text{wegen (B.4)} \\
&= \frac{p(A_1) \cdot \ldots \cdot p(A_k) \cdot p(A_{k+1})}{p(A_1) \cdot \ldots \cdot p(A_k)} \quad \text{wegen (B.6)} \\
&= p(A_{k+1})
\end{aligned}
$$

Beweis. Wir wollen (B.8) für drei Ereignisse A_1, A_2, A_3 herleiten. Der allgemeine Fall folgt derselben Beweisidee. Aus der bedingten Wahrscheinlichkeit (B.4) folgt für $A = A_3$ und $B = A_1 \cap A_2$ nach Multiplikation mit dem Nenner

$$p(A_1 \cap A_2 \cap A_3) = p(A_1 \cap A_2) \cdot p(A_3 \mid A_1 \cap A_2) \tag{B.9}$$

Wir berechnen nun $p(A_1 \cap A_2)$ mittels (B.4), indem wir dort $A = A_2$ und $B = A_1$ einsetzen:

$$p(A_1 \cap A_2) = p(A_1) \cdot p(A_2 \mid A_1)$$

Setzen wir diesen Ausdruck in (B.9) ein, so erhalten wir

$$p(A_1 \cap A_2 \cap A_3) = p(A_1) \cdot p(A_2 \mid A_1) \cdot p(A_3 \mid A_1 \cap A_2) \qquad \square$$

B.4 Totale Wahrscheinlichkeit

Gewisse Ereignisse treten nur in sich gegenseitig ausschließenden Situationen auf. Wenn ihre Wahrscheinlichkeiten dort bekannt sind, so lässt sich daraus die Gesamtwahrscheinlichkeit berechnen.

Satz B.5 (Formel der totalen bzw. vollständigen Wahrscheinlichkeit).
Seien $\Omega = \bigcup_{i=1}^{n} A_i$ eine Zerlegung der Grundgesamtheit sowie X ein weiteres Ereignis. Dann ist

$$p(X) = p(A_1) \cdot p(X \mid A_1) + \ldots + p(A_n) \cdot p(X \mid A_n) \qquad (B.10)$$

Beweis. Das Ereignis X lässt sich ebenfalls in unvereinbare Teilereignisse zerlegen:

$$X = (X \cap A_1) \cup \ldots \cup (X \cap A_n) \qquad (B.11)$$

Im folgenden Bild ist die Situation für $n = 3$, d. h. $\Omega = A_1 \cup A_2 \cup A_3$, dargestellt.

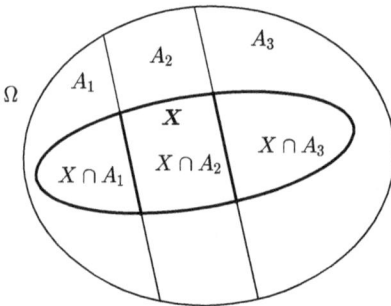

Abb. B.1: Beispiel einer Zerlegung von Ereignis X in drei Teilereignisse.

Wegen der Unvereinbarkeit der Ereignisse $X \cap A_i$ folgt aus (B.11) mit (B.1)

$$p(X) = p(X \cap A_1) + \ldots + p(X \cap A_n)$$

Wir ersetzen rechts alle $p(X \cap A_i)$ durch die aus (B.4) abgeleiteten Ausdrücke

$$p(X \cap A_i) = p(A_i) \cdot p(X \mid A_i) \qquad \text{für alle } i = 1, \ldots, n$$

und erhalten schließlich

$$p(X) = p(A_1) \cdot p(X \mid A_1) + \ldots + p(A_n) \cdot p(X \mid A_n) \qquad \square$$

B.5 Zufallsgrößen

Wann immer *Zahlen* auf zufällige Weise erzeugt werden, dann steht das mathematische Konzept der Zufallsgröße dahinter.

Als *Zufallsgröße X* bezeichnet man eine reelle Funktion auf der Grundgesamtheit Ω, d. h.

$$X: \Omega \to \mathbb{R}$$

Den *Ergebnissen* des Zufallsexperiments werden reelle Zahlen zugeordnet.
[$X = a$] bezeichnet die Menge aller $\omega \in \Omega$ mit $X(\omega) = a$. Anschaulich ist es das Ereignis, dass der Wert a auftritt.

Wir beschränken uns auf diskrete Wahrscheinlichkeitsräume (siehe Beispiel B.1), womit folgende Definition gerechtfertigt ist.

Unter der *diskreten Wahrscheinlichkeitsverteilung* (kurz: Verteilung) von X versteht man die Gesamtheit der Wahrscheinlichkeiten $p(X = a)$ für alle Werte a, die mittels

$$p(X = a) = \sum_{\omega \in [X=a]} p(\omega) \tag{B.12}$$

berechnet werden.

(Die Summe ist möglich, weil höchstens abzählbar viele Summanden vorliegen.) Derartige Zufallsgrößen bezeichnet man ebenfalls als *diskret*.

Als *Wahrscheinlichkeitsfunktion* von X bezeichnet man die Zuordnung

$$a \mapsto p(X = a)$$

Nicht aus jeder beliebigen Menge von Wahrscheinlichkeiten lässt sich eine Zufallsgröße zusammenfügen.

Satz B.6. *Eine beliebige Folge (x_n) und eine Folge nicht negativer Zahlen (p_n) definieren genau dann mittels*

$$p(X = x_n) = p_n \quad \text{für } n = 1, 2, \ldots$$

eine Zufallsgröße X, wenn gilt:

$$\sum_n p_n = 1 \tag{B.13}$$

Beweis. 1.) Wir zeigen, dass (B.13) notwendig für die Existenz einer Zufallsgröße ist. Da diese bei jedem Versuchsausgang genau einen seiner Werte annimmt, bildet

$\Omega = \bigcup_n [X = x_n]$ eine Zerlegung. Folglich ist

$$1 = p\left(\bigcup_n [X = x_n]\right) \quad \text{wegen Axiom II}$$
$$= \sum_n p_n \quad \text{wegen Axiom III}$$

2.) Nun zeigen wir, dass (B.13) auch hinreichend für eine Zufallsgröße ist. Wir konstruieren eine Grundgesamtheit $\Omega = \bigcup_i \{x_i\}$ und untersuchen die auf den Teilmengen $A \subset \Omega$ definierte Funktion

$$\wp(A) = \sum_{\substack{i \\ \text{mit } x_i \in A}} p_i$$

Es ist leicht nachzuprüfen, dass $\wp$ sämtliche Axiome für Wahrscheinlichkeiten erfüllt (Axiom II gilt wegen der Überlegungen aus 1.). Die gesuchte Zufallsgröße $X\colon \Omega \to \mathbb{R}$ kann mittels

$$X(x_i) = x_i$$

definiert werden. $\qquad\qquad\qquad\qquad\qquad\qquad\qquad\qquad\qquad\qquad\qquad\qquad$ $\square$

Durch das folgende Konzept wird ein wesentlicher Grundbaustein der Wahrscheinlichkeitsrechnung gegeben. Viele praxisrelevante Zufallsgrößen lassen sich aus ihm zusammensetzen.

Als *Bernoulli-Versuch* oder *Bernoulli-Experiment* wird ein Zufallsexperiment mit zwei möglichen Ausgängen (Erfolg oder Misserfolg) bezeichnet, deren Wahrscheinlichkeit bei Wiederholungen des Experiments konstant bleibt.

Ausgangspunkt ist die zweielementige Grundgesamtheit $\Omega = \{e, m\}$. Wir bezeichnen die Zufallsgröße

$$X(\omega) = \begin{cases} 1 & \text{falls } \omega = e \\ 0 & \text{falls } \omega = m \end{cases} \qquad\qquad \text{(B.14)}$$

mit der Wahrscheinlichkeitsverteilung

$$p(X = 1) = p, \quad p(X = 0) = 1 - p \quad (0 < p < 1) \qquad\qquad \text{(B.15)}$$

als (Zufallsgröße eines) *Bernoulli-Versuchs*. Der Wert p heißt Erfolgswahrscheinlichkeit. Die Verteilung (B.15) wird auch *Null-Eins-Verteilung* genannt.

Man erhält ein einfaches Beispiel beim Münzwurf mit den Ereignissen Kopf ($= e$) und Zahl ($= m$).

Anmerkung

Seien $\Omega = \bigcup_{i=1}^{n} E_i$ eine Zerlegung und $p(E_i)$ die Wahrscheinlichkeiten der zugehörigen Ereignisse E_i. Eine Zufallsgröße X mit der Zuordnungsvorschrift

$$\omega \in E_i \qquad \mapsto \qquad x_i \in \mathbb{R} \qquad\qquad \text{für } i = 1, \ldots, n$$

wird auch in der *Kurzschreibweise*

$$X = \begin{cases} x_1 & \text{falls } E_1 \\ \dots \\ x_n & \text{falls } E_n \end{cases}$$

notiert. Beispielsweise erhalten wir in Anwendungen häufig Bernoulli-Versuche, indem wir eine vorgegebene Grundgesamtheit Ω zunächst in gewisse Teilmengen E und M zerlegen, deren Ergebnisse auch Erfolge und Misserfolge genannt werden. Dann schreiben wir

$$X = \begin{cases} 1 & \text{falls Erfolg} \\ 0 & \text{falls Misserfolg} \end{cases}$$

Der Erwartungswert einer Zufallsgröße

Wir bezeichnen die möglichen Werte der Zufallsgröße X mit $x_1, x_2, \dots$. Unter dem *Erwartungswert* von X versteht man die Zahl

$$\mathbb{E}X = \sum_i x_i \cdot p(X = x_i) \tag{B.16}$$

Beispiel B.2. Beim Bernoulli-Versuch (B.14), (B.15) ist

$$\mathbb{E}X = 0 \cdot p(M) + 1 \cdot p(E) = p \tag{B.17}$$

Wie das Beispiel zeigt, muss dieser Wert selbst im Zufallsexperiment nicht angenommen werden.

Der Erwartungswert lässt sich auch auf Basis der Ergebnisse ω berechnen.

Satz B.7. *Es ist*

$$\mathbb{E}X = \sum_\omega X(\omega)p(X = X(\omega))$$

Beweis. Wir gruppieren die Summanden entsprechend der Zerlegung

$$\Omega = \bigcup_i [X = x_i]$$

Dann ist

$$\sum_\omega X(\omega)p(X = X(\omega)) = \sum_i \sum_{\omega \in [X=x_i]} X(\omega)p(X = X(\omega))$$

$$= \sum_i x_i \cdot \left[\sum_{\omega \in [X=x_i]} p(X = X(\omega)) \right]$$

$$= \sum_i x_i \cdot P(X = x_i) \qquad \text{wegen (B.12)} \qquad \square$$

Seine Aussagekraft für Anwendungen erhält der Erwartungswert durch die folgende Interpretation.

> Der Erwartungswert entspricht dem *über eine große Anzahl unabhängiger Wiederholungen gebildeten Mittelwert* des Zufallsexperiments.

Da komplizierte Situationen gelegentlich durch Summen einfacher Zufallsgrößen dargestellt werden können, ist die folgende Formel sehr nützlich.

Satz B.8. *Gegeben seien die Zufallsgrößen $X_1, \ldots, X_n$ mit endlichen Erwartungswerten sowie die Konstanten $c_1, \ldots, c_n$. Dann ist*

$$\mathbb{E}\left(\sum_{k=1}^{n} c_k X_k\right) = \sum_{k=1}^{n} c_k \mathbb{E} X_k \tag{B.18}$$

Beweis. Es ist

$$\mathbb{E}\left(\sum_{k=1}^{n} c_k X_k\right) = \sum_{\omega}\left[\sum_{k=1}^{n} c_k X_k(\omega)\right] p(\omega) \qquad \text{mithilfe von Satz B.7}$$

$$= \sum_{k=1}^{n}\left[\sum_{\omega} c_k X_k(\omega) p(\omega)\right]$$

$$= \sum_{k=1}^{n} c_k \left[\sum_{\omega} X_k(\omega) p(\omega)\right]$$

$$= \sum_{k=1}^{n} c_k \mathbb{E} X_k \qquad \text{nochmals mit Satz B.7} \qquad \square$$

Gelegentlich sind Zufallsgrößen X und Y durch die Beziehung $Y = aX + b$ mit reellen Konstanten a und b verknüpft. Wegen

$$\mathbb{E}(aX + b) = \sum_{i}(ax_i + b)p_i = a \cdot \sum_{i} x_i p_i + b \cdot \sum_{i} p_i = a \cdot \mathbb{E} X + b$$

ist dann

$$\mathbb{E}(aX + b) = a \cdot \mathbb{E} X + b \tag{B.19}$$

B.6 Geometrische Verteilung

> Es sei $0 < p < 1$ und $n \in \mathbb{N}$. Eine *geometrisch verteilte Zufallsgröße X* wird durch die Wahrscheinlichkeitsverteilung
>
> $$p(X = n) = (1 - p)^{n-1} \cdot p \qquad \text{für } n = 1, 2, \ldots \tag{B.20}$$
>
> bestimmt.

Damit es sich tatsächlich um eine Zufallsgröße handelt, müssen die Formeln (B.20) dem Kriterium (B.13) standhalten.

Problem B.3. *Für* (B.20) *ist die Gültigkeit von* (B.13) *zu überprüfen.*

Beweis. Wir setzen $q = 1 - p$ und berechnen zunächst

$$\sum_{j=1}^{n} p(X = j) = \sum_{j=1}^{n} p \cdot (1 - p)^{j-1} = \sum_{k=0}^{n-1} p \cdot (1 - p)^k = p \cdot \frac{q^n - 1}{q - 1} = 1 - q^n$$

wobei wir die Summenformel (A.14) benutzt haben. Damit folgt

$$\sum_{j=0}^{\infty} p(X = j) = \lim_{n \to \infty} \sum_{j=1}^{n} p(X = j) = \lim_{n \to \infty} (1 - q^n) = 1 \qquad \square$$

Das folgende Bild stellt die Wahrscheinlichkeitsfunktion einer geometrischen Verteilung im Bereich $k \leq 11$ dar. Die Wahrscheinlichkeit $p(X = k)$ nimmt exponentiell ab.

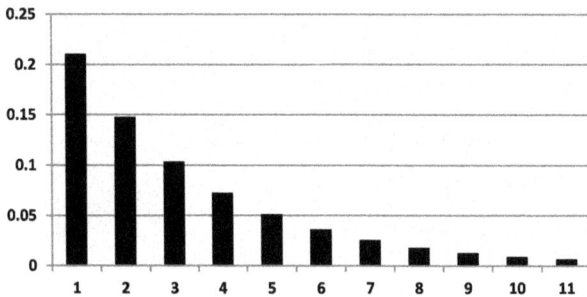

Abb. B.2: Wahrscheinlichkeitsfunktion einer geometrischen Verteilung mit $p = 0{,}3$ und $n \leq 11$.

In Anwendungen tritt die geometrische Verteilung im folgenden Zusammenhang bei der Modellierung von *Wartezeiten bis zum ersten Erfolg* auf.

Satz B.9. *Gegeben sei eine Serie von n unabhängigen und identischen Bernoulli-Versuchen* (B.14), (B.15) *mit der Erfolgswahrscheinlichkeit p.*

Dann wird die benötigte Anzahl dieser Versuche bis zum ersten Erfolg durch eine geometrisch verteilte Zufallsgröße X beschrieben.

(Anmerkung: Unter identischen Bernoulli-Versuchen verstehen wir hier und in den folgenden Abschnitten stets *identisch verteilte* Bernoulli-Versuche.)

Beweis. Als Grundgesamtheit Ω wählen wir die unendliche Menge aller Zahlenfolgen der Länge n vom Typ

$$\omega_n = \begin{cases} (1) & \text{falls } n = 1 \\ (0, \dots, 0, 1) & \text{falls } n > 1 \end{cases} \tag{B.21}$$

Für $n = 1$ wird der Erfolg sofort erzielt. Es ist $p(X = 1) = p(\omega_1) = p$. Für $n > 1$ gehen $n - 1$ Misserfolge voraus, und wir erhalten unter Berücksichtigung der Unabhängigkeit sowie der identischen Verteilung unserer Bernoulli-Versuche

$$p(X = n) = p(\omega_n) = \underbrace{(1 - p) \cdot \ldots (1 - p)}_{n-1} \cdot p = (1 - p)^{n-1} \cdot p \qquad \square$$

Eine geometrisch verteilte Zufallsgröße besitzt den Erwartungswert

$$\mathbb{E}X = \sum_{n=1}^{\infty} n \cdot p(X = n) = p \cdot \sum_{n=1}^{\infty} n \cdot (1 - p)^{n-1}$$

Unter Benutzung der Summenformel (A.16) erhalten wir für den *Erwartungswert einer geometrisch verteilten Zufallsgröße*

$$\mathbb{E}X = p \cdot \frac{1}{p^2} = \frac{1}{p} \tag{B.22}$$

B.7 Binomialverteilung

Es seien $0 < p < 1$ und $n \in \mathbb{N}$. Eine *binomialverteilte Zufallsgröße X* wird durch die Wahrscheinlichkeitsverteilung

$$p(X = k) = \binom{n}{k} \cdot p^k \cdot (1 - p)^{n-k} \qquad \text{für } k = 0, \ldots, n \tag{B.23}$$

bestimmt. Hierbei werden p als Erfolgswahrscheinlichkeit, n als Anzahl der Versuche und k als Anzahl der Erfolge bezeichnet.

Die Formeln (B.23) müssen dem Kriterium (B.13) genügen, damit wirklich eine Zufallsgröße vorliegt. Mit dem binomischen Lehrsatz folgt

$$1 = (p + (1 - p))^n = \sum_{k=0}^{n} \binom{n}{k} \cdot p^k \cdot (1 - p)^{n-k} = \sum_{k=0}^{n} p(X = k)$$

Bild B.3 zeigt den Graphen der Wahrscheinlichkeitsfunktion einer Binomialverteilung mit Erfolgswahrscheinlichkeit $p = 0,3$ bei $n = 10$ Versuchen. Für $p < 0,5$ ist eine hohe Anzahl Erfolge weniger wahrscheinlich als dieselbe Anzahl Misserfolge, sodass die Funktion für große k besonders stark abnimmt. Unser Graph wird deshalb für kleinere p asymmetrisch nach links verlagert.

Die Bezeichnungen Erfolgswahrscheinlichkeit, Anzahl der Versuche sowie Anzahl der Erfolge werden durch folgende Situation motiviert.

Satz B.10. *Gegeben sei eine Serie von n unabhängigen und identischen Bernoulli-Versuchen (B.14), (B.15) mit der Erfolgswahrscheinlichkeit p.*

Die Gesamtzahl k der Erfolge (Einsen) in unserer Serie beschreibt dann eine binomialverteilte Zufallsgröße X.

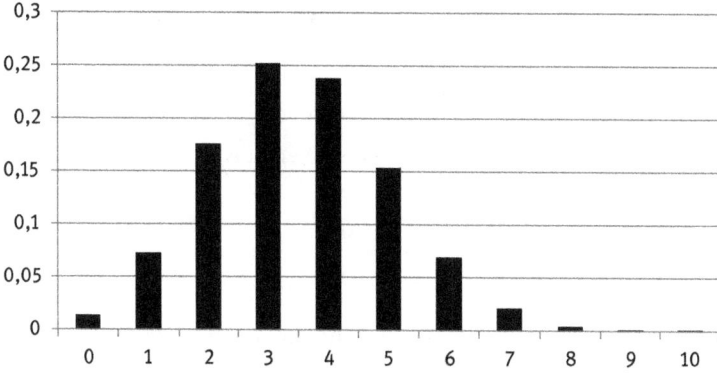

Abb. B.3: Wahrscheinlichkeitsfunktion einer Binomialverteilung mit $p = 0{,}3$ und $n = 10$.

Beweis. Als Grundgesamtheit Ω benutzen wir die Menge aller endlichen Folgen der Länge n, welche aus Nullen und Einsen zusammengesetzt sind. Die Teilmenge $[X = k]$ besteht aus allen denjenigen Folgen mit genau k Einsen. Beispiele sind

$$(\underbrace{1,\ldots,1}_{k}, \underbrace{0,\ldots,0}_{n-k}), (\underbrace{1,\ldots,1}_{k-2}, \underbrace{0,\ldots,0}_{n-k}, 1, 1) \text{ oder } (1, 0, 1, \underbrace{0,\ldots,0}_{n-k-1}, \underbrace{1,\ldots,1}_{k-2})$$

Da jede Folge genau einer Kombination (Anhang A.3) entspricht, besitzt die Menge $[X = k]$ somit $\binom{n}{k}$ Elemente. Wir bezeichnen sie mit ω_i für $i = 1, \ldots, \binom{n}{k}$. Aus Axiom III (Formel (B.1)) folgt

$$p(X = k) = \sum_i p(\omega_i) \qquad (B.24)$$

Für die Wahrscheinlichkeit bei einer konkreten Folge ω_i benutzen wir die Unabhängigkeit und die identische Verteilung der Bernoulli-Versuche. Bei k Erfolgen und $n - k$ Misserfolgen ist dann

$$p(\omega_i) = p^k \cdot (1 - p)^{n-k} \qquad (B.25)$$

Unter Berücksichtigung der Anzahl von $\binom{n}{k}$ Elementen in der Menge $[X = k]$ erhalten wir aus der letzten Gleichung und (B.24) unsere Formel (B.23). $\qquad\square$

Obwohl binomialverteilte Zufallsgrößen aus denselben Grundbestandteilen wie geometrisch verteilte Zufallsgrößen aufgebaut sind, beschreiben sie grundsätzlich verschiedene Sachverhalte. Bei der Binomialverteilung ist n eine fest vorgegebene Anzahl von Experimenten, während eine geometrische Verteilung die verschiedenen Wartezeiten n bis zum ersten Erfolg beschreibt.

Satz B.11. *Der Erwartungswert einer Binomialverteilung ist*

$$\mathbb{E}X = np \qquad (B.26)$$

Beweis. Zur Beschreibung der Einzelversuche führen wir die null-eins-verteilten Zufallsgrößen $X_1, \ldots, X_n$ ein:

$$X_i = \begin{cases} 1 & \text{falls Erfolg im } i\text{-ten Versuch} \\ 0 & \text{falls Misserfolg im } i\text{-ten Versuch} \end{cases}$$

Ihre gemeinsame Verteilung ist

$$p(X_i = 1) = p\,, \quad p(X_i = 0) = 1 - p$$

Dann sind auch die Erwartungswerte $\mathbb{E}X_i = p$, und die binomialverteilte Zufallsgröße X lässt sich als Summe der X_i darstellen:

$$X = \sum_{i=1}^{n} X_i$$

Mit der Summenformel (B.18) für den Erwartungswert folgt hieraus

$$\mathbb{E}X = \mathbb{E}\left(\sum_{i=1}^{n} X_i\right) = \sum_{i=1}^{n} \mathbb{E}X_i = \sum_{i=1}^{n} p = np \qquad \square$$

Eine beliebte Anwendung der Binomialverteilung ist das folgende Urnenmodell.

Beispiel B.3 (Ziehung mit Zurücklegen). In einer Urne befinden sich M Kugeln, von denen i schwarz und der Rest weiß sind. Ein Experiment besteht in der aufeinanderfolgenden Ziehung von n Kugeln, die sofort wieder zurückgelegt werden. Die Zufallsgröße X bezeichne nun die Anzahl der dabei gezogenen schwarzen Kugeln. Gesucht ist ihre Wahrscheinlichkeitsverteilung.

Lösung. Das Zurücklegen sichert die Unabhängigkeit der Einzelversuche. Es handelt sich um eine Binomialverteilung mit

$$p(X = k) = \binom{n}{k} \cdot \left(\frac{i}{M}\right)^k \cdot \left(1 - \frac{i}{M}\right)^{n-k} \quad \text{für } k = 0, \ldots, n \qquad \square$$

B.8 Poisson-Verteilung

Eine *Poisson-verteilte Zufallsgröße Z* mit dem Parameter $\lambda > 0$ wird durch die Wahrscheinlichkeitsverteilung

$$p(Z = k) = e^{-\lambda} \cdot \frac{\lambda^k}{k!} \qquad \text{für } k = 0, 1, 2, \ldots \qquad \text{(B.27)}$$

bestimmt.

Der Nachweis, dass es sich hier um eine Zufallsgröße handelt, ergibt sich mit Kriterium (B.13). Dazu wird die Reihe (A.17) für $e^\lambda = \sum_{k=0}^{\infty} \frac{\lambda^k}{k!}$ in die Gleichung $1 = e^{-\lambda} \cdot e^\lambda$ eingesetzt:

$$1 = e^{-\lambda} \cdot \sum_{k=0}^{\infty} \frac{\lambda^k}{k!} = \sum_{k=0}^{\infty} e^{-\lambda} \cdot \frac{\lambda^k}{k!}$$

Es ist also tatsächlich $1 = \sum_{k=0}^{\infty} p(Z = k)$.

Das folgende Bild stellt die Wahrscheinlichkeitsfunktion einer Poisson-Verteilung mit $\lambda = 5$ im Bereich $k \leq 16$ dar. Für große k nimmt die Wahrscheinlichkeit $p(X = k)$ rasch ab.

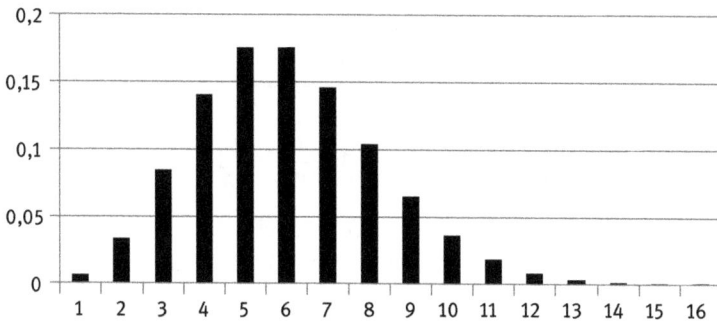

Abb. B.4: Wahrscheinlichkeitsfunktion einer Poisson-Verteilung mit $\lambda = 5$ im Bereich $k \leq 16$.

Satz B.12. *Der Parameter λ einer Poisson-verteilten Zufallsgröße ist zugleich sein Erwartungswert.*

Beweis. Aus dem Ansatz $\mathbb{E}Z = \sum_{k=0}^{\infty} k \cdot p(X = k)$ folgt

$$\mathbb{E}Z = \sum_{k=0}^{\infty} k \cdot e^{-\lambda} \frac{\lambda^k}{k!} = e^{-\lambda} \cdot \left(\lambda + \frac{\lambda^2}{1!} + \frac{\lambda^3}{2!} + \ldots \right) = e^{-\lambda} \cdot \lambda \cdot \left(1 + \frac{\lambda}{1!} + \frac{\lambda^2}{2!} + \ldots \right)$$

Mit der Reihe (A.17) für $e^\lambda = \sum_{k=0}^{\infty} \frac{\lambda^k}{k!}$ ersetzen wir nun den rechten Klammerausdruck und erhalten

$$\mathbb{E}Z = e^{-\lambda} \cdot \lambda \cdot e^\lambda = \lambda \qquad \qquad \square$$

Ihre Nützlichkeit liegt auch bei der näherungsweisen Berechnung der Binomialverteilung.

Satz B.13. *Die binomialverteilte Zufallsgröße X mit*

$$p(X = k) = \binom{n}{k} \cdot p^k \cdot (1 - p)^{n-k}$$

lässt sich durch eine Poisson-verteilte Zufallsgröße Z mit $\lambda = p \cdot n$ annähern.

Als Faustregel gilt, dass die Approximation für $n > 50$ und $p < 0,05$, also für lange Serien mit kleinen Erfolgswahrscheinlichkeiten brauchbar ist.

Beweis. Wir betrachten eine Folge binomialverteilter Zufallsgrößen X_n mit immer kleiner werdenden Erfolgswahrscheinlichkeiten $p_n = \frac{\lambda}{n}$. Dann ist

$$p(X_n = k) = \binom{n}{k} \cdot \left(\frac{\lambda}{n}\right)^k \cdot \left(1 - \frac{\lambda}{n}\right)^{n-k}$$

$$= \frac{n!}{k! \cdot (n-k)!} \cdot \frac{\lambda^k}{n^k} \cdot \left(1 - \frac{\lambda}{n}\right)^n \cdot \left(1 - \frac{\lambda}{n}\right)^{-k}$$

$$= \frac{\lambda^k}{k!} \cdot \left(1 - \frac{\lambda}{n}\right)^n \cdot \frac{n!}{n^k \cdot (n-k)!} \cdot \left(1 - \frac{\lambda}{n}\right)^{-k}$$

$$= \frac{\lambda^k}{k!} \cdot \left(1 - \frac{\lambda}{n}\right)^n \cdot \left(1 - \frac{\lambda}{n}\right)^{-k} \cdot \frac{n(n-1)\cdots(n-k+1)}{n^k}$$

$$= \frac{\lambda^k}{k!} \cdot \left(1 - \frac{\lambda}{n}\right)^n \cdot \left(1 - \frac{\lambda}{n}\right)^{-k} \cdot \left(1 - \frac{1}{n}\right) \cdots \left(1 - \frac{k-1}{n}\right)$$

Wir untersuchen jeden dieser Faktoren für $n \to \infty$, wobei k ein festgelegter Wert bleibt. Dann ist der erste Faktor $\frac{\lambda^k}{k!}$ konstant, wohingegen für die restlichen

$$\lim_{n\to\infty} \left(1 - \frac{\lambda}{n}\right)^n = e^{-\lambda}$$

$$\lim_{n\to\infty} \left(1 - \frac{\lambda}{n}\right)^{-k} = 1$$

$$\lim_{n\to\infty} \left(1 - \frac{1}{n}\right) = 1$$

$$\cdots$$

$$\lim_{n\to\infty} \left(1 - \frac{k-1}{n}\right) = 1$$

wird. Somit folgt

$$\lim_{n\to\infty} p(X_n = k) = \frac{\lambda^k}{k!} \cdot e^{-\lambda}$$

und die Wahrscheinlichkeitsverteilung nähert sich der Poisson-Verteilung an. □

Zur Erkennung einer Poisson-Verteilung in der Praxis ist es sinnvoll, sich nochmals an das Konzept der Binomialverteilung zu erinnern. Diese gibt die Wahrscheinlichkeit der Anzahl Erfolge in einer Serie unabhängiger, identischer Bernoulli-Versuche an.

Die Poisson-Verteilung mit dem Parameter $\lambda = n \cdot p$ lässt sich zur näherungsweisen Berechnung der Wahrscheinlichkeit für die Anzahl Erfolge bei einer großen Anzahl n unabhängiger, identischer Bernoulli-Versuche mit kleinen Erfolgswahrscheinlichkeiten p anwenden.

Bildrechte

1. Bild 1.4: gemeinfrei, Aus: Our Native Ferns and their Allies (1888).
2. Bild 1.6: gemeinfrei, Autor: Martyman.
3. Bild 1.12: Rainer Garve, Roland Garve.
4. Bild 1.14: Richard B. Aronson, Florida Institute of Technology.
5. Bild 2.5: gemeinfrei, Autor: James Mahony. Aus der Serie: Sketches in the West of Ireland. Erschienen in: The Illustrated London News, Feb. 20, 1847.
6. Bild 2.6: gemeinfrei, Autor: Anthony Allison.
7. Bild 2.9: gemeinfrei, Autor: Alessio Damato.
8. Bild 2.10: gemeinfrei, Autor: US National Institutes of Health – National Institute of Allergy and Infectious Diseases.
9. Bild 2.11: John Novembre, University of Chicago.
10. Bild 2.12: Kathleen M. Heath u. a. [32], Wiley Publishing.
11. Bild 2.14: Mark Kirkpatrick, University of Texas.
12. Bild 3.2: gemeinfrei, aus Darwin C (1845): *Journal of researches into the natural history and geology of the countries visited during the voyage of H. M. S. Beagle round the world.* London: John Murray. 2d ed.
13. Bild 3.8: Richard Neave.
14. Bild 3.15: Foto: Louis le Grand, Altes Museum Berlin (Berliner Museumsinsel).
15. Bild 3.16: gemeinfrei, Ausschnitt aus einem Gemälde von Juan de Miranda Carreno.
16. Bild 3.24: gemeinfrei, Ernest Griset: The Far West – Shooting Buffalo on Line of the Kansas-Pacific Railroad. Aus: Frank Leslie's Illustrated Newspaper, June 3, 1871.
17. Bild 3.26: Glen M. Green, Robert W. Sussman [63]. © AAAS.
18. Bild 3.27: gemeinfrei, unbekannter Künstler, flandrische Chronik Antiquitates Flandriae (Bibliothèque Royale Albert Ier, Brüssel).
19. Bild 4.4: José R. Franco u. a. (2017), [96].
20. Bild 4.5: ANOM.
21. Bild 4.8: Tanya E. Cox u. a., IA CRC, Canberra, Australia.
22. Bild 4.12: gemeinfrei, Autor: Alexostrov.
23. Bild 4.15: gemeinfrei, Autor: PHGCOM.
24. Bild 4.16: gemeinfrei, unbekannter Künstler, aus dem Codex Florentino, Libro duodecimo von Bernardino de Sahagún.
25. Bild 4.17: gemeinfrei, Autoren: Rodolfo Acuna-Soto, David W. Stahle, Malcolm K. Cleaveland, Matthew D. Therrell.
26. Bild 4.18: gemeinfrei, Autor: Mark Knobil.

Die Rechte aller anderen Bilder liegen beim Autor.

https://doi.org/10.1515/9783110706314-007

Literatur

Kapitel 1

[1]   Allee WC, Schmidt KP (1951). *Ecological animal geography: an authorized, rewritten edition, 2nd, based on Tiergeographie auf oekologischer Grundlage by Richard Hesse.* John Wiley & Sons, New York.

[2]   Bamberg Migliano A, Vinicius L, Mirazon Lahr M (2007). Life history trade-offs explain the evolution of human pygmies. *PNAS.* doi: 10.1073/pnas.0708024105.

[3]   Berner RA (1999). Atmospheric oxygen over Phanerozoic time. *Proc Natl Acad Sci USA,* 96(20):10955–10957. doi: 10.1073/pnas.96.20.10955.

[4]   Brito JC, Martínez-Freiría F, Sierra P, Sillero N, Tarroso P (2011). Crocodiles in the Sahara Desert: An Update of Distribution, Habitats and Population Status for Conservation Planning in Mauritania. *PLoS ONE,* 6(2):e14734. https://doi.org/10.1371/journal.pone.0014734.

[5]   García-Robledo C et al. (2016). Limited tolerance by insects to high temperatures across tropical elevational gradients and the implications of global warming for extinction. *Proc Natl Acad Sci USA,* 113(3):680–685.

[6]   Garve R, Garve M (2010). *Unter Papuas und Melanesiern. Von kunstsinnigen Kannibalen, Kopfjägern, Baumhausmenschen, Sumpfnomaden, Turmspringern und anderen Südsee-Eingeborenen.* Verlag Neue Literatur, Jena.

[7]   Gillooly JF, Allen AP, Brown JH, West GB (2005). The Rate of DNA evolution: Effects of Body Size and Temperature on the Molecular Clock. *Proceedings of the National Academy of Sciences,* 102:140–145.

[8]   Greenwood V (2019). Chronomedizin. Die Uhren in uns. *Spektrum der Wissenschaften,* (2).

[9]   Highfield R (2007). Pygmies life expectancy is between 16 and 24. The Telegraph, 10.12.2007 [online] http://www.telegraph.co.uk/news/science/science-news/3317989/Pygmies-life-expectancy-is-between-16-and-24.html [Stand: 6.3.2017].

[10]   Hulbert AJ, Pamplona R, Buffenstein R, Buttemer WA (2007). Life and death: metabolic rate, membrane composition, and life span of animals. *Physiol Rev,* 87(4):1175–1213.

[11]   Karch R (2003). Computersimulation in der Medizin, Pharmakokinetische Modelle. Skriptum zur Vorlesung. [online] http://www.meduniwien.ac.at/msi/biosim/csm/pdf/pk.pdf [Stand: 24.11.2018].

[12]   Lister BC, Garcia A (2018). Climate-driven declines in arthropod abundance restructure a rainforest food web. *PNAS,* 115(44):E10397–E10406. https://doi.org/10.1073/pnas.1722477115.

[13]   Milewski AV (1981). A Comparison of Reptile Communities in Relation to Soil Fertility in the Mediterranean and Adjacent Arid Parts of Australia and Southern Africa. *Journal of Biogeography,* 8(6):493. November. DOI: 10.2307/2844567.

[14]   Pappenheimer JR, Renkin EM, Borrero LM (1951). Filtration, diffusion and molecular sieving through peripheral capillary membranes; a contribution to the pore theory of capillary permeability. *Am J Physiol,* 167(1):13–46.

[15]   Pitcher F (2009). Die Südsee. BBC-Dokumentation.

[16]   Prinzinger R (2005). Programmed ageing: the theory of maximal metabolic scope. *EMBO reports.,* 6:S14–S19. DOI 10.1038/sj.embor.7400425.

[17]   Ross CA (2006). *The C.I.A. doctors: human rights violations by American psychiatrists.* Richardson, Manitou Communications. Richardson, Texas.

[18]   Savage VM, Deeds EJ, Fontana W (2008). Sizing up allometric scaling theory. *Public Library of Science: Computational Biology,* 4(9).

https://doi.org/10.1515/9783110706314-008

[19]   Schmidt-Nielsen K (1997). *Animal Physiology: Adaptation and Environment*. Cambridge University Press, Cambridge.

[20]   Speakman JR (2005). Body size, energy metabolism and lifespan. *Journal of Experimental Biology*, 208:1717–1730. doi: 10.1242/jeb.01556.

[21]   Watkins T. Animal Longevity and Scale. [online] http://www.sjsu.edu/faculty/watkins/longevity.htm [Stand: 6.3.2017].

[22]   West LJ, Pierce CM, Thomas WD (1962). Lysergic acid diethylamide: Its effects on a male Asiatic elephant. *Science*, 138:1100–1103.

[23]   Zhang GQ, Zhang W (2009). Heart rate, lifespan, and mortality risk. *Ageing Research Reviews*, 8:52–60.

Kapitel 2

[24]   Allison AC (1956). The sickle-cell and haemoglobin C genes in some african populations. *Annals of Human Genetics*, 21(1):67–89.

[25]   Brabin BJ (2014). Malaria's contribution to World War One – the unexpected adversary. *Malaria Journal*, 13:497. [online] https://doi.org/10.1186/1475-2875-13-497 [Stand: 27.9.2018].

[26]   Chaplin G, Jablonski NG (2003). Die Evolution der Hautfarben. *Spektrum der Wissenschaft*. [online] http://www.spektrum.de/magazin/die-evolution-der-hautfarben/829886 [Stand: 24.3.2017].

[27]   Clare L, Rohling EJ, Weninger B, Hilpert J (2008). Warfare in Late Neolithic Early Chalcolithic Pisidia, southwestern Turkey. Climate induced social unrest in the late 7th millennium calBC. *Documenta Praehistorica*, 15:560–14. 10.4312/dp.35.6. [online] https://revije.ff.uni-lj.si/DocumentaPraehistorica/article/view/35.6/1792 [Stand: 15.2.2019].

[28]   Curry A (2013). Archaeology: The milk revolution. *Nature*, 500:20–22. doi: 10.1038/500020a.

[29]   De Sanctis V, Kattamis C, Canatan D, Soliman AT, Elsedfy H, Karimi M, Daar S, Wali Y, Yassin M, Soliman N, Sobti P, Al Jaouni S, El Kholy M, Fiscina B, Angastiniotis M (2017). β-thalassemia distribution in the old world: an ancient disease seen from a historical standpoint. *Mediterr J Hematol Infect Dis.*, 9(1):e2017018. doi: http://dx.doi.org/10.4084/MJHID.2017.018.

[30]   DeNoon DJ (2008). Fatty Liver Disease: Genes Affect Risk. WebMD Health News, 26.9.2008 [online] http://www.webmd.com/digestive-disorders/news/20080925/fatty-liver-disease-genes-affect-risk [Stand: 24.3.2017].

[31]   Goodman BE, Percy WH (2005). CFTR in cystic fibrosis and cholera: from membrane transport to clinical practice. *Advances in Physiology Education*, 29(2):75–82. doi: 10.1152/advan.00035.2004.

[32]   Heath KM, Axton JH, McCullough JM, Harris N (2016). The Evolutionary Adaptation of C282Y Mutation to Culture and Climate during the European Neolithic. *American Journal of Physical Anthropology*, 160:86–101.

[33]   Höffeler F (2009). Das Erbe der frühen Viehzüchter. Geschichte und Evolution der Lactose(in)toleranz. *Biologie in unserer Zeit*, 39(6).

[34]   Huonker T (2003). *Diagnose: moralisch defekt. Kastration, Sterilisation und Rassenhygiene im Dienst der Schweizer Sozialpolitik und Psychiatrie 1890–1970*. Orell Füssli Verlag, Zürich.

[35]   Keller A et al. (2012). New insights into the Tyrolean Iceman's origin and phenotype as in-
       ferred by whole-genome sequencing. *Nature Communications*, 3. Article number: 698. doi:
       10.1038/ncomms1701.

[36]   Khan FA et al. (2007). Association of hemochromatosis with infectious diseases: expanding
       spectrum. *International Journal of Infectious Diseases*, 11:482–487.

[37]   Kirkpatrick M (2010). How and Why Chromosome Inversions Evolve. *PLoS Biol*,
       8(9):e1000501. https://doi.org/10.1371/journal.pbio.1000501.

[38]   Koo I, Ohol Y, Wu P et al. (2008). Role for lysosomal enzyme betahexosaminidase in the
       control of mycobacteria infection. *Proc Natl Acad Sci USA*, 105:710–715.

[39]   Kruettli A, Bouwman A, Akguel G, Della Casa P, Ruehli F, Warinner CG (2014). Ancient DNA
       analysis reveals high frequency of European lactase persistence allele (T-13910) in medieval
       Central Europe. *PLoS One*, 9(1):e86251. doi: 10.1371/journal.pone.0086251.

[40]   Mähr C (2010). *Von Alkohol bis Zucker. Zwölf Substanzen, die die Welt veränderten*. Dumont,
       Köln.

[41]   Manzon V (2007). B-Thalassemia: the anaemia coming from the sea. eBook, EAA Summer
       School. 1.115-125.

[42]   Mecsas J, Franklin G, Kuziel WA, Brubaker RR, Falkow S, Mosier DE (2004). Evolutionary
       genetics: CCR5 mutation and plague protection. *Nature*, 427(6975):606.

[43]   Mitchum R (2011). Lactose Tolerance in the Indian Dairyland. Science Life, 14.9.2011 [online]
       https://sciencelife.uchospitals.edu/2011/09/14/lactose-tolerance-in-the-indian-dairyland/
       [Stand: 24.3.2017].

[44]   Morral N et al. (1994). The origin of the major cystic fibrosis mutation (DeltaF508) in Euro-
       pean populations. *Nature Genetics*, 7:169–175. doi:10.1038/ng0694-169.

[45]   Novembre J, Galvani AP, Slatkin M (2005). The Geographic Spread of the CCR5 Delta32
       HIV-Resistance Allele. *PLoS Biol*, 3(11):e339. doi: 10.1371/journal.pbio.0030339.

[46]   O'Brien MJ, Laland KN (2012). Genes, Culture, and Agriculture: An Example of Human Niche
       Construction. *Current Anthropology*, 53(4):434–470.

[47]   Philipsen S. Erythropoiesis. Erasmus MC [online] https://www.erasmusmc.nl/cellbiology/
       research/research-groups/philipsen/background/?lang=en [Stand: 7.5.2018].

[48]   Priehodova E, Abdelsawy A, Heyer E, Cerny V (2014). Lactase Persistence Variants in Arabia
       and in the African Arabs. Human Biology Open Access Pre-Prints. Paper 48. [online] http:
       //digitalcommons.wayne.edu/humbiol_preprints/48 [Stand: 2.5.2017].

[49]   Schliekelman P, Garner C, Slatkin M (2001). Natural selection and resistance to HIV. *Nature*,
       411:545–546.

[50]   Tait M (2009). Natural Immunity Against HIV. 10/4/09 [online] http://www.cabsa.org.za/
       book/export/html/1496 [Stand: 20.11.2016].

[51]   Withrock IC, Anderson SJ, Jefferson MA, McCormack GR, Mlynarczyk GSA, Nakama A,
       Lange JK, Berg CA, Acharya S, Stock ML, Lind MS, Luna K, Kondru NC, Manne S, Pa-
       tel BB, de la Rosa BM, Huang KP, Sharma S, Hu HZ, Kanuri SH, Carlson SA (2015). Ge-
       netic Diseases Conferring Resistance to Infectious Diseases. *Genes & Diseases*. doi:
       10.1016/j.gendis.2015.02.008.

[52]   Yang Y, Shevchenko A et al. (2013). Proteomics Evidence for Kefir Dairy in Early Bronze Age
       China. *Journal of Archaeological Science*. doi: 10.1016/j.jas.2014.02.005.

[53]   Zeibig D (2014). Verträglichkeit für Milchzucker entstand überraschend spät. *Spektrum der
       Wissenschaft*. 22.10.2014 [online] http://www.spektrum.de/news/vertraeglichkeit-fuer-
       milchzucker-entstand-ueberraschend-spaet/1314527 [Stand: 24.3.2017].

Kapitel 3

[54] Albinism in Africa. Southern African Catholic Bishops Conference. Occasional Paper 34, Dec 2013. http://www.cplo.org.za/wp-content/uploads/2013/04/OP-34-Albinism-in-Africa-Dec-2013.pdf [Stand: 7.11.2019].

[55] Alvarez G, Ceballos FC (2013). Royal dynasties as human inbreeding laboratories: The Habsburgs. *Heredity*, 111(2). [online] https://www.researchgate.net/publication/236143078_Royal_dynasties_as_human_inbreeding_laboratories_The_Habsburgs [Stand: 2.7.2018].

[56] Alvarez G, Ceballos FC, Quinteiro C (2009). The Role of Inbreeding in the Extinction of a European Royal Dynasty. *PLoS ONE*, 4(4):e5174. [online] https://doi.org/10.1371/journal.pone.0005174 [Stand: 2.7.2018].

[57] Carmi S et al. (2014). Sequencing an Ashkenazi reference panel supports population-targeted personal genomics and illuminates Jewish and European origins. *Nat Commun*, 5:4835. doi: 10.1038/ncomms5835.

[58] Cavalli-Sforza L, Cavalli-Sforza F (1996). *Verschieden und doch gleich*. Knaur Verlag, München.

[59] Foliaki S (2013). Thrifty Genes: From Cold and Prolonged Starvation Adaptation to Obesity and Type 2 Diabetes in Polynesians. Vol. 11, University of Hawaii at Hilo. Hawaii Community College HOHONU. [online] https://hilo.hawaii.edu/campuscenter/hohonu/volumes/documents/ThriftyGenes-FromColdandProlongedStarvationAdaptationtoObesityandType2DiabetesinPolynesiansSimoteFoliaki.pdf [Stand: 29.6.2018].

[60] Frisch A, Colombo R, Michaelovsky E, Karpati M, Goldman B, Peleg L (2004). Origin and spread of the 1278insTATC mutation causing Tay-Sachs disease in Ashkenazi Jews: genetic drift as a robust and parsimonious hypothesis. *Human Genetics*, 114(4):366–376. PMID 14727180.

[61] Futuyma DJ (1990). *Evolutionsbiologie*. Birkhäuser Verlag, Basel.

[62] Geschäftsbericht der DDG für 2015. [online] https://www.deutsche-diabetes-gesellschaft.de/fileadmin/Redakteur/Ueber_uns/Geschaeftsbericht/2015/160608_DDG-GB-2015_online.pdf [Stand: 29.6.2018].

[63] Green GM, Sussman RW (1990). Deforestation History of the Eastern Rain Forests of Madagascar from Satellite Images. *Science, New Series*, 248(4952):212–215.

[64] Kaplan K (2014). DNA ties Ashkenazi Jews to group of just 330 people from Middle Ages. *Los Angeles Times*. 9.9.2014.

[65] Kegel B (2001). *Die Ameise als Tramp. Von biologischen Invasionen*. Heyne, München.

[66] Kimura M, Ohta T (1969). The average number of generations until fixation of a mutant gene in a finite population. *Genetics*, 61:763–771.

[67] Kingman JFC (1982). The coalescent. *Stochastic Processes and Their Applications*, 13:235–248.

[68] Mallet J, Fowler K (2006). BIOL2007 - EVOLUTIONARY GENETICS. Vorlesungsskript. [online] http://www.ucl.ac.uk/~ucbhdjm/courses/b242/InbrDrift/InbrDrift.html [Stand: 3.7.2018].

[69] Meller H (2015). Krieg im europäischen Neolithikum. In Meller H, Schefzik M (Hrsg.), *Krieg – eine archäologische Spurensuche. Begleitband zur Sonderausstellung im Landesmuseum für Vorgeschichte Halle (Saale) 6. November 2015 bis 22. Mai 2016*, S. 109–116. Halle (Saale).

[70] Menotti-Raymond M, O'Brien SJ (1993). Dating the Genetic Bottleneck of the African Cheetah. *Proceedings of the National Academy of Sciences of the United States of America*, 90(8):3172–3176. [online] http://nsuworks.nova.edu/cnso_bio_facarticles/232 [Stand: 24.3.2017].

[71] O'Brien MJ, Laland KN (2012). Genes, Culture, and Agriculture: An Example of Human Niche Construction. *Current Anthropology*, 53(4):434–470.

[72] Page RDM, Holmes EC (1998). *Molecular Evolution: A Phylogenetic Approach*. John Wiley and Sons Ltd, Hoboken, New Jersey.

[73] Patrick L. Brown tree snake (Boiga irregularis). Forschungsbericht, Introduced Species Summary Project. [online] http://www.columbia.edu/itc/cerc/danoff-burg/invasion_bio/inv_spp_summ/boiga_irregularis.html [Stand: 30.4.2018].

[74] Rogers H, Hille Ris Lambers J, Miller R, Tewksbury JJ (2012). "Natural experiment" Demonstrates Top-Down Control of Spiders by Birds on a Landscape Level. *PLoS ONE*, 7(9):e43446. [online] https://doi.org/10.1371/journal.pone.0043446 [Stand: 30.4.2018].

[75] Scally A, Durbin R (2012). Revising the human mutation rate: implications for understanding human evolution. *Nat Rev Genet*, 13:745–753.

[76] Scott JC (2019). *Die Mühlen der Zivilisation. Eine Tiefengeschichte der frühesten Staaten*. Suhrkamp, Berlin.

[77] Tran TD et al. (2014). The evolution of moment generating functions for the Wright Fisher model of population genetics. *Mathematical Biosciences*, 256.

[78] Vitousek PM et al. (1997). Introduced species: A significant component of human-caused global change. *New Zealand Journal of Ecology.*, 21(1):1–16.

[79] Wandrag EM, Dunham AE, Duncan RP, Rogers HS (2017). Seed dispersal increases local species richness and reduces spatial turnover of tropical tree seedlings. *Proceedings of the National Academy of Sciences of the United States of America*, 114(40):10689–10694. DOI: 10.1073/pnas.1709584114.

[80] Zeng TC, Aw AJ, Feldman MW (2018). Cultural hitchhiking and competition between patrilineal kin groups explain the post-Neolithic Y-chromosome bottleneck. *Nature Communications*, 9(1). doi: 10.1038/s41467-018-04375-6.

Kapitel 4

[81] Anderson RM, May RM (1981). The Population Dynamics of Microparasites and Their Invertebrate Hosts. *Philosophical Transactions of the Royal Society of London. Series B, Biological Sciences,*, 291(1054):451–524.

[82] Anderson RM, May RM (1982). Coevolution Of Hosts and Parasites. *Parasitology*, 85:411–426. 10.1017/S0031182000055360.

[83] Angier N. Cause of Cystic Fibrosis Is Traced to the Stone Age. The New York Times, 1.6.1994.

[84] Berrang Ford L (2007). Civil conflict and sleeping sickness in Africa in general and Uganda in particular. *Conflict and Health*, 1(6):29. doi:10.1186/1752-1505-1-6.

[85] Bremermann HJ, Pickering J (1983). A game-theoretical model of parasite virulence. *J Theor Biol*, 100:411–426.

[86] Cavalli-Sforza L, Cavalli-Sforza F (1996). *Verschieden und doch gleich*. Knaur Verlag, München.

[87] Comas I, Coscolla M, Luo T, Borrell S, Holt KE, Kato-Maeda M, Parkhill J, Malla B, Berg S, Thwaites G, Yeboah-Manu D, Bothamley G, Mei J, Wei L, Bentley S, Harris SR, Niemann S, Diel R, Aseffa A, Gao Q, Young D, Gagneux S (2013). Out-of-Africa migration and Neolithic coexpansion of Mycobacterium tuberculosis with modern humans. *Nat Genet*, 45(10):1176–1182. doi: 10.1038/ng.2744. Epub 2013 Sep 1.

[88]   Cook ND (1998). *Born To Die*. Cambridge University Press, Cambridge.

[89]   Cowley G (1991). *The Great Disease Migration*. Newsweek. Special Issue, Fall/Winter.

[90]   Cox TE, Strive T, Mutze G, West P, Saunders G (2013). Benefits of Rabbit Biocontrol in Australia. PestSmart Toolkit publication, Invasive Animals Cooperative Research Centre, Canberra, Australia.

[91]   De Raadt P (2005). The history of sleeping sickness. Fourth International Course on African Trypanosomoses, Tunis, 11–28 October [online] http://www.who.int/trypanosomiasis_african/country/history/en/ [Stand: 24.11.2018].

[92]   Evans RJ, Spooner ETC (1950). Possible Mode of Transfer of Infection by Syringes Used for Mass Inoculation. *Br Med J*, 2(4672):185–188. [online] https://www.ncbi.nlm.nih.gov/pmc/articles/PMC2038579/ [Stand: 24.11.2018].

[93]   Faria NR et al. (2014). HIV epidemiology. The early spread and epidemic ignition of HIV-1 in human populations. *Science*, 346(6205):56–61.

[94]   Felsenstein J. Theoretical Evolutionary Genetics. Vorlesungsskript. [online] http://evolution.gs.washington.edu/pgbook/pgbook.pdf [Stand: 26.7.2018].

[95]   Fenner F, Ratcliffe FN (1965). *Myxomatosis*. Cambridge University Press, Cambridge.

[96]   Franco JR, Cecchi G, Priotto G, Paone M, Diarra A, Grout L et al. (2017). Monitoring the elimination of human African trypanosomiasis: Update to 2014. *PLoS Negl Trop Dis*, 11(5):e0005585. https://doi.org/10.1371/journal.pntd.0005585.

[97]   Frank SA (1996). Models of Parasite Virulence. *The Quarterly Review of Biology*, 71(1):37–78.

[98]   Galor O, Moav O (2007). The Neolithic Revolution and Contemporary Variations in Life Expectancy. Working Papers No 2007-14, Brown University, Department of Economics.

[99]   Garve R, Garve M (2010). *Unter Papuas und Melanesiern. Von kunstsinnigen Kannibalen, Kopfjägern, Baumhausmenschen, Sumpfnomaden, Turmspringern und anderen Südsee-Eingeborenen*. Verlag Neue Literatur, Jena.

[100]   Gibbens S. What Wiped Out the Aztecs? Scientists Find New Clues. *National Geographic*. 16.1.2018 [online] https://news.nationalgeographic.com/2018/01/cocoliztli-salmonella-outbreak-mexico-dna-spd/?beta=true [Stand: 12.5.2018].

[101]   Gierstorfer C (2014). AIDS - Erbe der Kolonialzeit. Dokumentarfilm, DOCDAYS Productions.

[102]   Harper K (2019). *The Fate of Rome: Climate, Disease, and the End of an Empire*. Princeton University Press, Princeton.

[103]   Kuhanen J (2015). Deadly gonorrhoea: History, collective memory and early HIV epidemiology in East Central Africa. *African Journal of AIDS Research*, 14:85–94. 10.2989/16085906.2015.1016989.

[104]   Lachenal G (2011). Quand la médecine coloniale laisse des traces. *Les Tribunes de la santé*, 33(4):59–66.

[105]   Lachenal G (2014). *Le médicament qui devait sauver l'Afrique*. La découverte, Paris.

[106]   Lafferty KD, Kuris AM (2009). Parasitic castration: the evolution and ecology of body snatchers. *Trends in Parasitology*, 25:564–572.

[107]   Launoy L, Lagodsky H (1940). Documents relatifs à l'activité trypanocide des quelques diamidines. *Bull Soc Pathol Exot*, 33:320–324.

[108]   Lundkvist G, Kristensson K, Bentivoglio M (2004). Why trypanosomes cause sleeping sickness. *Physiology*, 19:198–206. 10.1152/physiol.00006.2004.

[109]   Manzon V (2007). B-Thalassemia: the anaemia coming from the sea. eBook, EAA Summer School. 1.115-125.

[110] McMichael AJ (2015). Extreme weather events and infectious disease outbreaks. *Virulence*, 6(6):543–547.

[111] Meyer C, Knipper C, Nicklisch N, Münster A, Kürbis O, Dresely V, Meller H, Alt K (2018). Early Neolithic executions indicated by clustered cranial trauma in the mass grave of Halberstadt. *Nature Communications*, 9. 10.1038/s41467-018-04773-w. [online] https://www.nature.com/articles/s41467-018-04773-w.pdf [Stand: 15.2.2019].

[112] Meyer C, Lohr C, Gronenborn D, Alt K (2015). The massacre mass grave of Schöneck-Kilianstädten reveals new insights into collective violence in Early Neolithic Central Europe. *Proceedings of the National Academy of Sciences*, 112. 10.1073/pnas.1504365112. [online] https://www.pnas.org/content/pnas/112/36/11217.full.pdf [Stand: 15.2.2019].

[113] Native American disease and epidemics. [online] https://en.wikipedia.org/wiki/Native_American_disease_and_epidemics [Stand: 12.5.2018].

[114] Nicho J (2010). The SIR Epidemiology Model in Predicting Herd Immunity. *Undergraduate Journal of Mathematical Modeling: One + Two*, 2(2). Article 8. [online] https://scholarcommons.usf.edu/ujmm/vol2/iss2/8 [Stand: 24.11.2018].

[115] Pépin J (2011). *The origins of AIDS*. Cambridge University Press, Cambridge.

[116] Population history of indigenous peoples of the Americas. [online] https://en.wikipedia.org/wiki/Population_history_of_indigenous_peoples_of_the_Americas [Stand: 12.5.2018].

[117] Rowthorn R, Seabright P (2010). Property Rights, Warfare and the Neolithic Transition. TSE Working Paper 10-207.

[118] Scott JC (2019). *Die Mühlen der Zivilisation. Eine Tiefengeschichte der frühesten Staaten.* Suhrkamp, Berlin.

[119] Smith D, Moore L. The SIR Model for Spread of Disease - Herd Immunity. [online] https://www.maa.org/press/periodicals/loci/joma/the-sir-model-for-spread-of-disease-herd-immunity [Stand: 24.11.2018].

[120] Sousa J, Müller V, Vandamme AM (2017). The epidemic emergence of HIV: What novel enabling factors were involved? *Future Virology*, 12:685–707. 10.2217/fvl-2017-0042.

[121] Vagene AJ, Herbig A, Campana MG, Robles García NM, Warinner C, Sabin S, Spyrou MA, Andrades Valtuena A, Huson D, Tuross N, Bos KI, Krause J (2018). Salmonella enterica genomes from victims of a major sixteenth-century epidemic in Mexico. *Nat Ecol Evol*, 2(3):520–528. doi: 10.1038/s41559-017-0446-6. Epub 2018 Jan 15.

[122] Van Baalen M, Sabelis MW (1995). The Dynamics of Multiple Infection and the Evolution of Virulence. *The American Naturalist*, 146(6):881–910.

[123] Van Hoof L, Henrard C, Peel E (1944). Pentamidine in the prevention and treatment of trypanosomiasis. *Trans R Soc Trop Med Hyg*, 37(4):271–280.

[124] Wagner F (2019). *Todesstaub - Made in USA: Uranmunition verseucht die Welt.* Promedia, Wien.

[125] Walker C. Bubonic Plague Traced to Ancient Egypt. *National Geographic News*, 10.3.2004.

[126] Walshe DP, Lehane MJ, Haines LR (2011). Post Eclosion Age Predicts the Prevalence of Midgut Trypanosome Infections in Glossina. *PLoS ONE*, 6(11):e26984.

[127] Zahid HJ, Robinson E, Kelly RL (2015). Agriculture, population growth, and statistical analysis of the radiocarbon record. *Proceedings of the National Academy of Sciences*. 201517650 doi: 10.1073/pnas.1517650112.

[128] Zeeb-Lanz A (2014). Kannibalismus in Herxheim. *Biologie in unserer Zeit*. doi: 10.1002/biuz.201410536.

Anhang A

[129] Marti K, Gröger D (2004). *Grundkurs Mathematik für Ingenieure, Natur- und Wirtschaftswis-senschaftler*. Springer, Berlin.
[130] Wloka J (1971). *Funktionalanalysis und Anwendungen*. W. de Gruyter & Co, Berlin.

Anhang B

[131] DasGupta A (2010). *Fundamentals of Probability: A first course*. Springer, New York. Springer Texts in Statistics.
[132] Fisz M (1989). *Wahrscheinlichkeitsrechnung und mathematische Statistik*. Deutscher Verlag der Wissenschaften, Berlin.
[133] Tijms H (2007). *Understanding Probability*. Cambridge University Press, Cambridge.

Stichwortverzeichnis

https://doi.org/10.1515/9783110706314-009